Ahlert
Finite Elemente
in der Stabstatik

Finite Elemente in der Stabstatik

Grundlagen der Finite-Elemente-Methode
Baupraktische Zahlenbeispiele

Dr.-Ing. Helmut Ahlert

2. Auflage 1992

Werner-Verlag

1. Auflage 1988
2. Auflage 1992

Die Deutsche Bibliothek - CIP-Einheitsaufnahme

Ahlert, Helmut:
Finite Elemente in der Stabstatik : Grundlagen der Finite-Elemente-Methode ; baupraktische Zahlenbeispiele / Helmut Ahlert. - 2. Aufl. - Düsseldorf : Werner, 1992
ISBN 3-8041-1037-1

ISB N 3-8041-1037-1

Reproduktion, Druck und Verarbeitung:
Weiss & Zimmer AG, Mönchengladbach
Archiv-Nr.: 773/2-10.92
Bestell-Nr.: 01037

Vorwort zur 2. Auflage

Die vorliegende 2. Auflage von "Finite Elemente in der Stabstatik" weist gegenüber der 1. Auflage folgende Ergänzungen und Änderungen auf:

Im Abschnitt 8.4 wurde für den ebenen Biegestab nochmals auf die Modifizierung der Stabanschlüsse eingegangen, wobei die in der konstruktiven Praxis größtenteils vorkommende Form des Momentengelenks besondere Berücksichtigung findet. So wurde auf Seite 96 für alle möglichen Drehfederkonstanten im Bereich zwischen Null und Unendlich eine Elementsteifigkeitsmatrix entwickelt, deren Einzelglieder ohne besondere Modifizierung unmittelbar berechnet werden können. Beide Grenzwerte wie Momentengelenk und Volleinspannung lassen sich hiermit ebenso erfassen wie auch jeder beliebige drehelastisch nachgiebige Stabanschluß.

Das im Abschnitt 9.2 vollständig durchgerechnete Zahlenbeispiel des ebenen Rahmentragwerks wurde in bezug auf die verschiedenen Möglichkeiten bei der Modifizierung von Stabenden neu formuliert und ergänzt. In zwei Varianten wird dabei unterschieden, ob das zu modifizierende Stabende an einem Auflagerknoten oder an einem Innenknoten liegt.

Dem Titel entsprechend beschränkt sich das Buch nach wie vor auf die Stabwerke und verzichtet bewußt bei der Herleitung und Entwicklung der Elementsteifigkeitsmatrizen auf den Ansatz mehrparametriger Verformungsfunktionen, wie sie bei den Elementen von Flächentragwerken unerläßlich sind. Bei den Stabtragwerken ist es gleichwertig, ob man die Momentenflächen des Kraftgrößenverfahrens integriert oder die entsprechenden Funktionen eines Verformungsansatzes. Die Verwendung allgemeingültiger Formfunktionen und die damit verbundenen Zusammenhänge können indessen von Umfang und Anspruch her nicht Gegenstand dieses Buches sein.

Norderstedt, im Juli 1992

Inhaltsverzeichnis

1 Erläuterung der Methode am ebenen Rahmen............ 1
1.1 Einführendes Zahlenbeispiel......................... 1
1.2 Steifigkeitsbeziehung am Gesamttragwerk............. 17
1.3 Steifigkeitsbeziehung am Stabelement................ 23

2 Die lokale Elementsteifigkeitsmatrix $\underline{\bar{k}}$............. 24
2.1 Lokales und globales Achsenkreuz.................... 24
2.2 Die lokale Elementsteifigkeitsmatrix des ebenen Pendelstabes (z.B. Fachwerkstab)..................... 28
2.3 Die lokale Elementsteifigkeitsmatrix $\underline{\bar{k}}$ des ebenen Biegestabes... 29
2.3.1 Biegung ohne Längskraft............................. 29
2.3.2 Biegung und Längskraft gleichzeitig.................. 33
2.3.3 Reine Torsion.. 36
2.3.4 Biegung und Torsion ohne Längskraft.................. 38
2.3.5 Biegung, Längskraft und Torsion...................... 39

3 Element-Spaltenmatrix der Belastung, Gleichgewicht am Elementstab.. 41
3.1 Element-Knotenlasten am beidseitig eingespannten Biegestab... 41
3.2 Gleichgewicht am Elementstab........................ 43

4 Zusammenbau der Elementsteifigkeitsmatrizen zur Gesamtsteifigkeitsmatrix mit Hilfe gleich indizierter Untermatrizen.. 44

5 Stützreaktionen und Stabendschnittgrößen............. 49
5.1 Der erweiterte Lastvektor $\underline{F}$....................... 49
5.2 Stabendschnittgrößen................................... 51
5.2.1 Stabendschnittgrößen bei einachsiger Biegung mit Längskraft... 51
5.2.2 Stabendschnittgrößen bei Biegung mit Torsion......... 56

6 Einführende Zahlenbeispiele am horizontalen Biegeträger.. 57
6.1 Rechenablauf.. 57
6.2 Mehrfeldträger mit fester und elastischer Stützung... 58
6.3 Mehrfeldträger mit vorgegebener Stützensenkung....... 68
6.4 Stahlbeton-Zweifeldträger mit Biegung und Torsion.... 71

7 Transformation des Elementstabes in die beliebige Schräglage ... 79
7.1 Elementverformungen und Element-Knotenlasten ... 79
7.2 Die globale Elementsteifigkeitsmatrix $\underline{\tilde{k}}$ ... 83
7.2.1 Allgemeingültiger Zusammenhang zwischen lokaler und globaler Elementsteifigkeitsmatrix ... 83
7.2.2 Globale Elementsteifigkeitsmatrix $\underline{\tilde{k}}$ des ebenen Biegestabes bei einachsiger Biegung mit Längskraft für beliebig gerichtete globale Knotenachsen ... 85
7.2.3 Globale Elementsteifigkeitsmatrix $\underline{\tilde{k}}$ des ebenen Biegestabes bei einachsiger Biegung mit Längskraft für horizontal-vertikal gerichtete globale Knotenachsen ... 86
7.2.4 Globale Elementsteifigkeitsmatrix des ebenen Fachwerkstabes für beliebig gerichtete sowie horizontal-vertikal orientierte globale Knotenachsen ... 87

8 Modifizierung der beidseitig eingespannten Stabanschlüsse ... 88
8.1 Stabanschluß als Momentengelenk ... 88
8.1.1 Die modifizierte lokale Elementsteifigkeitsmatrix des ebenen Biegestabes bei einachsiger Biegung ohne Längskraft ... 88
8.1.2 Die modifizierte lokale Spaltenmatrix der Element-Knotenlasten ... 90
8.2 Stabanschluß als Querkraft- oder Längskraftgelenk ... 91
8.3 Mehrfach-Modifizierung von Stabanschlüssen ... 93
8.4 Die Elementsteifigkeitsmatrix bei ausschließlich drehelastischer Lagerung der Stabenden ... 95

9 Zahlenbeispiele ... 98
9.1 Ebenes Fachwerk ... 98
9.2 Ebenes Rahmentragwerk mit verschiedenartig gelagerten Stabenden ... 107

10 Die Übertragungsmatrizen im Rahmen der Finite-Elemente-Methode ... 122
10.1 Übertragungsmatrizen am Einfeldträger nach Theorie I. Ordnung ... 122
10.2 Zahlenbeispiel: Übertragungsmatrizen nach Theorie I. Ordnung am Einfeldträger ... 128
10.3 Die Feldmatrix $\underline{U}_s$ nach Theorie I. Ordnung in der Vergleichsformulierung ... 131
10.4 Übertragungsmatrizen am Einfeldträger nach Theorie II. Ordnung ... 132
10.5 Zahlenbeispiel: Übertragungsmatrizen nach Theorie II. Ordnung am Einfeldträger ... 137

11 Einachsige Biegung mit Längskraft nach Theorie II. Ordnung 140

11.1 Die geometrische Elementsteifigkeitsmatrix $\triangle \underline{k}$ als Zusatzmatrix nach linearisierter Theorie II. Ordnung. 140

11.2 Globale Zusatzmatrix $\triangle \underline{\tilde{k}}$ des ebenen Biegestabes bei einachsiger Biegung mit Längskraft 147

11.3 Zur Modifizierung der Zusatzmatrix $\triangle \underline{k}$ 148

11.3.1 Allgemeingültige Überlegungen 148

11.3.2 Momentengelenk am Stabende ⓙ 148

11.3.3 Momentengelenk am Stabanfang ⓘ 152

11.3.4 Die modifizierte Elementsteifigkeitsmatrix $k'_{(\varepsilon)}$ bei einachsiger Biegung mit Längskraft und einem Momentengelenk als Stabanschluß 153

11.4 Zahlenbeispiel: Ebenes Rahmentragwerk nach Theorie II. Ordnung 154

Literatur 161

Stichwortverzeichnis 163

1 Erläuterung der Methode am ebenen Rahmen

1.1 Einführendes Zahlenbeispiel

Zur einführenden Erläuterung der Finite-Elemente-Methode soll das Zahlenbeispiel des Rahmens nach Bild 1.1 dienen. Vorausgesetzt werden die an der Fachhochschule vermittelten Grundkenntnisse in der Statik und Festigkeitslehre.

Die wichtigsten Grundregeln der Matrizenrechnung werden im Verlaufe des Textes anwendungsbezogen erläutert.

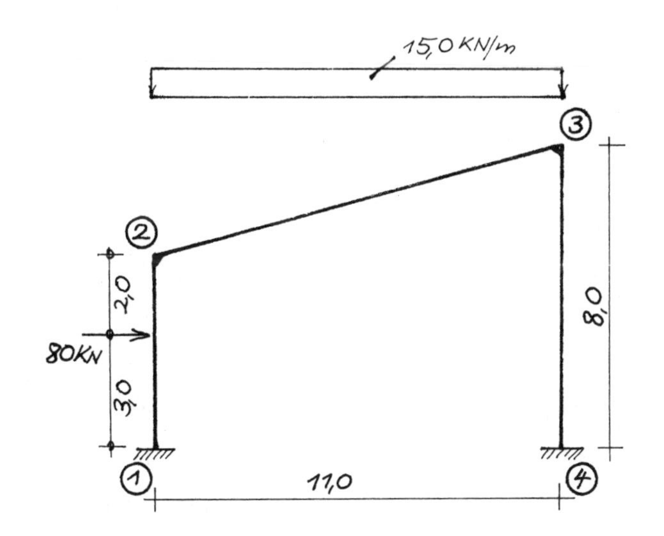

Bild 1.1
Zahlenbeispiel eines ebenen Rahmentragwerks mit gegebener Belastung, eingespannten Fußpunkten und gekennzeichneten Knoten ① bis ④

Gegebene Flächenwerte für den Rahmen nach Bild 1.1

Stab 1-2: $I_y = 20000\ cm^4$
$A = 160\ cm^2$

Stab 2-3: $I_y = 12000\ cm^4$
$A = 100\ cm^2$

Stab 3-4: $I_y = 18000\ cm^4$
$A = 120\ cm^2$

$E = E_{Stahl} = 2{,}1 . 10^8\ kN/m^2$

Wir vergleichen die herkömmlichen Rechenverfahren mit der Finite-Elemente-Methode, im folgenden kurz "FEM" genannt, und ziehen dazu das Beispiel des Rahmens nach Bild 1.1 heran.

Kraftgrößenverfahren

Das Rahmentragwerk ist 3fach statisch unbestimmt. Am beliebig gewählten statisch bestimmten Grundsystem werden die Momentenflächen aus den Einheitsbelastungen $X_1=1$, $X_2=1$, $X_3=1$ sowie aus der gegebenen Belastung bestimmt. Die Integration der Momentenflächen führt zur Ermittlung der Werte δ_{ik} und δ_{i0}. Daraus erhält man das Gleichungssystem zur Berechnung der Unbekannten X_1 bis X_3. Der Einfluß der Längskräfte kann hierbei im Regelfall vernachlässigt werden. Die endgültigen Schnittgrößen ergeben sich aus der Summe linear überlagerter einzelner Gleichgewichtszustände. Eine durchgreifende Rechenkontrolle ist nur mit Hilfe einer aufwendigen Verformungskontrolle möglich. Die Momentenintegration ist für die programmierte Rechnung wenig geeignet. Alle Einzelschritte im Verlaufe der Berechnung erfolgen am Gesamtsystem und nicht an zusammensetzbaren Elementbausteinen.

Weggrößenverfahren

Das Weggrößenverfahren verwendet als Unbekannte sowohl Knotenverdrehungen als auch Stabachsenverdrehungen. Beim Rahmen nach Bild 1.1 treten die folgenden Verformungsunbekannten auf: Knotenverdrehungen an den Knoten ② und ③, d.h. also ϕ_2 und ϕ_3, dazu eine weitere, die Verdrehung aller drei Stäbe umfassende Unbekannte. Letztgenannte aus der Seitenverschieblichkeit des Tragwerks herrührende Unbekannte zwingt dazu, das Verhältnis der Stabachsenverdrehungen bestimmter Stäbe oder Stabgruppen in den Ansatz mit aufzunehmen. Die geometrische Formulierung von Verformungsabhängigkeiten unter Vernachlässigung des Längskrafteinflusses verringert zwar die Anzahl der Unbekannten, erschwert jedoch gleichzeitig den Aufbau einer gut programmierbaren Rechenstruktur. Auch das Weggrößenverfahren kennt keine Elementbausteine, und alle Einzelschritte erfolgen am Gesamtsystem.

Finite-Elemente-Methode

Die Finite-Elemente-Methode ist bei Stabtragwerken eine bausteinmäßig strukturierte, rein auf die programmierte Rechnung ausgerichtete Form des Weggrößenverfahrens. Man vermeidet hier ganz bewußt alle Verformungsabhängigkeiten und nimmt statt dessen eine größere Anzahl von Unbekannten in Kauf. Beim Rahmen nach Bild 1.1 wird jeder der beiden biegesteifen Knoten ② und ③ eine Horizontalverschiebung, eine Vertikalverschiebung sowie eine Knotenverdrehung erhalten. Die 6 Unbekannten werden aus einem linearen Gleichungssystem errechnet. Jede dieser Gleichungen entspricht einer Gleichgewichtsbedingung am Knoten.

Um das Gleichungssystem zur Lösung der Unbekannten zu erhalten, denkt man sich das gegebene Gesamttragwerk nach Bild 1.1 in drei Elementstäbe zerlegt. Jedes Stabelement ist ein beidseitig eingespannter Stab mit der auf ihn entfallenden äußeren Belastung. Völlig unabhängig von allen übrigen Stäben wird nun für jedes Stabelement ein Gleichgewichtszustand formuliert. Dabei handelt es sich um das Gleichgewicht von Kräften und Momenten an den beiden Stabendknoten. Es muß Gleichgewicht bestehen zwischen der äußeren Elementbelastung und den Stützreaktionen infolge der (noch unbekannten) Verformungen der beiden Stabendknoten.

Sind mehrere Elementstäbe an einem gemeinsamen Knoten angeschlossen, so werden die auf diesen Knoten entfallenden Elementanteile des Gleichgewichts addiert und ergeben eine Gleichgewichtsaussage am Knoten des Gesamttragwerks. Auf diese Weise wird das obengenannte Gleichungssystem zur Lösung der Verformungsunbekannten erhalten. Aus den Knotenverformungen an beiden Stabenden in Verbindung mit der Elementbelastung lassen sich dann ebenfalls in programmierbarer Form die Schnittgrößen am Elementstab ermitteln.

Die Finite-Elemente-Methode arbeitet im Gegensatz zu den erstgenannten Rechenverfahren der herkömmlichen Statik nach dem Baukastenprinzip. Dabei werden die Elementstäbe als Bausteine zunächst unabhängig voneinander vorbereitet und können dann zu beliebigen stabilen Tragstrukturen zusammengefügt werden. Da die Längskraftverformung ebenso berücksichtigt werden muß wie die Biegeverformung, ist es beim Rahmen nach Bild 1.1 notwendig, für jeden Stab sowohl das Flächenmoment I_y als auch die Querschnittsfläche A anzugeben bzw. im voraus zu schätzen.

Nach diesem vergleichenden Überblick sollen die für die strukturierte Rechnung der Finite-Elemente-Methode verbindlichen Achsenrichtungen festgelegt werden. Wir verwenden dazu die Bezeichnungen der DIN 1080 nach Bild 4.1 wie folgt:
Bei horizontalliegender x-Achse spannt das x,z-Achsenkreuz die Darstellungsebene aller ebenen Stabwerke auf. Alle drei Achsen stehen rechtwinklig aufeinander.

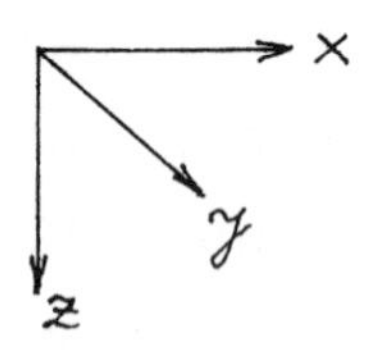

Bild 4.1
Achsenkreuz nach DIN 1080
mit x,z-Achsen in der Zeichenebene
und y-Achse rechtwinklig hierzu

Mit den positiven Achsenrichtungen nach Bild 4.1 werden die positiven Knotenverschiebungen nach Bild 4.2 und die positiven Knotenverdrehungen nach Bild 4.3 festgelegt. Für die vektorielle Darstellung der Drehwinkel nach Bild 4.3 gilt die bekannte Korkenzieherregel: Blickt man in die Richtung der doppelten Pfeilspitze, so dreht der zugehörige Winkel im Uhrzeigersinn.

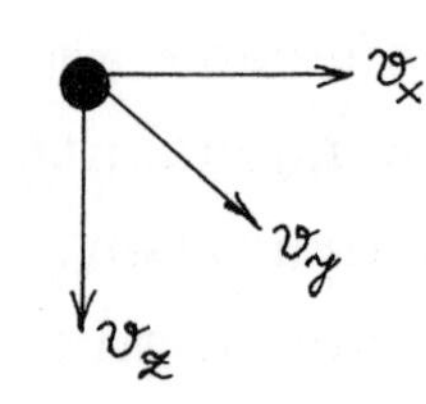

Bild 4.2
Positive Knotenverschiebungen v_x, v_y, v_z

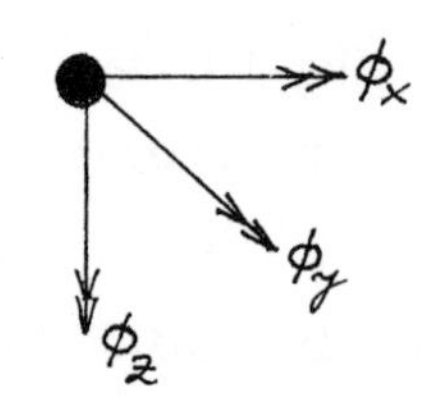

Bild 4.3
Positive Knotenverdrehungen ϕ_x, ϕ_y, ϕ_z

$$\underline{v} = \begin{bmatrix} v_x \\ v_y \\ v_z \\ \phi_x \\ \phi_y \\ \phi_z \end{bmatrix} \qquad (4.1)$$

Die Reihenfolge der Verformungskomponenten innerhalb der Spaltenmatrix (4.1) ist konsequent einzuhalten. Bei den meisten baupraktischen Aufgaben treten kaum jemals alle Verformungskomponenten gleichzeitig auf. Im Falle des Rahmens nach Bild 1.1 wird die Spaltenmatrix der Knotenverformungen

$$\underline{v} = \begin{bmatrix} v_x \\ v_z \\ \phi_y \end{bmatrix} \qquad (5.1)$$

Mit den Achsenbezeichnungen nach Bild 4.1 werden ebenfalls die Stützreaktionen am Gesamttragwerk festgelegt.
Stützkräfte sollen dabei mit "A", Stützmomente mit "M" bezeichnet werden. Allgemeingültig erhalten Stützreaktionen am Gesamttragwerk große Buchstaben, während sie am Stabelement mit kleinen Buchstaben gekennzeichnet werden.
Bild 5.1 gibt die positiven Stützkräfte, Bild 5.2 die positiven Stützmomente an.

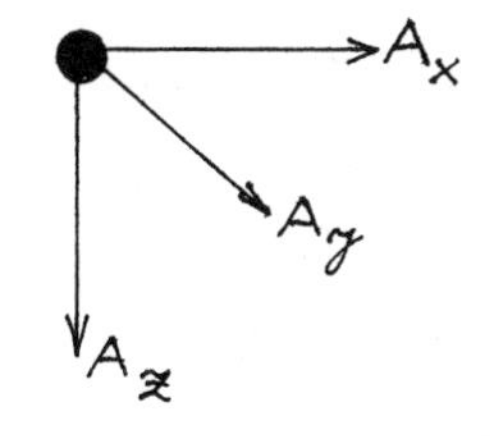

Bild 5.1
Positive Stützkräfte
am Gesamttragwerk

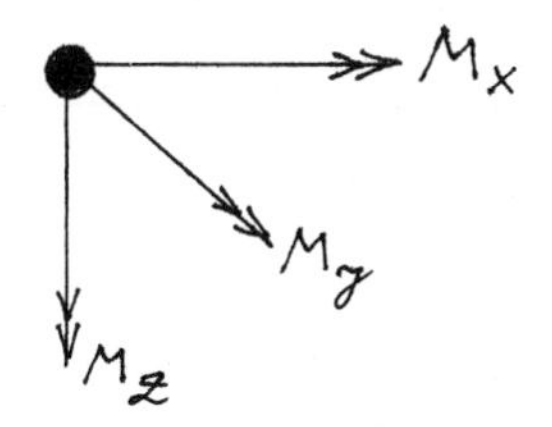

Bild 5.2
Positive Stützmomente
am Gesamttragwerk

Spaltenmatrix $\underline{A}$ der Stützreaktionen am Gesamttragwerk

$$\underline{A} = \begin{bmatrix} A_x \\ A_y \\ A_z \\ M_x \\ M_y \\ M_z \end{bmatrix} \qquad (5.2)$$

Im Falle des ebenen Rahmens nach Bild 1.1 lautet die Spaltenmatrix der Knotenstützreaktionen am Gesamttragwerk

$$\underline{A} = \begin{bmatrix} A_x \\ A_z \\ M_y \end{bmatrix} \tag{6.1}$$

Bei ebenen Tragwerken genügt die Kennzeichnung der positiven Richtung nach Bild 6.1, da hierdurch sowohl die Verformungen (5.1) als auch die Stützreaktionen (6.1) festgelegt sind.

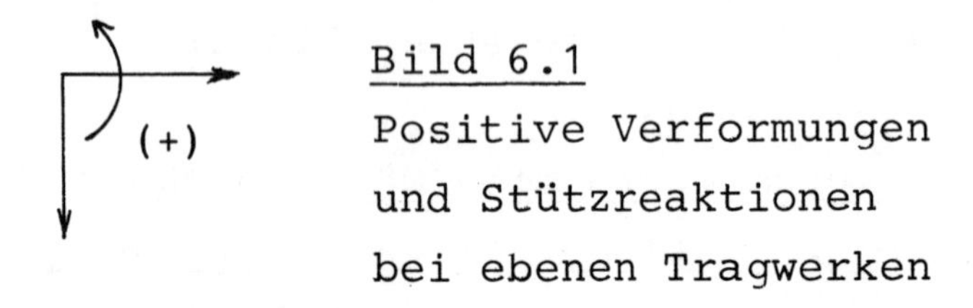

Bild 6.1
Positive Verformungen
und Stützreaktionen
bei ebenen Tragwerken

Mit (4.1) haben wir erstmals das nach Zeilen und Spalten geordnete Zahlenschema einer Matrix kennengelernt. Zur Kennzeichnung werden wir den eine Matrix bezeichnenden Buchstaben einfach unterstreichen. Matrizen am Gesamttragwerk erhalten große Buchstaben, während alle den Elementstab betreffenden Matrizen mit kleinen Buchstaben bezeichnet werden. Im Verlaufe des Textes sollen die wichtigsten Rechenregeln für Matrizen entwickelt werden. Nur mit Hilfe der Matrizen ist es möglich, den komplexen Ablauf der Finite-Elemente-Methode prägnant unter Vermeidung überflüssiger Schreibarbeit darzustellen.

Mit der Matrix (5.1) lassen sich für das Gesamttragwerk nach Bild 1.1 alle unbekannten Knotenverformungen an den Knoten ② und ③ zusammenfassen. An den fest eingespannten Knoten ① und ④ treten keine Verformungen auf.

$$\underline{V} = \begin{bmatrix} v_{x2} \\ v_{z2} \\ \phi_{y2} \\ v_{x3} \\ v_{z3} \\ \phi_{y3} \end{bmatrix} \tag{6.2}$$

Es sollen nun am Tragwerk nach Bild 1.1 die Einheitsverformungen der Knoten in der Reihenfolge der Spaltenmatrix (6.2) aufgebracht und der zugehörige Gleichgewichtszustand bestimmt werden.
Dazu denken wir uns den Rahmen wie in Bild 7.1 dargestellt in den Knoten ② und ③ durch je zwei Wegfesseln und eine Drehfessel arretiert.
Die Wegfesseln lassen sich durch jeweils einen nicht deformierbaren Pendelstab darstellen, dessen Längsachse mit der zugehörigen Verschiebungsrichtung übereinstimmt. Die symbolhaft skizzierte Drehfessel entspricht einer nicht deformierbaren Drehfeder.

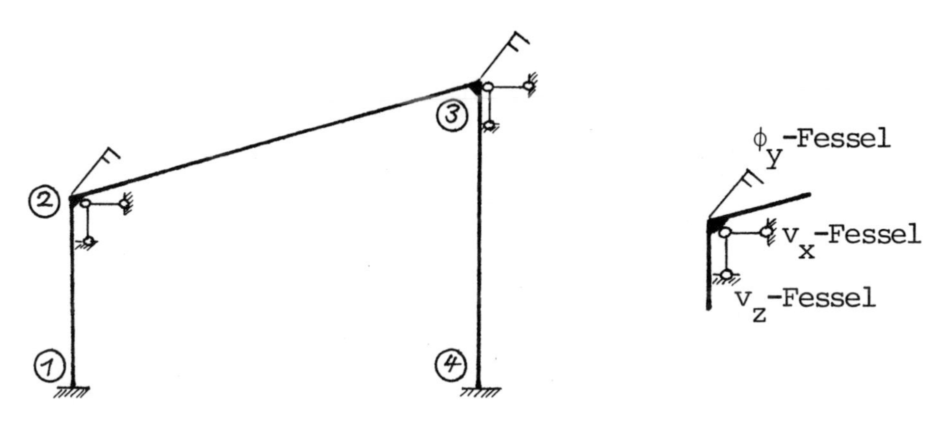

Bild 7.1
Rahmentragwerk nach Bild 1.1, wobei alle Verformungskomponenten der Spaltenmatrix (6.2) durch Weg- und Drehfesseln arretiert sind

Einheitsverformungszustand $v_{x2} = 1$

$$\begin{bmatrix} v_{x2} \\ v_{z2} \\ \phi_{y2} \\ v_{x3} \\ v_{z3} \\ \phi_{y3} \end{bmatrix} = \begin{bmatrix} 1 \\ 0 \\ 0 \\ 0 \\ 0 \\ 0 \end{bmatrix} \tag{7.1}$$

Um den Einheitsverformungszustand nach Spaltenmatrix (7.1) herzustellen, geht man wie folgt vor:

Es wird zunächst die Wegfessel für v_{x2} gelöst und darauf dem Tragwerk die Verformung $v_{x2} = 1$ eingeprägt. Sodann bringt man die v_{x2}-Fessel wieder wirksam an.

Bild 8.1 zeigt den Einheitsverformungszustand nach Spaltenmatrix Gleichung (7.1)

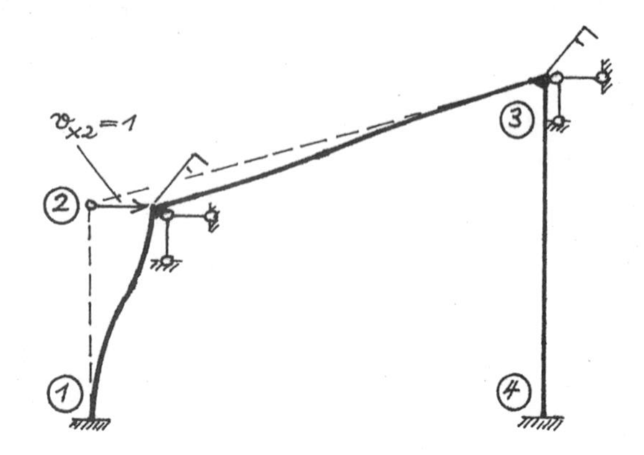

Bild 8.1
Verformungszustand (7.1) mit zuvor gelöster und nach eingeprägter Verformung $v_{x2} = 1$ wieder wirksam angebrachter Wegfessel für v_{x2}

Zum Verformungszustand (7.1) nach Bild 8.1 gehört ein Kräftezustand, der an den Knoten ② und ③ aus den Stütz- und Festhaltekräften in den Wegfesselstäben sowie den Stützmomenten in den Drehfesselfedern besteht. Zur Berechnung der Festhaltekräfte und Festhaltemomente zerlegen wir das Gesamttragwerk in drei Elementstäbe und bringen an den Einzelstäben 1-2 und 2-3 jeweils die Verformung $v_{x2} = 1$ an. Die Weg- und Drehfesseln werden für den Elementstab zur Festeinspannung beider Stabenden.

In Bild 9.1 sind die Elementstäbe mit aufgebrachter Einheitsverformung $v_{x2} = 1$ dargestellt. Die an den Stabenden wirkenden zugehörigen Stützkräfte und Stützmomente sind zahlenmäßig angegeben. Dabei wurden die Kräfte mit ihrer wirksamen Pfeilrichtung und die Momente mit ihrem wirksamen Drehsinn angetragen.
Nach welchem Verfahren die Stützkräfte und Stützmomente bestimmt sind, soll an dieser Stelle keine Rolle spielen. Hierauf wird später eingegangen.

Der Kräfte- und Gleichgewichtszustand am Gesamttragwerk ist in Bild 9.2 skizziert. Alle hier angegebenen Knotenkräfte und Knotenmomente, die den Verformungszustand nach Spaltenmatrix (7.1) gewährleisten, erhält man wie folgt:

Alle an den Elementstäben nach Bild 9.1 angreifenden Stützkräfte und Stützmomente, die einem gemeinsamen Knoten angehören, werden addiert.

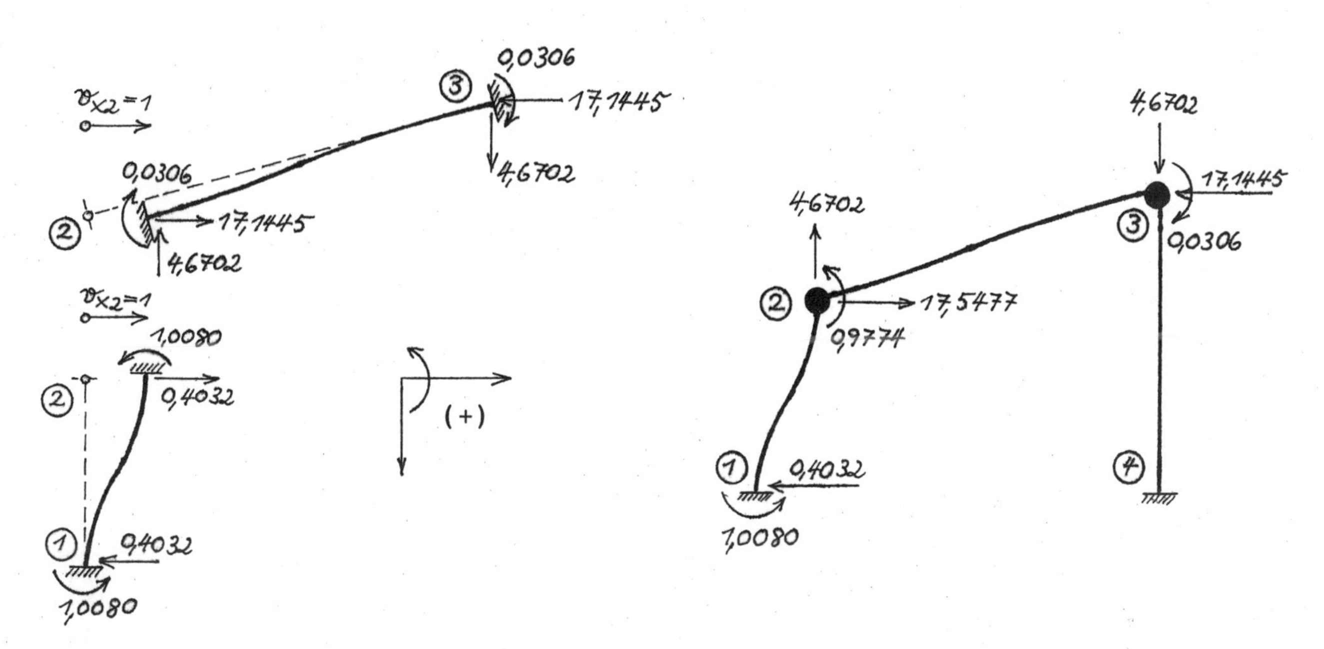

Bild 9.1

Einheitsverformung $v_{x2} = 1$ an den Elementstäben 1-2 und 2-3 mit Stützreaktionen in 10^{-4} facher Größe

Bild 9.2

Gleichgewichtszustand der Knotenkräfte und Knotenmomente zugehörig zum Verformungszustand (7.1)

Unter Beachtung der positiv definierten Richtung nach Bild 9.1 fassen wir an den elastisch deformierbaren Knoten ② und ③ die Knotenkräfte und Knotenmomente aus Bild 9.2 in einer Spaltenmatrix $\underline{K}^{(x2)}$ zusammen.

$$\underline{K}^{(x2)} = \begin{bmatrix} A_{x2}^{(x2)} \\ A_{z2}^{(x2)} \\ M_{y2}^{(x2)} \\ A_{x3}^{(x2)} \\ A_{z3}^{(x2)} \\ M_{y3}^{(x2)} \end{bmatrix} = 10^4 \cdot \begin{bmatrix} 0,4032 + 17,1445 \\ -4,6702 \\ 1,0080 - 0,0306 \\ -17,1445 \\ 4,6702 \\ -0,0306 \end{bmatrix} = 10^4 \cdot \begin{bmatrix} 17,5477 \\ -4,6702 \\ 0,9774 \\ -17,1445 \\ 4,6702 \\ -0,0306 \end{bmatrix} \tag{9.1}$$

Die allgemeingültige Schreibweise der Knotenkräfte und Knotenmomente nach Bild 9.2 soll sowohl Kraftrichtung und Momentenvektor als auch die Einheitsverformung als Ursache kennzeichnen. Zwei Beispiele mögen dies verdeutlichen:

$A_{z2}^{(x2)}$ = Stützreaktion A_z am Knoten ② (Fußzeiger) infolge $v_{x2} = 1$ (Kopfzeiger in Klammern)

$M_{y3}^{(x2)}$ = Stützreaktion M_y am Knoten ③ (Fußzeiger) infolge $v_{x2} = 1$ (Kopfzeiger in Klammern)

Einheitsverformungszustand $v_{z2} = 1$

$$\begin{bmatrix} v_{x2} \\ v_{z2} \\ \phi_{y2} \\ v_{x3} \\ v_{z3} \\ \phi_{y3} \end{bmatrix} = \begin{bmatrix} 0 \\ 1 \\ 0 \\ 0 \\ 0 \\ 0 \end{bmatrix} \qquad (10.1)$$

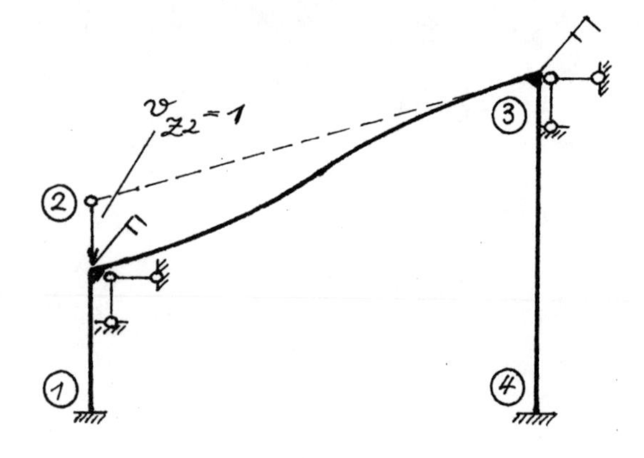

Bild 10.1

Verformungszustand (10.1) mit zuvor gelöster und nach eingeprägter Verformung $v_{z2} = 1$ wieder wirksam angebrachter Wegfessel für v_{z2}

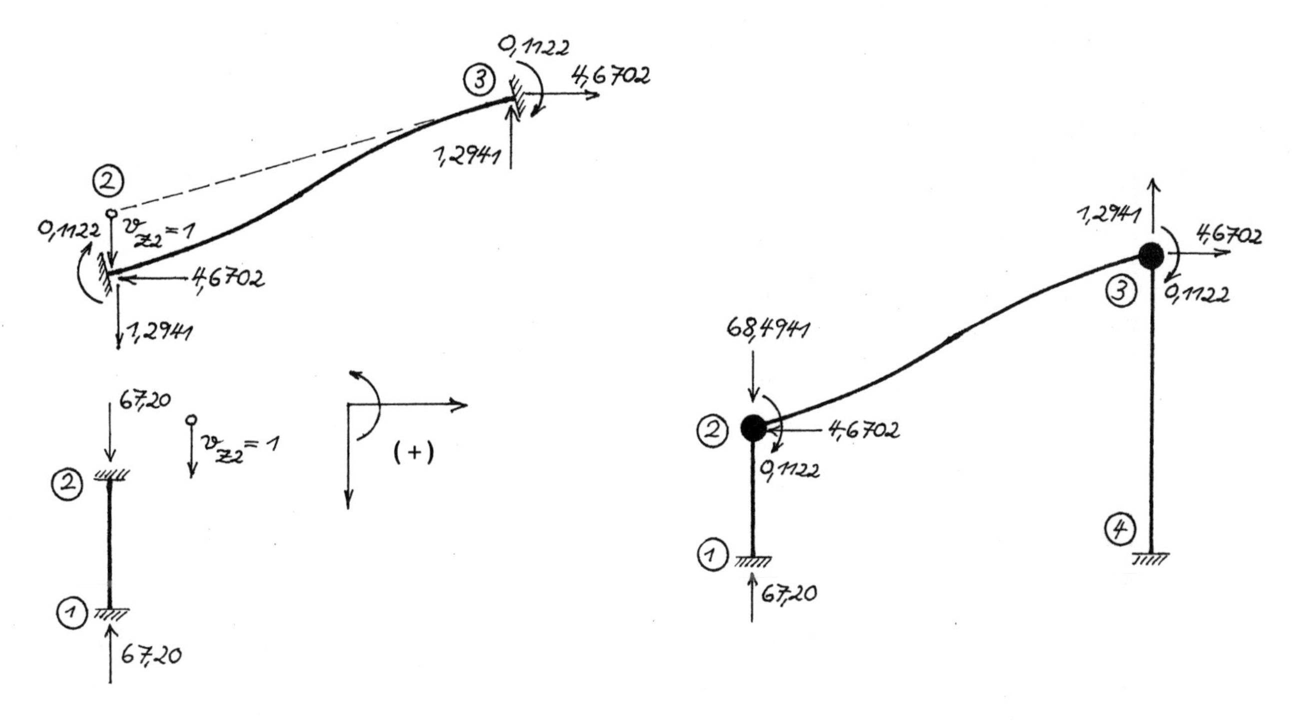

Bild 11.1

Einheitsverformung $v_{z2} = 1$ an den Elementstäben 1-2 und 2-3 mit Stützreaktionen in 10^{-4} facher Größe

Bild 11.2

Gleichgewichtszustand der Knotenkräfte und Knotenmomente zugehörig zum Verformungszustand (10.1)

Spaltenmatrix $\underline{K}^{(z2)}$ der Knotenkräfte und Knotenmomente an den Knoten ② und ③ nach Bild 11.2

$$\underline{K}^{(z2)} = \begin{bmatrix} A_{x2}^{(z2)} \\ A_{z2}^{(z2)} \\ M_{y2}^{(z2)} \\ A_{x3}^{(z2)} \\ A_{z3}^{(z2)} \\ M_{y3}^{(z2)} \end{bmatrix} = 10^4 \begin{bmatrix} -4,6702 \\ 67,2000 + 1,2941 \\ -0,1122 \\ 4,6702 \\ -1,2941 \\ -0,1122 \end{bmatrix} = 10^4 \begin{bmatrix} -4,6702 \\ 68,4941 \\ -0,1122 \\ 4,6702 \\ -1,2941 \\ -0,1122 \end{bmatrix} \quad (11.1)$$

Einheitsverformungszustand $\phi_{y2} = 1$

$$\begin{bmatrix} v_{x2} \\ v_{z2} \\ \phi_{y2} \\ v_{x3} \\ v_{z3} \\ \phi_{y3} \end{bmatrix} = \begin{bmatrix} 0 \\ 0 \\ 1 \\ 0 \\ 0 \\ 0 \end{bmatrix} \qquad (12.1)$$

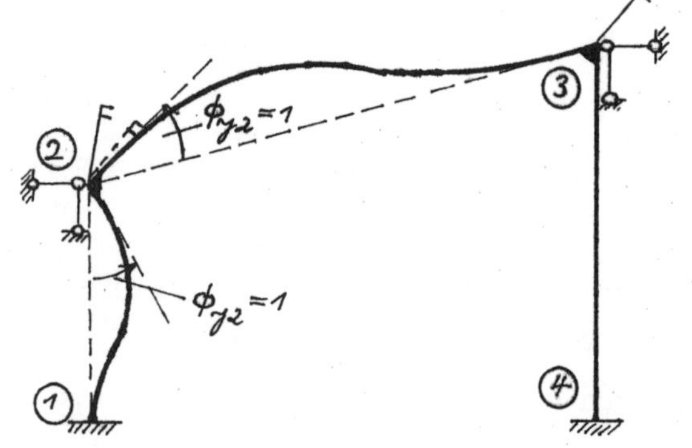

Bild 12.1

Verformungszustand (12.1) mit zuvor gelöster und nach eingeprägter Verformung $\phi_{y2} = 1$ wieder wirksam angebrachter Drehfessel für ϕ_{y2}

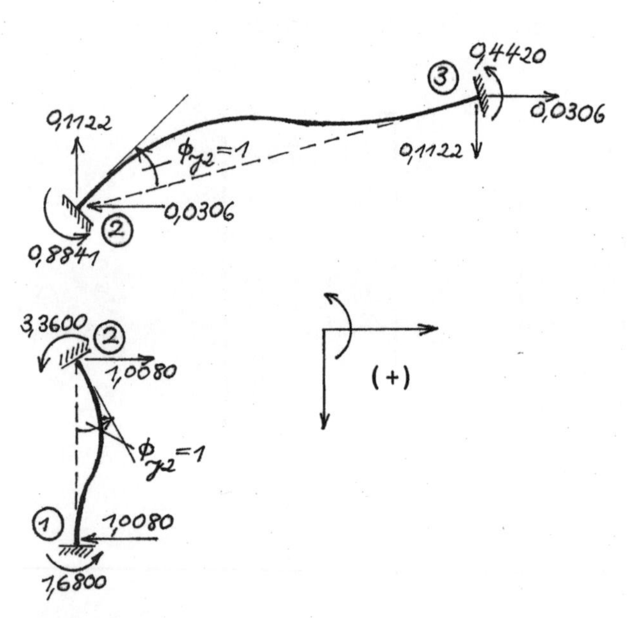

Bild 12.2

Einheitsverformung $\phi_{y2} = 1$ an den Elementstäben 1-2 und 2-3 mit Stützreaktionen in 10^{-4}facher Größe

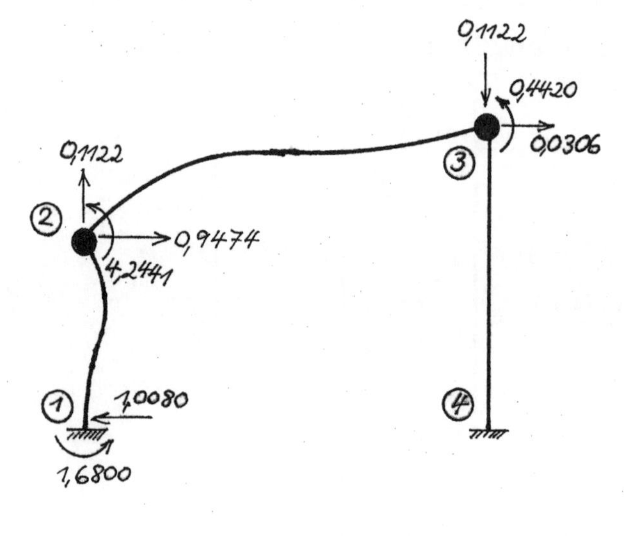

Bild 12.3

Gleichgewichtszustand der Knotenkräfte und Knotenmomente zugehörig zum Verformungszustand (12.1)

Spaltenmatrix $\underline{K}^{(\phi 2)}$ der Knotenkräfte und Knotenmomente an den Knoten ② und ③ nach Bild 12.3.

$$\underline{K}^{(\phi 2)} = \begin{bmatrix} A_{x2}^{(\phi 2)} \\ A_{z2}^{(\phi 2)} \\ M_{y2}^{(\phi 2)} \\ A_{x3}^{(\phi 2)} \\ A_{z3}^{(\phi 2)} \\ M_{y3}^{(\phi 2)} \end{bmatrix} = 10^4 \begin{bmatrix} 1{,}0080 - 0{,}0306 \\ -0{,}1122 \\ 3{,}3600 + 0{,}8841 \\ 0{,}0306 \\ 0{,}1122 \\ 0{,}4420 \end{bmatrix} = \begin{bmatrix} 0{,}9774 \\ -0{,}1122 \\ 4{,}2441 \\ 0{,}0306 \\ 0{,}1122 \\ 0{,}4420 \end{bmatrix} \qquad (13.1)$$

Von der Spaltenmatrix $\underline{V}$ der Gesamtverformung nach (6.2) wurden die Einheitsverformungen am Knoten ② nacheinander aufgebracht und hierzu jeweils die zugehörigen Knotenkräfte und Knotenmomente in $\underline{K}^{(x2)}$, $\underline{K}^{(z2)}$, $\underline{K}^{(\phi 2)}$ zusammengefaßt. In diesen Spaltenmatrizen (9.1), (11.1) und (13.1) finden wir sowohl die allgemeine Schreibweise als auch den mit Vorzeichen versehenen Zahlenwert.

Die Spaltenmatrix (6.2) umfaßt weiterhin die Verformungen des Knotens ③. Wir müssen auch hier nacheinander die Einheitsverformungen $v_{x3} = 1$, $v_{z3} = 1$, $\phi_{y3} = 1$ am Gesamttragwerk aufbringen und bei Arretierung aller übrigen Knotenverformungen die zugehörigen Knotenkräfte und Knotenmomente ermitteln. Jede Verformung des Knotens ③ beeinflußt die Elementstäbe 2-3 und 3-4. Es entstehen die Knotenkräfte und Knotenmomente, die wir in den Spaltenmatrizen $\underline{K}^{(x3)}$, $\underline{K}^{(z3)}$ und $\underline{K}^{(\phi 3)}$ zusammenfassen. Der Rechenablauf wird hier nicht wiedergegeben, da er grundsätzlich den Einheitsverformungen am Knoten ② entspricht.

<u>Faßt man alle Spaltenmatrizen mit den Knotenkräften und Knotenmomenten aus den Einheitsverformungen am Gesamttragwerk zusammen, so erhält man die Gesamtsteifigkeitsmatrix K.</u>

Wir schreiben $\underline{K}$ in allgemeingültiger Matrizenform nach (14.1). In (14.2) sind dann die zugehörigen Zahlenwerte eingetragen.

Gesamtsteifigkeitsmatrix $\underline{K}$ für den Rahmen nach Bild 1.1

$$\underline{K} = \left[\begin{array}{cccccc} A_{x2}^{(x2)} & A_{x2}^{(z2)} & A_{x2}^{(\phi 2)} & A_{x2}^{(x3)} & A_{x2}^{(z3)} & A_{x2}^{(\phi 3)} \\ A_{z2}^{(x2)} & A_{z2}^{(z2)} & A_{z2}^{(\phi 2)} & A_{z2}^{(x3)} & A_{z2}^{(z3)} & A_{z2}^{(\phi 3)} \\ M_{y2}^{(x2)} & M_{y2}^{(z2)} & M_{y2}^{(\phi 2)} & M_{y2}^{(x3)} & M_{y2}^{(z3)} & M_{y2}^{(\phi 3)} \\ A_{x3}^{(x2)} & A_{x3}^{(z2)} & A_{x3}^{(\phi 2)} & A_{x3}^{(x3)} & A_{x3}^{(z3)} & A_{x3}^{(\phi 3)} \\ A_{z3}^{(x2)} & A_{z3}^{(z2)} & A_{z3}^{(\phi 2)} & A_{z3}^{(x3)} & A_{z3}^{(z3)} & A_{z3}^{(\phi 3)} \\ M_{y3}^{(x2)} & M_{y3}^{(z2)} & M_{y3}^{(\phi 2)} & M_{y3}^{(x3)} & M_{y3}^{(z3)} & M_{y3}^{(\phi 3)} \end{array}\right] \begin{array}{c} 1 \\ 2 \\ 3 \\ 4 \\ 5 \\ 6 \end{array} \Bigg\} \text{6 Zeilen} \tag{14.1}$$

1 2 3 4 5 6

6 Spalten

$$\underline{K} = 10^4 \left[\begin{array}{cccccc} 17{,}5477 & -4{,}6702 & 0{,}9774 & -17{,}1445 & 4{,}6702 & -0{,}0306 \\ -4{,}6702 & 68{,}4941 & -0{,}1122 & 4{,}6702 & -1{,}2941 & -0{,}1122 \\ 0{,}9774 & -0{,}1122 & 4{,}2441 & 0{,}0306 & 0{,}1122 & 0{,}4420 \\ -17{,}1445 & 4{,}6702 & 0{,}0306 & 17{,}2331 & -4{,}6702 & 0{,}3850 \\ 4{,}6702 & -1{,}2941 & 0{,}1122 & -4{,}6702 & 32{,}7941 & 0{,}1122 \\ -0{,}0306 & -0{,}1122 & 0{,}4420 & 0{,}3850 & 0{,}1122 & 2{,}7741 \end{array}\right] \tag{14.2}$$

Bei der Finite-Elemente-Methode hat die Gesamtsteifigkeitsmatrix $\underline{K}$ eine besondere Bedeutung: Sie verknüpft am Gesamttragwerk die noch unbekannten Verformungskomponenten der Spaltenmatrix $\underline{V}$ mit der äußeren Belastung in einem linearen Gleichungssystem.

Im Zusammenhang mit den bisher entwickelten Begriffen ist es nun an der Zeit, die Matrizendarstellung präzise zu formulieren.

Wir merken uns:

Eine Matrix ist ein nach Zeilen und Spalten geordnetes rechteckiges Zahlenschema, wobei jedes Einzelglied einen fest vorgeschriebenen Platz erhält. Unter einer (m,n)-Matrix versteht man eine solche mit m Zeilen und n Spalten. Besteht die Matrix aus einer einzigen Spalte, so spricht man von einer Spaltenmatrix oder auch einem Spaltenvektor.

Wir haben bisher eine Reihe von Spaltenmatrizen kennengelernt, wobei (4.1) und (6.2) für die Weiterrechnung die größte Bedeutung haben. Die Gesamtsteifigkeitsmatrix $\underline{K}$ nach (14.1) oder (14.2) besteht aus 6 Zeilen und 6 Spalten und ist demzufolge eine (6,6)-Matrix. Matrizen, bei denen die Anzahl der Zeilen und Spalten gleich ist, nennt man quadratisch.

Eine weitere bedeutsame Eigenschaft geht aus der Gesamtsteifigkeitsmatrix $\underline{K}$ nach (14.2) hervor: Zieht man, wie in (14.2) dargestellt, von links oben nach rechts unten die Hauptdiagonale, so haben alle symmetrisch hierzu liegenden Glieder gleiche Größe.

Wir fassen zusammen:
Gesamtsteifigkeitsmatrizen sind stets quadratisch und diagonalsymmetrisch.

Es soll nun der Ansatz für die äußere Belastung erfaßt werden. Zu diesem Zweck setzen wir die gegebenen Lasten auf das Gesamttragwerk im "Nullzustand" der Verformung $\underline{V}$ an. Das bedeutet, daß alle Verformungskomponenten von (6.2) Null gesetzt werden. Ein solches Tragwerk, bei dem die Knoten ② und ③ durch Weg- und Drehfesseln unverschieblich und unverdrehbar arretiert sind, haben wir bereits in Bild 7.1 verwendet. Bei der praktischen Zahlenrechnung müssen wir auf den Elementstab zurückgreifen, bei dem beide Stabenden eingespannt sind.

Bild 16.1 zeigt das in drei Elementstäbe zerlegte Gesamttragwerk. Alle Einzelstäbe einschließlich der auf sie entfallenden Belastung denken wir uns durch einen Schnitt von ihren beiden Stabendknoten getrennt. Durch jede Schnittführung entsteht je ein Schnittufer am Stabende und am Knoten. Wir beginnen damit, die Stützreaktionen aus der Belastung des beidseitig eingespannten Einfeldträgers zu berechnen. Hierfür stehen einschlägige Formeltabellen zur Verfügung, so z.B. Schneider, Bautabellen, WIT 40, 7. Auflage, Werner-Verlag, Düsseldorf, Seite 4.27.

Wir werden im folgenden unter WIT 40 noch des öfteren hierauf verweisen.

Die errechneten Stützreaktionen werden am Schnittufer des Stabendes angetragen. Durch Umkehrung sowohl des Kraftpfeils der Stützkräfte als auch des Drehsinns der Stützmomente erhält man die Element-Knotenlasten und trägt diese am Schnittufer des Stabendknotens an. In Bild 16.1 sind sowohl die Stützreaktionen als auch die Element-Knotenlasten angetragen.

Sind in einem Knoten mehrere Elementstäbe angeschlossen, so werden die gleichartigen Element-Knotenlasten zu den Gesamt-Knotenlasten addiert. Bild 16.2 gibt die Gesamt-Knotenlasten am Gesamttragwerk an, wobei der Zustand der Gesamtverformung $\underline{V}$ gleich Null ist.

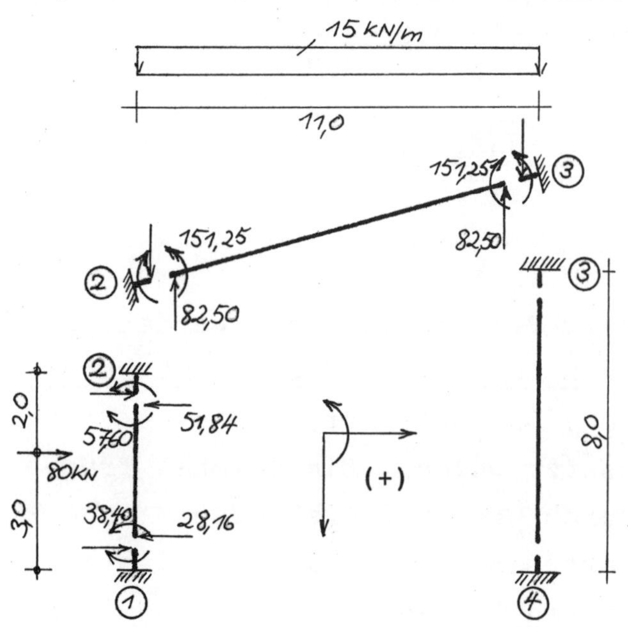

Bild 16.1

Beidseitig eingespannte Elementstäbe mit gegebener Belastung, Stützreaktionen am Schnittufer des Stabendes sowie Element-Knotenlasten am Schnittufer des Stabendknotens

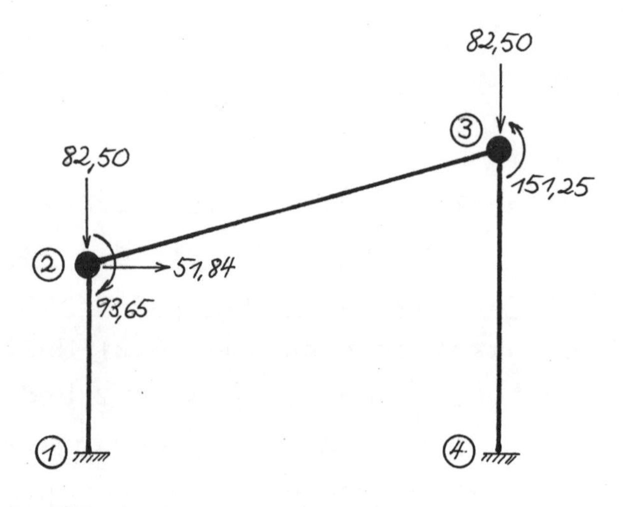

Bild 16.2

Gesamt-Knotenlasten an den Knoten ② und ③ aus der Addition der Element-Knotenlasten nach Bild 16.1

Die in Bild 16.2 dargestellten, aus der Addition der Element-Knotenlasten an den Knoten ② und ③ entstehenden Gesamt-Knotenlasten fassen wir in einer Spaltenmatrix $\underline{F}$ nach (17.1) zusammen

$$\underline{F} = \underline{F}^0 = \begin{bmatrix} F_{x2}^0 \\ F_{z2}^0 \\ M_{y2}^0 \\ F_{x3}^0 \\ F_{z3}^0 \\ M_{y3}^0 \end{bmatrix} = \begin{bmatrix} 51{,}84 \\ 82{,}50 \\ 57{,}60 - 151{,}25 \\ 0 \\ 82{,}50 \\ 151{,}25 \end{bmatrix} = \begin{bmatrix} 51{,}84 \\ 82{,}50 \\ -93{,}65 \\ 0 \\ 82{,}50 \\ 151{,}25 \end{bmatrix} \qquad (17.1)$$

1.2 Steifigkeitsbeziehung am Gesamttragwerk

Im Abschnitt 1.1 haben wir mit Unterstützung eines Zahlenbeispiels drei für die Finite-Elemente-Methode bedeutsame Begriffe kennengelernt:

$\underline{K}$ = Gesamtsteifigkeitsmatrix als spaltenweise Anordnung der Stützreaktionen infolge nacheinander aufgebrachter Einheitsverformungen am Gesamttragwerk. Die Wiedergabe der Gesamtsteifigkeitsmatrix $\underline{K}$ für den Rahmen nach Bild 1.1 erfolgt in allgemeiner Darstellung nach (14.1), mit den zugehörigen Zahlenwerten nach (14.2).

$\underline{V}$ = Gesamt-Verformungsvektor als Spaltenmatrix der unbekannten Knotenverformungen. Die Verformungsunbekannten des Rahmens nach Bild 1.1 sind in (6.2) zusammengefaßt.

$\underline{F}$ = Spaltenmatrix der Gesamt-Knotenlasten. Nach Arretierung aller unbekannten Knotenverformungen von $\underline{V}$ können aus der gegebenen Belastung aller Elementstäbe die auf jeden Knoten wirkenden Kräfte und Momente berechnet werden. Für den Rahmen nach Bild 1.1 gibt (17.1) die Gesamt-Knotenlasten im Zustand der Gesamtverformung $\underline{V}$ = 0 an.

Zwischen den drei Matrizen $\underline{K}$, $\underline{V}$ und $\underline{F}$ besteht ein einfacher Zusammenhang. Mit den Einzelgliedern von (14.1), (6.2) und (17.1) formuliert man zunächst auf herkömmliche Weise ein lineares Gleichungssystem, dessen Aussageform später erläutert werden soll.

$$
\begin{aligned}
A_{x2}^{(x2)} \cdot v_{x2} + A_{x2}^{(z2)} \cdot v_{z2} + A_{x2}^{(\phi 2)} \cdot \phi_{y2} + A_{x2}^{(x3)} \cdot v_{x3} + A_{x2}^{(z3)} \cdot v_{z3} + A_{x2}^{(\phi 3)} \cdot \phi_{y3} &= F_{x2}^{0} \\
A_{z2}^{(x2)} \cdot v_{x2} + A_{z2}^{(z2)} \cdot v_{z2} + A_{z2}^{(\phi 2)} \cdot \phi_{y2} + A_{z2}^{(x3)} \cdot v_{x3} + A_{z2}^{(z3)} \cdot v_{z3} + A_{z2}^{(\phi 3)} \cdot \phi_{y3} &= F_{z2}^{0} \\
M_{y2}^{(x2)} \cdot v_{x2} + M_{y2}^{(z2)} \cdot v_{z2} + M_{y2}^{(\phi 2)} \cdot \phi_{y2} + M_{y2}^{(x3)} \cdot v_{x3} + M_{y2}^{(z3)} \cdot v_{z3} + M_{y2}^{(\phi 3)} \cdot \phi_{y3} &= M_{y2}^{0} \\
A_{x3}^{(x2)} \cdot v_{x2} + A_{x3}^{(z2)} \cdot v_{z2} + A_{x3}^{(\phi 2)} \cdot \phi_{y2} + A_{x3}^{(x3)} \cdot v_{x3} + A_{x3}^{(z3)} \cdot v_{z3} + A_{x3}^{(\phi 3)} \cdot \phi_{y3} &= F_{x3}^{0} \\
A_{z3}^{(x2)} \cdot v_{x2} + A_{z3}^{(z2)} \cdot v_{z2} + A_{z3}^{(\phi 2)} \cdot \phi_{y2} + A_{z3}^{(x3)} \cdot v_{x3} + A_{z3}^{(z3)} \cdot v_{z3} + A_{z3}^{(\phi 3)} \cdot \phi_{y3} &= F_{z3}^{0} \\
M_{y3}^{(x2)} \cdot v_{x2} + M_{y3}^{(z2)} \cdot v_{z2} + M_{y3}^{(\phi 2)} \cdot \phi_{y2} + M_{y3}^{(x3)} \cdot v_{x3} + M_{y3}^{(z3)} \cdot v_{z3} + M_{y3}^{(\phi 3)} \cdot \phi_{y3} &= M_{y3}^{0}
\end{aligned}
\tag{18.1}
$$

Statt des Gleichungssystems (18.1) können wir mit den vollständigen Matrizen $\underline{K}$, $\underline{V}$ und $\underline{F}$ schreiben

$$
\underbrace{\begin{bmatrix}
A_{x2}^{(x2)} & A_{x2}^{(z2)} & A_{x2}^{(\phi 2)} & A_{x2}^{(x3)} & A_{x2}^{(z3)} & A_{x2}^{(\phi 3)} \\
A_{z2}^{(x2)} & A_{z2}^{(z2)} & A_{z2}^{(\phi 2)} & A_{z2}^{(x3)} & A_{z2}^{(z3)} & A_{z2}^{(\phi 3)} \\
M_{y2}^{(x2)} & M_{y2}^{(z2)} & M_{y2}^{(\phi 2)} & M_{y2}^{(x3)} & M_{y2}^{(z3)} & M_{y2}^{(\phi 3)} \\
A_{x3}^{(x2)} & A_{x3}^{(z2)} & A_{x3}^{(\phi 2)} & A_{x3}^{(x3)} & A_{x3}^{(z3)} & A_{x3}^{(\phi 3)} \\
A_{z3}^{(x2)} & A_{z3}^{(z2)} & A_{z3}^{(\phi 2)} & A_{z3}^{(x3)} & A_{z3}^{(z3)} & A_{z3}^{(\phi 3)} \\
M_{y3}^{(x2)} & M_{y3}^{(z2)} & M_{y3}^{(\phi 2)} & M_{y3}^{(x3)} & M_{y3}^{(z3)} & M_{y3}^{(\phi 3)}
\end{bmatrix}}_{\underline{K}}
\underbrace{\begin{bmatrix} v_{x2} \\ v_{z2} \\ \phi_{y2} \\ v_{x3} \\ v_{z3} \\ \phi_{y3} \end{bmatrix}}_{\underline{V}}
=
\underbrace{\begin{bmatrix} F_{x2}^{0} \\ F_{z2}^{0} \\ M_{y2}^{0} \\ F_{x3}^{0} \\ F_{z3}^{0} \\ M_{y3}^{0} \end{bmatrix}}_{\underline{F}}
\tag{18.2}
$$

Die vollständig ausgeschriebene Matrizengleichung (18.2) führt schließlich zu der gebräuchlichen Matrizen-Kurzform

$$
\underline{K} \cdot \underline{V} = \underline{F} \tag{18.3}
$$

Die Übereinstimmung zwischen der Gleichungsform (18.1) und (18.2) beruht auf der Multiplikationsregel für Matrizen, die das Kernstück der Matrizenrechnung bildet. Diese überaus wichtige Matrizenoperation bedarf einer eingehenden Erläuterung, bevor wir wieder zu unserem Zahlenbeispiel des Rahmens nach Bild 1.1 zurückkehren.

Die Multiplikation zweier Matrizen $\underline{A}$ und $\underline{B}$ miteinander ist an eine Voraussetzung gebunden, die unbedingt erfüllt sein muß:

Zwei Matrizen $\underline{A}$ und $\underline{B}$ lassen sich nur dann miteinander multiplizieren, wenn die Spaltenanzahl der ersten Matrix $\underline{A}$ mit der Zeilenanzahl der zweiten Matrix $\underline{B}$ übereinstimmt. Die Reihenfolge der Matrizen innerhalb eines Matrizenprodukts kann daher nicht ohne weiteres vertauscht werden.

Gegeben seien die beiden Matrizen $\underline{A}$ und $\underline{B}$ wie folgt. Dabei ist $\underline{A}$ eine (3,4)-Matrix mit 3 Zeilen und 4 Spalten, $\underline{B}$ eine (4,2)-Matrix mit 4 Zeilen und 2 Spalten. Mit 4 Spalten von $\underline{A}$ und 4 Zeilen von $\underline{B}$ läßt sich das Matrizenprodukt $\underline{A}.\underline{B}$ bilden

$$\underline{A} = \begin{bmatrix} a_{11} & a_{12} & a_{13} & a_{14} \\ a_{21} & a_{22} & a_{23} & a_{24} \\ a_{31} & a_{32} & a_{33} & a_{34} \end{bmatrix} \qquad \underline{B} = \begin{bmatrix} b_{11} & b_{12} \\ b_{21} & b_{22} \\ b_{31} & b_{32} \\ b_{41} & b_{42} \end{bmatrix}$$

Es gilt somit das Matrizenprodukt

$$\underline{A}.\underline{B} = \underline{C}$$

Die Bestimmung der einzelnen Glieder von $\underline{C}$ wird am einfachsten mit Hilfe des Multiplikationsschemas von Falk erläutert. Bild 19.1 zeigt die Anordnung

$$\begin{array}{cccc|cc} & & & & b_{11} & b_{12} \\ & & & & b_{21} & b_{22} \\ & & & & b_{31} & b_{32} \\ & & \underline{A} & & b_{41} & b_{42} \\ \hline a_{11} & a_{12} & a_{13} & a_{14} & c_{11} & c_{12} \\ a_{21} & a_{22} & a_{23} & a_{24} & c_{21} & c_{22} \\ a_{31} & a_{32} & a_{33} & a_{34} & c_{31} & c_{32} \end{array} \quad \begin{array}{l} \} \ \underline{B} \\ \} \ \underline{C} \end{array}$$

Bild 19.1
Matrizenprodukt $\underline{A}.\underline{B} = \underline{C}$
Multiplikationsschema nach Falk

Nach Vergleich mit Bild 19.1 stellen wir fest, daß die Multiplikation der (3,4)-Matrix $\underline{A}$ mit der (4,2)-Matrix $\underline{B}$ eine (3,2)-Matrix $\underline{C}$ ergibt.

Allgemein gilt:

Eine (m,n)-Matrix multipliziert mit einer (n,p)-Matrix ergibt eine (m,p)-Matrix.

(m,n) ... (n,p) = (m,p)

Aus Bild 19.1 erkennt man weiterhin:

Jedes Einzelglied der Matrix $\underline{C}$ liegt im Schnittpunkt einer Zeile von $\underline{A}$ und einer Spalte von $\underline{B}$.

Aus der Matrix $\underline{C}$ sollen die beiden Einzelglieder c_{11} und c_{32} bestimmt werden, um den allgemeinen Rechengang bei der Matrizenmultiplikation kennenzulernen. Zur Erläuterung geben wir im Falk-Schema nur die jeweils erforderliche Zeile von $\underline{A}$ und Spalte von $\underline{B}$ an. In Bild 20.1 ist die Berechnung von c_{11}, in Bild 20.2 die Berechnung von c_{32} dargestellt.

	b_{11} b_{21} b_{31} b_{41}	
a_{11} a_{12} a_{13} a_{14}	c_{11}	

Bild 20.1

Berechnung von c_{11}

$$a_{11} \cdot b_{11} + a_{12} \cdot b_{21} + a_{13} \cdot b_{31} + a_{14} \cdot b_{41} = c_{11}$$

		b_{12} b_{22} b_{32} b_{42}
a_{31} a_{32} a_{33} a_{34}		c_{32}

Bild 20.2

Berechnung von c_{32}

$$a_{31} \cdot b_{12} + a_{32} \cdot b_{22} + a_{33} \cdot b_{32} + a_{34} \cdot b_{42} = c_{32}$$

Ein einfaches Zahlenbeispiel über Matrizenmultiplikation findet sich in WIT 40, Seite 2.9.

Wir kehren zurück zu unserem Zahlenbeispiel des Rahmens nach Bild 1.1. Die Gleichung (18.2) wollen wir in Bild 21.1 mit Hilfe des Multiplikationsschemas von Falk wiedergeben.

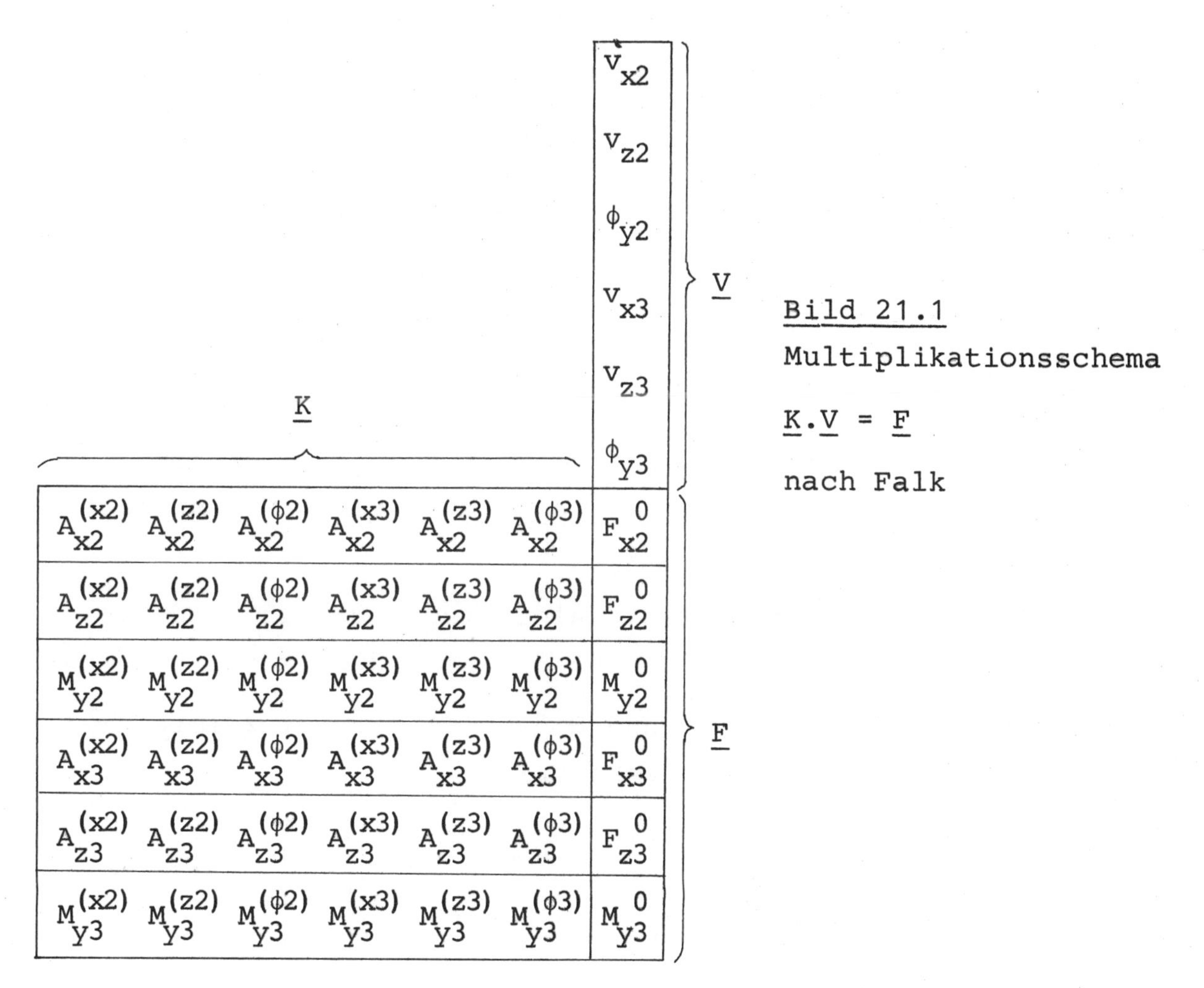

Bild 21.1
Multiplikationsschema
$\underline{K}.\underline{V} = \underline{F}$
nach Falk

Alle Einzelkomponenten der Spaltenmatrix $\underline{F}$ liegen im Schnittpunkt einer Zeile von $\underline{K}$ sowie der einspaltigen Matrix $\underline{V}$. Wendet man rein formal die Multiplikationsregel an, wie sie in Bild 20.1 und in Bild 20.2 erläutert wurde, so ergeben sich unmittelbar die Einzelgleichungen (18.1).

Aus den Gleichungen (18.1) lassen sich leicht die Gleichgewichtsforderungen an den Knoten ② und ③ herleiten. In jeder Einzelgleichung stehen vor dem Gleichheitszeichen die aus der gesamten Verformung herrührenden Stützkräfte und Stützmomente an den Stabenden, während die äußere Belastung rechts des Gleichheitszeichens auf die Knoten wirkt. Das entspricht der Matrizengleichung (18.3)

$\underline{K}.\underline{V} = \underline{F}$

Durch Umkehrung der Wirkungsrichtung bringt man die aus der gesamten Verformung herrührenden Stützkräfte und Stützmomente von den Stabenden auf die Knoten. Es genügt, diesen Vorgang am Beispiel der ersten beiden Einzelgleichungen von (18.1) darzustellen.

$$-A_{x2}^{(x2)}.v_{x2}-A_{x2}^{(z2)}.v_{z2}-A_{x2}^{(\phi 2)}.\phi_{y2}-A_{x2}^{(x3)}.v_{x3}-A_{x2}^{(z3)}.v_{z3}-A_{x2}^{(\phi 3)}.\phi_{y3} + F_{x2}^{0} = \Sigma H_2 = 0$$

$$-A_{z2}^{(x2)}.v_{x2}-A_{z2}^{(z2)}.v_{z2}-A_{z2}^{(\phi 2)}.\phi_{y2}-A_{z2}^{(x3)}.v_{x3}-A_{z2}^{(z3)}.v_{z3}-A_{z2}^{(\phi 3)}.\phi_{y3} + F_{z2}^{0} = \Sigma V_2 = 0$$

Die Matrizen-Kurzform der gesamten Einzelgleichungen lautet dann

$$-\underline{K}.\underline{V} + \underline{F} = 0$$

Wir fassen zusammen:

Die Steifigkeitsbeziehung am Gesamttragwerk $\underline{K}.\underline{V} = \underline{F}$ läßt sich leicht als Gleichgewichtsforderung an jedem elastisch verformbaren Knoten deuten.

Für die beiden Knoten ② und ③ des Zahlenbeispiels nach Bild 1.1 heißt dies nichts anderes als $\Sigma H = 0$, $\Sigma V = 0$ und $\Sigma M = 0$.

Mit $\underline{K}$ nach (14.2), $\underline{V}$ nach (6.2) und $\underline{F}$ nach (17.1) formulieren wir zahlenmäßig $\underline{K}.\underline{V} = \underline{F}$ für das Zahlenbeispiel.

$$10^4 \begin{bmatrix} 17,5477 & -4,6702 & 0,9774 & -17,1445 & 4,6702 & -0,0306 \\ -4,6702 & 68,4941 & -0,1122 & 4,6702 & -1,2941 & -0,1122 \\ 0,9774 & -0,1122 & 4,2441 & 0,0306 & 0,1122 & 0,4420 \\ -17,1445 & 4,6702 & 0,0306 & 17,2331 & -4,6702 & 0,3850 \\ 4,6702 & -1,2941 & 0,1122 & -4,6702 & 32,7941 & 0,1122 \\ -0,0306 & -0,1122 & 0,4420 & 0,3850 & 0,1122 & 2,7741 \end{bmatrix} . \begin{bmatrix} v_{x2} \\ v_{z2} \\ \phi_{y2} \\ v_{x3} \\ v_{z3} \\ \phi_{y3} \end{bmatrix} = \begin{bmatrix} 51,84 \\ 82,50 \\ -93,65 \\ 0 \\ 82,50 \\ 151,25 \end{bmatrix} \qquad (22.1)$$

Aus (22.1) erhalten wir die unbekannten Knotenverformungen

$v_{x2} = 259,0813.10^{-4}$ $\qquad v_{x3} = 257,4447.10^{-4}$

$v_{z2} = 1,2786.10^{-4}$ $\qquad v_{z3} = 2,5103.10^{-4}$

$\phi_{y2} = -87,3186.10^{-4}$ $\qquad \phi_{y3} = 35,5136.10^{-4}$

Die Knotenverschiebungen werden in Meter, die Knotenverdrehungen im Bogenmaß des Einheitskreises erhalten. Auf die Probleme bei der Lösung linearer Gleichungssysteme, wie sie bei einer großen Anzahl von Unbekannten auftreten, soll hier nicht eingegangen werden. Ebenso verzichten wir auf die Berechnung der Stützreaktionen sowie der Stabendschnittgrößen. Das einführende Zahlenbeispiel des ebenen Rahmens nach Bild 1.1 ist damit beendet.

1.3 Steifigkeitsbeziehung am Stabelement

Beim Zahlenbeispiel des Rahmens nach Bild 1.1 wird deutlich, daß die Gesamtsteifigkeitsmatrix $\underline{K}$ aus den Stützreaktionen infolge aufgebrachter Einheitsverformungen an den Elementstäben mit gemeinsamen Knoten entsteht. Damit wird der Einzelstab zum Baustein der Finite-Elemente-Methode.

Ähnlich der Matrizengleichung (18.3) am Gesamttragwerk gilt für jeden Elementstab eine Steifigkeitsbeziehung

$$\underline{k} \cdot \underline{v} = \underline{f} \qquad (23.1)$$

Die verwendeten kleinen Buchstaben deuten wie vereinbart auf den Elementstab hin. Die Gleichung (23.1) stellt einen Gleichgewichtszustand an den beiden Stabendknoten dar. Eine ausführliche Erläuterung folgt später im Abschnitt 3.2. Die einzelnen Matrizen von (23.1) haben folgende Bedeutung:

$\underline{k}$ = Elementsteifigkeitsmatrix als spaltenweise Anordnung der Stützreaktionen infolge nacheinander aufgebrachter Einheitsverformungen am Elementstab.

$\underline{v}$ = Element-Verformungsvektor als Spaltenmatrix der Verformungen beider Stabendknoten.

$\underline{f}$ = Spaltenmatrix der Element-Knotenlasten in Abhängigkeit von den tatsächlich auftretenden Verformungen der beiden Stabendknoten.

Wir stellen fest:

Zur Berechnung von $\underline{f}$ muß $\underline{v}$ bekannt sein. Beim Zahlenbeispiel nach Bild 1.1 haben wir gesehen, daß sich die Knotenverformungen nur vermittels $\underline{K} \cdot \underline{V} = \underline{F}$ am Gesamttragwerk bestimmen lassen.

2 Die lokale Elementsteifigkeitsmatrix $\bar{k}$

2.1 Lokales und globales Achsenkreuz

Für jeden Elementstab benötigen wir zunächst ein lokales Achsenkreuz und legen dazu folgendes fest:

Das x,y,z-Achsenkreuz der DIN 1080 gemäß Bild 4.1 wird derart in ein $\bar{x},\bar{y},\bar{z}$-Achsenkreuz gedreht, daß die $\bar{x}$-Achse mit der Längsachse des Elementstabes zusammenfällt. Bild 24.1 zeigt das $\bar{x},\bar{y},\bar{z}$-Achsenkreuz

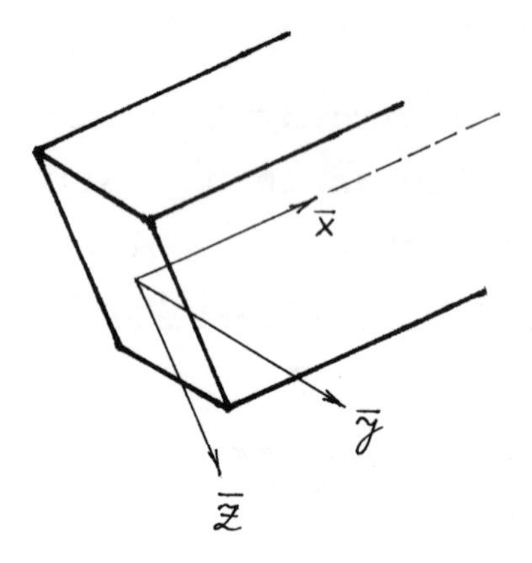

Bild 24.1
Lokales $\bar{x},\bar{y},\bar{z}$-Achsenkreuz
mit $\bar{x}$-Achse gleich Stabachse

Im Falle einer schrägliegenden Elementstabachse erhalten alle drei Achsenrichtungen die Überstreichung (–) wie in Bild 24.1. Dadurch wird das Achsenkreuz einerseits als lokales ausgewiesen, andererseits der Zusammenhang mit dem x,y,z-Achsenkreuz nach Bild 4.1 verdeutlicht.

Die lokalen Verformungen seien in Bild 24.2 und 24.3, die lokalen Knotenkräfte und Knotenmomente in Bild 25.1 und 25.2 wiedergegeben.

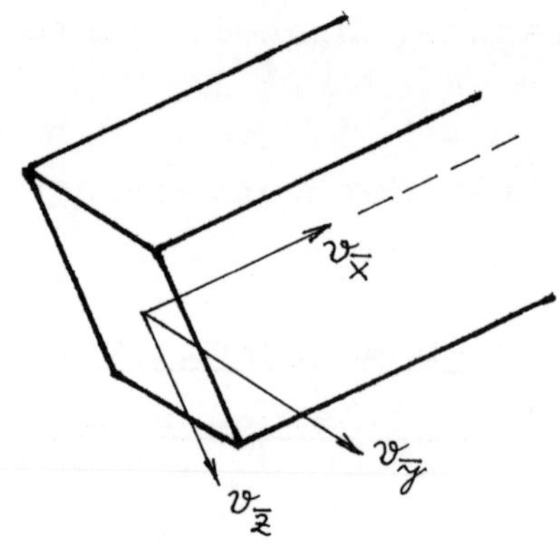

Bild 24.2
Positive lokale
Knotenverschiebungen

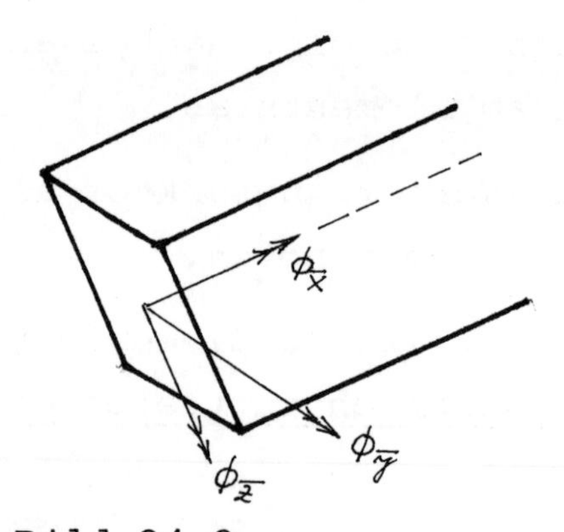

Bild 24.3
Positive lokale
Knotenverdrehungen

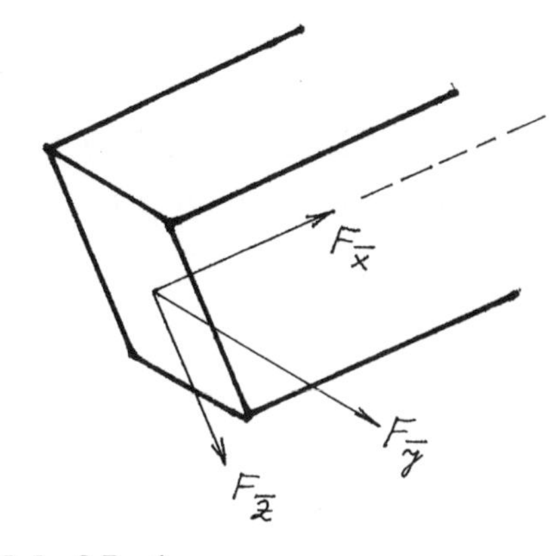

Bild 25.1
Positive lokale
Knotenkräfte

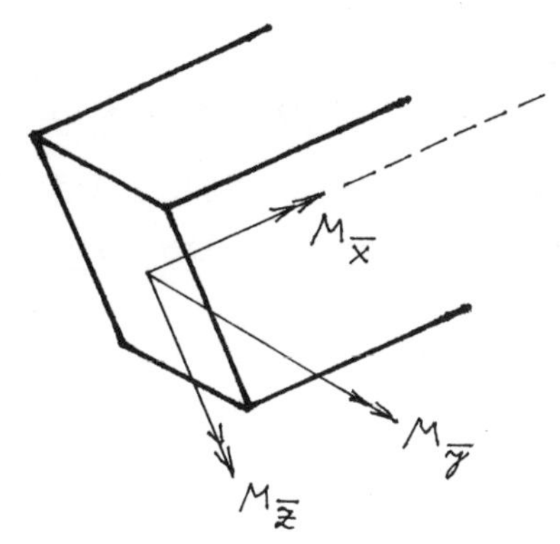

Bild 25.2
Positive lokale
Knotenmomente

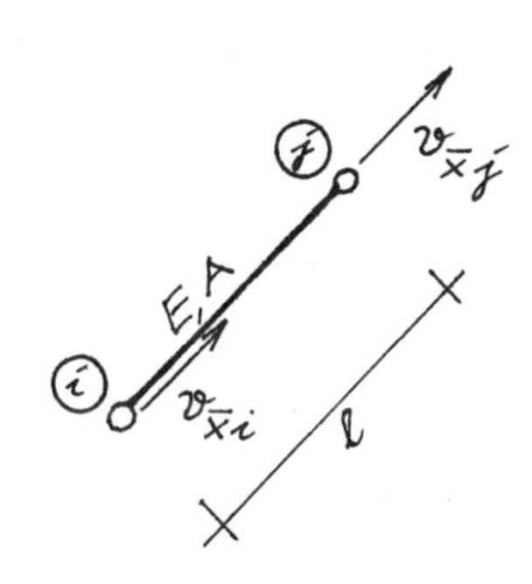

Bild 25.3
Lokale Knotenverformungen am ebenen Fachwerk-Stabelement

(i) = Anfangsknoten

(j) = Endknoten

Nach Bild 25.3 sind die in die Stabachse fallenden Knotenverformungen $v_{\bar{x}i}$ und $v_{\bar{x}j}$ gegeben. Elastizitätsmodul E und Querschnittsfläche A sind stabweise konstant. Nach einer bekannten Beziehung aus der Festigkeitslehre rechnen wir dann die Stabkraft

$$S = \frac{EA}{l}\cdot\Delta l = \frac{EA}{l}(v_{\bar{x}j} - v_{\bar{x}i}) \tag{25.1}$$

Auch beim ebenen Biegestab ist ein auf die Stablängsachse bezogenes Achsenkreuz erforderlich, zumal die Schnittgrößen wie Querkraft und Längskraft an die Stabachse gebunden sind.

Neben dem lokalen, auf die Stabachse bezogenen Achsenkreuz benötigen wir für jeden Knoten ein übergeordnetes, sogenanntes globales Achsenkreuz. Ausschließlich im Hinblick auf die möglichen Knotenverformungen unterscheidet man hier zwischen frei wählbaren und gebundenen globalen Achsenrichtungen. Eine Bindung der Knotenverformung ist i.allg. nur bei Auflagerknoten gegeben. So liegt bei einem verschieblichen Auflager zwangsläufig die als Unbekannte zu berechnende Knotenverschiebung in der globalen Knotenachse. Im Falle einer horizontalen Auflagerverschieblichkeit würde die bestehende Achsenbindung dem rechnerisch einfach zu handhabenden Horizontal-Vertikal-Achsenkreuz entsprechen.

Wir merken uns:

Globale Knotenachsen werden wir zwecks rechnerischer Vereinfachung in horizontal-vertikaler Richtung anordnen, sofern nicht bestimmte Verformungsbedingungen eine andere Achsenrichtung zwingend vorschreiben.

Die nachfolgenden Bilder 26.1 bis 26.3 mögen dies verdeutlichen

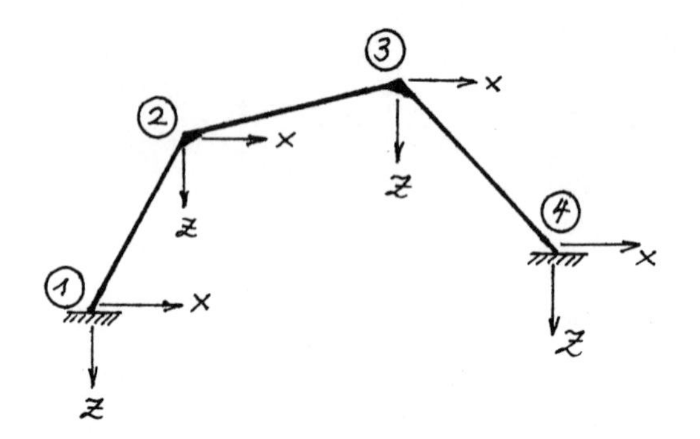

Bild 26.1

Rahmentragwerk mit ungebundenen globalen Knotenachsen in allen Knoten ① bis ④

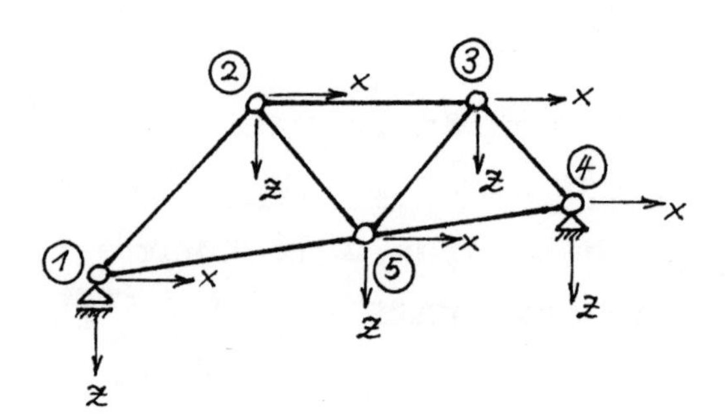

Bild 26.2

Fachwerk mit gebundenen globalen Knotenachsen im horizontal verschieblichen Auflagerknoten ① und ungebundenen globalen Knotenachsen in den Knoten ② bis ⑤

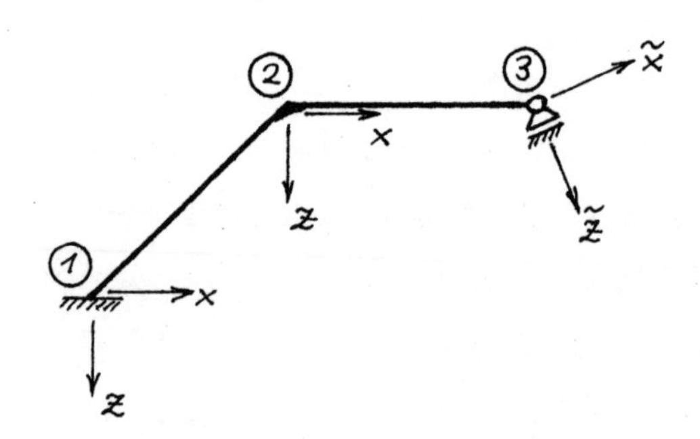

Bild 26.3

Geknickter Biegeträger mit gebundenen globalen Knotenachsen $\tilde{x}, \tilde{z}$ im schrägverschieblichen Knoten ③ und ungebundenen globalen Knotenachsen in den Knoten ① und ②

Im Unterschied zum x,y,z-Achsenkreuz nach Bild 4.1 mit horizontaler x-Achse erhält das an keine Stabachse gebundene schrägliegende Achsenkreuz im Auflagerknoten ③ des Biegeträgers nach Bild 26.3 eine Überstreichung (~). Sowohl die Achsen x, y, z als auch die geneigten Achsen $\tilde{x}$, $\tilde{y}$, $\tilde{z}$ sind globale Knotenachsen, die rein begrifflich nicht unterschieden werden müssen. Somit gibt es nur lokale und globale Knotenachsen.

Für den geknickten Biegeträger nach Bild 26.3 wollen wir die Spaltenmatrix $\underline{V}$ der Gesamtverformung angeben:
Knoten ① erhält keine Verformungen. Knoten ② weist drei Verformungsunbekannte auf. Der Knoten ③ ist ein Gelenkknoten. Mit zwei Gleichgewichtsbedingungen gibt es grundsätzlich auch zwei Verformungskomponenten in den globalen Achsenrichtungen, von denen die eine senkrecht zur Auflagerverschieblichkeit zu Null wird.

$$\underline{V} = \begin{bmatrix} v_{x1} \\ v_{z1} \\ \phi_{y1} \\ v_{x2} \\ v_{z2} \\ \phi_{y2} \\ v_{\tilde{x}3} \\ v_{\tilde{z}3} \end{bmatrix} = \begin{bmatrix} 0 \\ 0 \\ 0 \\ v_{x2} \\ v_{z2} \\ \phi_{y2} \\ v_{\tilde{x}3} \\ 0 \end{bmatrix} \qquad (27.1)$$

Für den Biegeträger nach Bild 26.3 sind damit vier unbekannte Knotenverformungen zu berechnen. Ebenfalls werden die Auflager-Stützkräfte parallel zu den globalen Knotenachsen bestimmt, im vorliegenden Falle also A_{x1}, A_{z1} und $A_{\tilde{z}3}$.

2.2 Die lokale Elementsteifigkeitsmatrix $\underline{k}$ des ebenen Pendelstabes (z.B. Fachwerkstab)

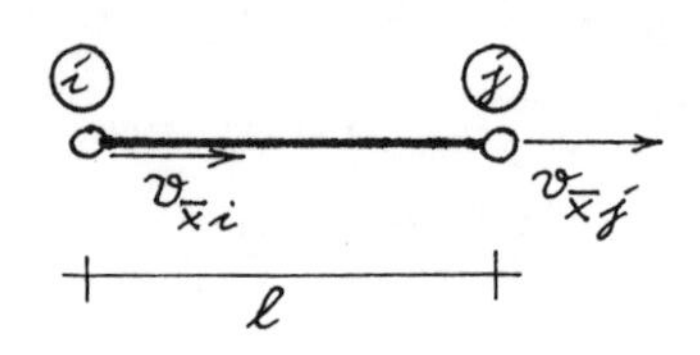

Bild 28.1
Ebener Pendelstab mit positiven lokalen Knotenverformungen $v_{\bar{x}i}$, $v_{\bar{x}j}$, konstantem Elastizitätsmodul E und konstanter Querschnittsfläche A

Positive Laufrichtung vom Anfangsknoten ⓘ zum Endknoten ⓙ

Lokaler Element-Verformungsvektor

$$\underline{\bar{v}} = \begin{bmatrix} v_{\bar{x}i} \\ v_{\bar{x}j} \end{bmatrix} \qquad (28.1)$$

Es werden nacheinander die positiven Einheitsverformungen der Spaltenmatrix (28.1) aufgebracht. In Bild 28.2 und 28.3 sind die zugehörigen Gleichgewichtszustände mit den Stützkräften angegeben.

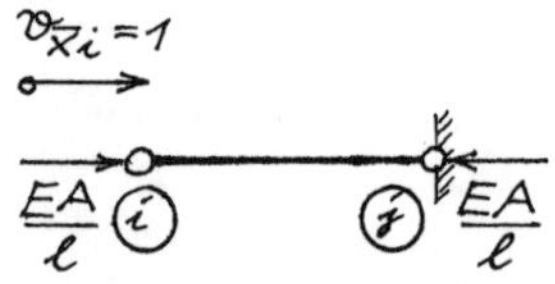

Bild 28.2
Einheitsverformung $v_{\bar{x}i} = 1$
mit zugehörigen Stützkräften an den Knoten

Die spaltenweise Zusammenfassung der Stützkräfte an den Knoten ergibt

$$\underline{k}^{(xi)} = \begin{bmatrix} \frac{EA}{l} \\ -\frac{EA}{l} \end{bmatrix} = \frac{EA}{l}\begin{bmatrix} 1 \\ -1 \end{bmatrix}$$

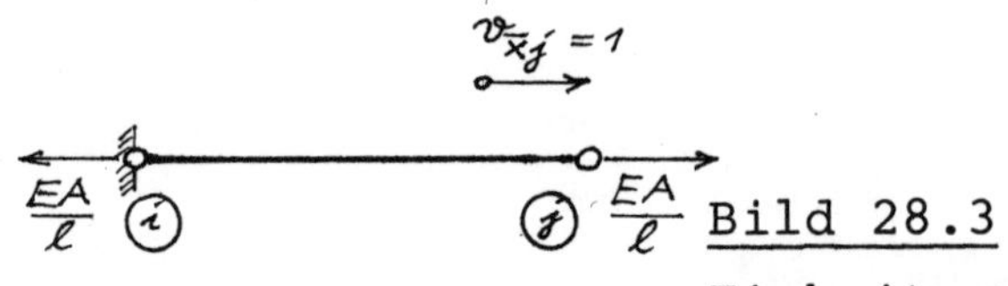

Bild 28.3
Einheitsverformung $v_{\bar{x}j} = 1$
mit zugehörigen Stützkräften an den Knoten

Wir fassen auch die zur Einheitsverformung $v_{\bar{x}j} = 1$ zugehörigen Knotenkräfte in einer Spaltenmatrix zusammen.

$$\underline{k}^{(\bar{x}j)} = \begin{bmatrix} -\frac{EA}{l} \\ \frac{EA}{l} \end{bmatrix} = \frac{EA}{l} \cdot \begin{bmatrix} -1 \\ 1 \end{bmatrix}$$

Beide Spaltenmatrizen der Knotenkräfte ergeben die <u>lokale Elementsteifigkeitsmatrix $\bar{\underline{k}}$ des ebenen Pendel- oder Fachwerkstabes</u>

$$\bar{\underline{k}} = \frac{EA}{l} \begin{bmatrix} 1 & -1 \\ -1 & 1 \end{bmatrix} \tag{29.1}$$

2.3 Die lokale Elementsteifigkeitsmatrix $\bar{\underline{k}}$ des ebenen Biegestabes

2.3.1 Biegung ohne Längskraft

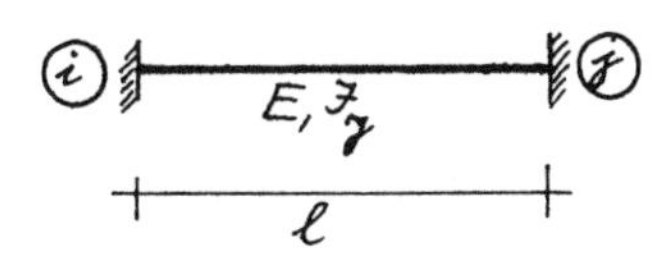

Bild 29.1

Biegesteifer Elementstab mit beidseitig eingespannten Stabenden, konstantem E und konstantem Flächenmoment I_y

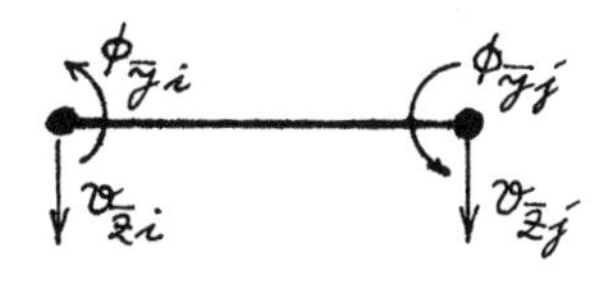

Bild 29.2

Symbolisierter Elementstab wie in Bild 29.1 mit positiven Knotenverformungen

Die Spaltenmatrix $\bar{\underline{v}}$ der lokalen Elementverformungen lautet

$$\bar{\underline{v}} = \begin{bmatrix} v_{\bar{z}i} \\ \phi_{\bar{y}i} \\ v_{\bar{z}j} \\ \phi_{\bar{y}j} \end{bmatrix} \tag{29.2}$$

Es werden nacheinander die Einheitsverformungen von (29.2) am Elementstab aufgebracht und die zugehörigen Stützreaktionen errechnet. Die positive Richtung der Stützreaktionen ist in Bild 30.1 dargestellt. Dabei läßt sich die Rechnung leicht nach herkömmlicher Statik durchführen und wird hier nicht wiedergegeben. Eine formelmäßige Zusammenstellung findet man in WIT 40, Seite 4.20.

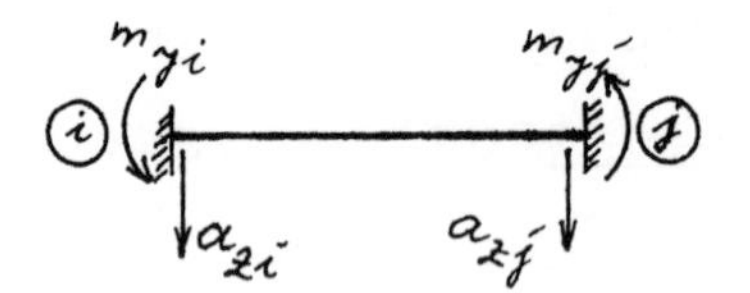

Bild 30.1
Positiv gerichtete Stützreaktionen am Elementstab (kleine Buchstaben)

In der nachfolgenden Tabelle 30.1 sind die Stützreaktionen infolge nacheinander aufgebrachter Einheitsverformungen zusammengestellt.

Tabelle 30.1
Elementstab-Stützreaktionen infolge Knoten-Einheitsverformungen

	$v_{\bar{z}i} = 1$	$\phi_{\bar{y}i} = 1$	$v_{\bar{z}j} = 1$	$\phi_{\bar{y}j} = 1$
a_{zi}	$\frac{12EI_y}{l^3}$	$-\frac{6EI_y}{l^2}$	$-\frac{12EI_y}{l^3}$	$-\frac{6EI_y}{l^2}$
m_{yi}	$-\frac{6EI_y}{l^2}$	$\frac{4EI_y}{l}$	$\frac{6EI_y}{l^2}$	$\frac{2EI_y}{l}$
a_{zj}	$-\frac{12EI_y}{l^3}$	$\frac{6EI_y}{l^2}$	$\frac{12EI_y}{l^3}$	$\frac{6EI_y}{l^2}$
m_{yj}	$-\frac{6EI_y}{l^2}$	$\frac{2EI_y}{l}$	$\frac{6EI_y}{l^2}$	$\frac{4EI_y}{l}$

Aus Tabelle 30.1 erhalten wir unmittelbar die lokale Elementsteifigkeitsmatrix $\underline{\bar{k}}$ des ebenen Biegestabes ohne Längskraft.

$$\underline{\bar{k}} = \frac{2EI_y}{l^3} \left[\begin{array}{cc|cc} 6 & -3l & -6 & -3l \\ & \boxed{\underline{k}_{ii}} & & \boxed{\underline{k}_{ij}} \\ -3l & 2l^2 & 3l & l^2 \\ \hline -6 & 3l & 6 & 3l \\ & \boxed{\underline{k}_{ji}} & & \boxed{\underline{k}_{jj}} \\ -3l & l^2 & 3l & 2l^2 \end{array}\right] \quad (31.1)$$

$$\underline{\bar{k}} = \frac{2EI_y}{l^3} \begin{bmatrix} 6 & -3l & -6 & -3l \\ & 2l^2 & 3l & l^2 \\ & & 6 & 3l \\ \text{Symmetrie} & & & 2l^2 \end{bmatrix} \quad (31.2)$$

Im Falle eines über die Stablänge l gleichbleibenden Querschnitts weist jede Elementsteifigkeitsmatrix unabhängig vom Bezugsachsenkreuz zwei bedeutsame Eigenschaften auf:

a) Alle symmetrisch zur Hauptdiagonalen liegenden Glieder haben gleiche Größe. Wir können deshalb die vereinfachte Schreibweise (31.2) verwenden.

b) Die zugehörige Determinante jeder Elementsteifigkeitsmatrix ist gleich Null. Praktisch bedeutet dies, daß sich mit der Beziehung $\underline{k}.\underline{v} = \underline{f}$ am Elementstab keine Verformungskomponenten aus $\underline{v}$ berechnen lassen. Matrizen, deren Determinante gleich Null ist, bezeichnet man als singulär. (Vgl. auch WIT 40, Seite 2.7)

In (31.1) wurde die Elementsteifigkeitsmatrix in vier quadratische Untermatrizen eingeteilt. Die Indizierung der Untermatrizen bezieht sich auf die beiden Knoten eines Elementstabes. Man kann sämtliche Elementsteifigkeitsmatrizen eines Gesamttragwerks durch ihre Untermatrizen darstellen. Die Addition der Untermatrizen mit übereinstimmender Indizierung ergibt die Gesamtsteifigkeitsmatrix.
Die Anzahl der Zeilen und Spalten einer Untermatrix entspricht der Anzahl der Verformungsunbekannten je Knoten.

Bei der Biegung ohne Längskraft nach 2.3.1 erkennen wir aus Bild 29.2, daß an jedem Knoten die Verschiebung $v_{\bar{z}}$ und die Verdrehung $\phi_{\bar{y}}$ auftritt. Jede Untermatrix in (31.1) ist somit eine Matrix mit zwei Zeilen und zwei Spalten.

Durch die Indizierung der Untermatrizen werden die beiden Stabendknoten eines Elementstabes verknüpft. Im Falle der Laufrichtung von ⓘ nach ⓙ erscheinen dann in der Hauptdiagonalen der Elementsteifigkeitsmatrix die Untermatrizen $\underline{k}_{ii}$, $\underline{k}_{jj}$. Alle in der Hauptdiagonalen liegenden Untermatrizen sind diagonalsymmetrisch.

Die beiden außerhalb der Hauptdiagonalen liegenden Untermatrizen $\underline{k}_{ij}$ und $\underline{k}_{ji}$ sind nicht diagonalsymmetrisch. Sie lassen sich jedoch durch eine Matrizenoperation ineinander überführen, die wir als Transponieren bezeichnen. Wir merken uns:

Unter dem Transponieren einer Matrix versteht man das Vertauschen von Zeilen und Spalten.

Am Beispiel der Matrix $\underline{A}$ von Seite 19 wollen wir den Vorgang des Transponierens erläutern.

$$\underline{A} = \begin{bmatrix} a_{11} & a_{12} & a_{13} & a_{14} \\ a_{21} & a_{22} & a_{23} & a_{24} \\ a_{31} & a_{32} & a_{33} & a_{34} \end{bmatrix}$$

Durch Vertauschen von Zeilen und Spalten entsteht aus der gegebenen Matrix $\underline{A}$ die Transponierte von $\underline{A}$, die wir mit $\underline{A}^T$ bezeichnen.

$$\underline{A}^T = \begin{bmatrix} a_{11} & a_{21} & a_{31} \\ a_{12} & a_{22} & a_{32} \\ a_{13} & a_{23} & a_{33} \\ a_{14} & a_{24} & a_{34} \end{bmatrix}$$

Zwischen den Untermatrizen $\underline{k}_{ij}$ und $\underline{k}_{ji}$ besteht der leicht erkennbare Zusammenhang:

$$\underline{k}_{ij} = \underline{k}_{ji}^T$$

2.3.2 Biegung und Längskraft gleichzeitig

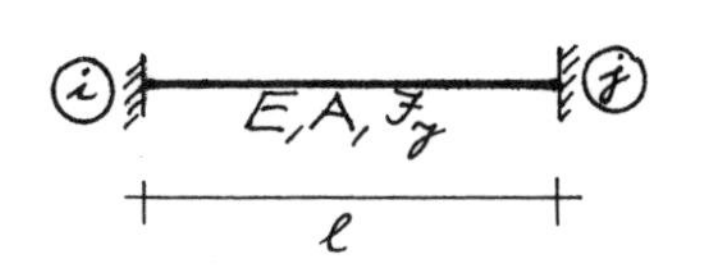

Bild 33.1
Biegesteifer Elementstab mit beidseitig eingespannten Stabenden, konstantem E sowie konstantem Flächenmoment I_y und konstanter Querschnittsfläche A

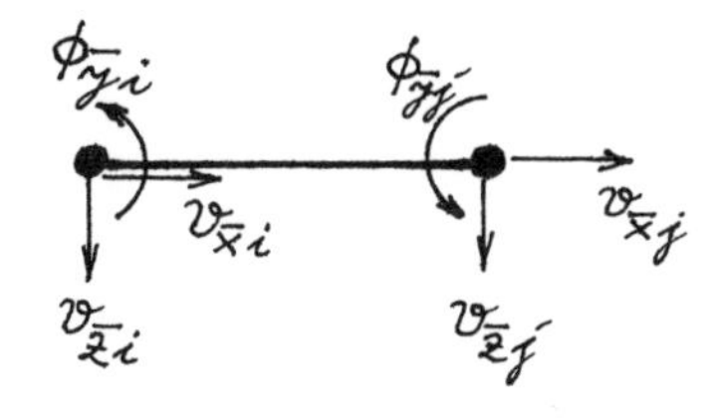

Bild 33.2
Symbolisierter Elementstab mit positiven Knotenverformungen

Die Spaltenmatrix $\underline{\bar{v}}$ der lokalen Elementverformungen lautet

$$\underline{\bar{v}} = \begin{bmatrix} v_{\bar{x}i} \\ v_{\bar{z}i} \\ \phi_{\bar{y}i} \\ v_{\bar{x}j} \\ v_{\bar{z}j} \\ \phi_{\bar{y}j} \end{bmatrix} \qquad (33.1)$$

Die Verformungskomponenten von (33.1) werden nacheinander am Stabelement aufgebracht, die zugehörigen Stützreaktionen bestimmt und spaltenweise zusammengefaßt. Die gesuchte lokale Elementsteifigkeitsmatrix $\underline{\bar{k}}$ läßt sich aus den Matrizen (29.1) für Längskraft allein und (31.1) für Biegung ohne Längskraft leicht zusammensetzen. Wichtig dabei ist, daß die Reihenfolge der Spalten innerhalb der Elementsteifigkeitsmatrix mit der Aufeinanderfolge der Verformungskomponenten von (33.1) übereinstimmt.

Lokale Elementsteifigkeitsmatrix des ebenen Biegestabes bei Biegung und Längskraft

$$\overline{\underline{k}} = \begin{bmatrix} \frac{EA}{l} & 0 & 0 & -\frac{EA}{l} & 0 & 0 \\ & \frac{12EI_y}{l^3} & -\frac{6EI_y}{l^2} & 0 & -\frac{12EI_y}{l^3} & -\frac{6EI_y}{l^2} \\ & & \frac{4EI_y}{l} & 0 & \frac{6EI_y}{l^2} & \frac{2EI_y}{l} \\ & & & \frac{EA}{l} & 0 & 0 \\ & \text{Symmetrie} & & & \frac{12EI_y}{l^3} & \frac{6EI_y}{l^2} \\ & & & & & \frac{4EI_y}{l} \end{bmatrix} \qquad (34.1)$$

Mit drei Verformungsunbekannten je Knoten wird jede Untermatrix zu einer (3,3)-Matrix.

Es sollen zwei Möglichkeiten einer praktikablen Formulierung der Matrix (34.1) zur Auswahl angeboten werden:

a) Alle Anteile der Biege- und Längskraftverformung erscheinen gemeinsam in einer einzigen Matrix.

$$\overline{\underline{k}} = \frac{2EI_y}{l^3} \cdot \begin{bmatrix} c_n & 0 & 0 & -c_n & 0 & 0 \\ & 6 & -3l & 0 & -6 & -3l \\ & & 2l^2 & 0 & 3l & l^2 \\ & \text{Symmetrie} & & c_n & 0 & 0 \\ & & & & 6 & 3l \\ & & & & & 2l^2 \end{bmatrix} \qquad (34.2)$$

$$c_n = \frac{A}{I_y} \cdot \frac{l^2}{2} \qquad (34.3)$$

b) Die Anteile der Biege- und Längskraftverformung erscheinen getrennt in zwei Matrizen, die zur Ermittlung der Elementsteifigkeitsmatrix $\underline{\bar{k}}$ addiert werden.

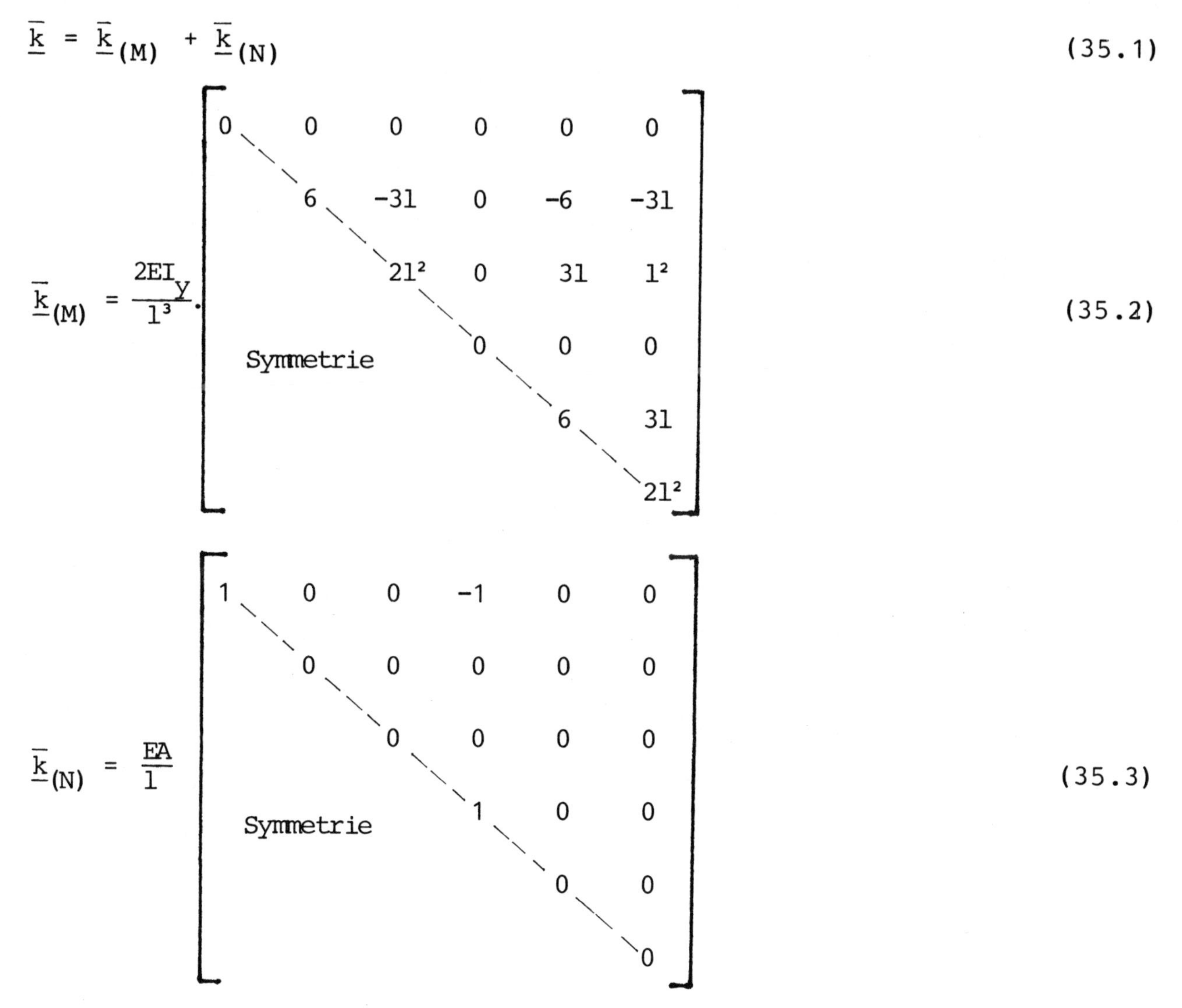

$$\underline{\bar{k}} = \underline{\bar{k}}_{(M)} + \underline{\bar{k}}_{(N)} \tag{35.1}$$

$$\underline{\bar{k}}_{(M)} = \frac{2EI_y}{l^3} \cdot \begin{bmatrix} 0 & 0 & 0 & 0 & 0 & 0 \\ & 6 & -3l & 0 & -6 & -3l \\ & & 2l^2 & 0 & 3l & l^2 \\ & & & 0 & 0 & 0 \\ & \text{Symmetrie} & & & 6 & 3l \\ & & & & & 2l^2 \end{bmatrix} \tag{35.2}$$

$$\underline{\bar{k}}_{(N)} = \frac{EA}{l} \begin{bmatrix} 1 & 0 & 0 & -1 & 0 & 0 \\ & 0 & 0 & 0 & 0 & 0 \\ & & 0 & 0 & 0 & 0 \\ & \text{Symmetrie} & & 1 & 0 & 0 \\ & & & & 0 & 0 \\ & & & & & 0 \end{bmatrix} \tag{35.3}$$

Aus (35.1) erkennt man die Additionsregel für Matrizen:

<u>Zwei Matrizen lassen sich addieren, wenn beide in der Anzahl der Zeilen und Spalten übereinstimmen.</u>

2.3.3 Reine Torsion

Vorausgesetzt sei für jedes Stabelement wie bisher ein konstanter Querschnitt mit gleichbleibendem Elastizitätsmodul E und homogenem Materialverhalten. Die Belastung des Stabelements besteht nur aus Torsionsmomenten, die einzeln oder linienförmig angreifen. Beide Stabenden sind torsionsfest gelagert, und die Auflager-Torsionsmomente als Stützreaktionen können ohne Wölbbehinderung aufgenommen werden. Wir gehen davon aus, daß praktisch alle Voraussetzungen für die St. Venantsche Torsion erfüllt sind.

Den Drillwinkel der Stabachse hatten wir nach Bild 4.3 mit ϕ_x bezeichnet, den Torsions-Momentenvektor nach Bild 5.2 mit M_x. Die St. Venantsche Beziehung zwischen ϕ_x und M_x lautet damit in der bekannten Formulierung:

$$\frac{d\phi_x}{dx} = \frac{M_x}{GI_x} \qquad (36.1)$$

I_x = Flächen-Torsionsmoment (in Tabellenbüchern auch als I_T bezeichnet)

Angaben über $I_x = I_T$ in WIT 40 wie folgt:

für Rechteckquerschnitte	Seite 4.33
für dünnwandige, offene Querschnitte	Seite 4.38
für dünnwandige geschlossene Querschnitte	Seite 4.37

Schubmodul G und Elastizitätsmodul E sind über die materialspezifische Querdehnzahl μ miteinander verknüpft.

$$G = \frac{E}{2(1+\mu)} \qquad (36.2)$$

Torsionssteife Konstruktionen werden i.allg. entweder in Stahl oder Stahlbeton hergestellt. Die rechnerischen Querdehnzahlen betragen:

$\mu = \frac{1}{3}$ für Stahl

$\mu = \frac{1}{5}$ für Stahlbeton

Es soll die Elementsteifigkeitsmatrix der reinen Torsionsverformung bestimmt werden. Dazu denken wir uns den Elementstab wie in Bild 37.1 an beiden Enden torsionsfest eingespannt, was wir durch eine Gabellagerung symbolisch andeuten.

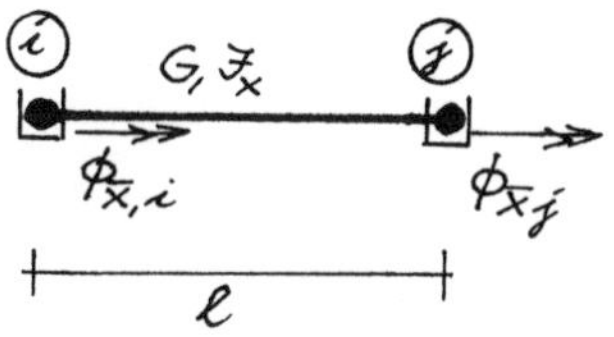

Bild 37.1
Torsionsstab mit beidseitiger torsionsfester Lagerung und konstanter Torsionssteifigkeit GI_x

Der achsenparallele Verdrehungswinkel $\phi_{\overline{x}}$ der reinen Torsion gehört stets in das lokale Achsenkreuz. Die Spaltenmatrix der Elementverformung lautet

$$\underline{\overline{v}} = \begin{bmatrix} \phi_{\overline{x}i} \\ \phi_{\overline{x}j} \end{bmatrix} \qquad (37.1)$$

Es werden nacheinander die positiven Einheitsverformungen von (37.1) aufgebracht. In Bild 37.2 und Bild 38.1 sind die zugehörigen Gleichgewichtszustände mit den Stütz-Torsionsmomenten angegeben.

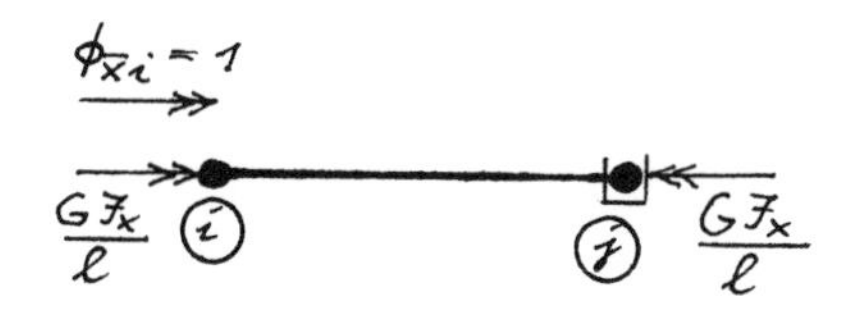

Bild 37.2
Einheitsverformung $\phi_{\overline{x}i} = 1$
mit zugehörigen Stütz-Torsionsmomenten

Die spaltenweise Zusammenfassung der Torsionsmomente an den Knoten ergibt

$$\underline{k}^{(\phi\overline{x}i)} = \frac{GI_x}{l}\begin{bmatrix} 1 \\ -1 \end{bmatrix}$$

Als nächstes wird die Einheitsverformung $\phi_{\overline{x}j} = 1$ aufgebracht und die Stütz-Torsionsmomente angetragen.

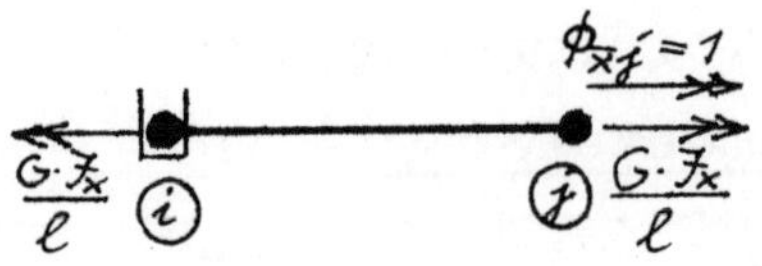

Bild 38.1

Einheitsverformung $\phi_{\bar{x}j} = 1$
mit zugehörigen Knoten-Torsionsmomenten

$$\underline{k}^{(\phi\bar{x}j)} = \frac{GI_x}{l} \cdot \begin{bmatrix} -1 \\ 1 \end{bmatrix}$$

Aus der Addition der beiden Spaltenmatrizen $\underline{k}^{(\phi\bar{x}i)}$ und $\underline{k}^{(\phi\bar{x}j)}$ erhält man die lokale Elementsteifigkeitsmatrix infolge reiner Torsion und beidseitiger torsionsfester Lagerung der Stabenden

$$\bar{\underline{k}}_{(T)} = \frac{GI_x}{l} \cdot \begin{bmatrix} 1 & -1 \\ -1 & 1 \end{bmatrix} \qquad (38.1)$$

2.3.4 Biegung und Torsion ohne Längskraft

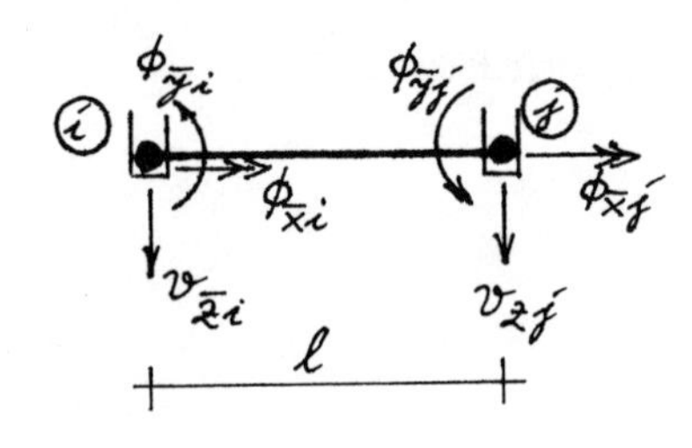

Bild 38.2
Elementstab mit beidseitiger biegefester Einspannung, beidseitiger torsionsfester Lagerung und

EI_y = const

GI_x = const

Lokaler Elementverformungsvektor $\bar{\underline{v}}$

$$\bar{\underline{v}} = \begin{bmatrix} v_{\bar{z}i} \\ \phi_{\bar{x}i} \\ \phi_{\bar{y}i} \\ v_{\bar{z}j} \\ \phi_{\bar{x}j} \\ \phi_{\bar{y}j} \end{bmatrix} \qquad (38.2)$$

Jede Untermatrix ist eine (3,3)-Matrix

Die lokale Elementsteifigkeitsmatrix $\bar{k}$ erhält man aus der Zusammenfassung der Matrizen (31.1) für reine Biegung und (38.1) für reine Torsion.

$$\underline{\bar{k}} = \frac{2EI_y}{l^3} \begin{bmatrix} 6 & 0 & -3l & -6 & 0 & -3l \\ & c_t & 0 & 0 & -c_t & 0 \\ & & 2l^2 & 3l & 0 & l^2 \\ & & & 6 & 0 & 3l \\ & \text{Symmetrie} & & & c_t & 0 \\ & & & & & 2l^2 \end{bmatrix} \quad (39.1)$$

$$c_t = \frac{1}{1+\mu} \cdot \frac{I_x}{I_y} \cdot \frac{l^2}{4} \quad (39.2)$$

2.3.5 Biegung, Längskraft und Torsion

Der Elementverformungsvektor (39.3) wird um den Anteil $v_{\bar{x}}$ aus der Längskraft erweitert. Wichtig dabei ist, daß die einmal festgelegte Reihenfolge der Knotenverformungen gemäß Spaltenmatrix (4.1) eingehalten wird.

$$\underline{\bar{v}} = \begin{bmatrix} v_{\bar{x}i} \\ v_{\bar{z}i} \\ \phi_{\bar{x}i} \\ \phi_{\bar{y}i} \\ v_{\bar{x}j} \\ v_{\bar{z}j} \\ \phi_{\bar{x}j} \\ \phi_{\bar{y}j} \end{bmatrix} \quad (39.3)$$

Jede Untermatrix ist eine (4,4)-Matrix

Lokale Elementsteifigkeitsmatrix $\underline{\bar{k}}$ für einachsige Biegung, Längskraft und Torsion

$$\underline{\bar{k}} = \frac{2EI_y}{l^3} \cdot \begin{bmatrix} c_n & 0 & 0 & 0 & -c_n & 0 & 0 & 0 \\ & 6 & 0 & -3l & 0 & -6 & 0 & -3l \\ & & c_t & 0 & 0 & 0 & -c_t & 0 \\ & & & 2l^2 & 0 & 3l & 0 & l^2 \\ & \text{Symmetrie} & & & c_n & 0 & 0 & 0 \\ & & & & & 6 & 0 & 3l \\ & & & & & & c_t & 0 \\ & & & & & & & 2l^2 \end{bmatrix} \qquad (40.1)$$

$$c_n = \frac{A}{I_y} \cdot \frac{l^2}{2} \qquad \text{nach (34.3)}$$

$$c_t = \frac{1}{1+\mu} \cdot \frac{I_x}{I_y} \cdot \frac{l^2}{4} \qquad \text{nach (39.2)}$$

Nach diesen Ausführungen sei dem Leser empfohlen, einmal selbst die lokale Elementsteifigkeitsmatrix für zweiachsige Biegung mit Längskraft aufzustellen. Dabei könnte die folgende Reihenfolge in den Überlegungen hilfreich sein:

a) Man bestimme die für das anstehende Festigkeitsproblem auftretenden Knotenverformungen in der Reihenfolge von (4.1) und fasse diese getrennt nach Knoten ⓘ und ⓙ in der Spaltenmatrix $\underline{\bar{v}}$ der Elementverformungen zusammen. Nicht auftretende Verformungskomponenten werden einfach weggelassen.

b) Mit Hilfe der Spaltenmatrix $\underline{\bar{v}}$ sowie aus der vorangegangenen Darstellung können dann die Zeilen und Spalten der gesuchten Elementsteifigkeitsmatrix $\underline{\bar{k}}$ leicht eingefügt werden. Die Biegung rechtwinklig zur z-Achse mit dem zugehörigen Flächenmoment I_z orientiert sich dabei einfach an der erläuterten y-Biegung.

3 Element-Spaltenmatrix der Belastung, Gleichgewicht am Elementstab

3.1 Element-Knotenlasten am beidseitig eingespannten Biegestab

Die nachfolgenden Bilder 41.1 bis 41.3 sollen zeigen, wie die Belastung des Elementstabes für die Weiterrechnung vorbereitet wird. Es sei nochmals daran erinnert, daß alle Bestimmungsstücke am Elementstab, wie z.B. Stützreaktionen, Knotenlasten, ebenso auch Matrizen mit kleinen Buchstaben bezeichnet werden. Dies gilt als klares Unterscheidungsmerkmal zu den Bezeichnungen am Gesamttragwerk, wo wir große Buchstaben verwenden.

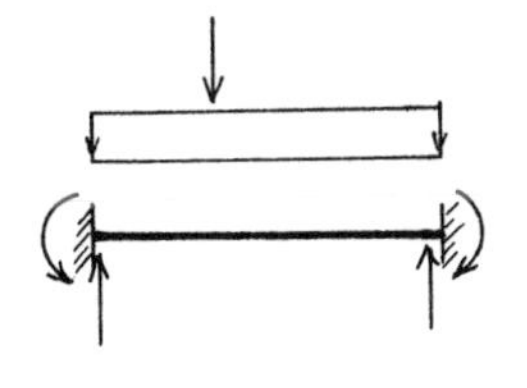

Bild 41.1
Horizontales Stabelement mit Stützreaktionen und Element-Knotenlasten bei eingespannten Stabenden

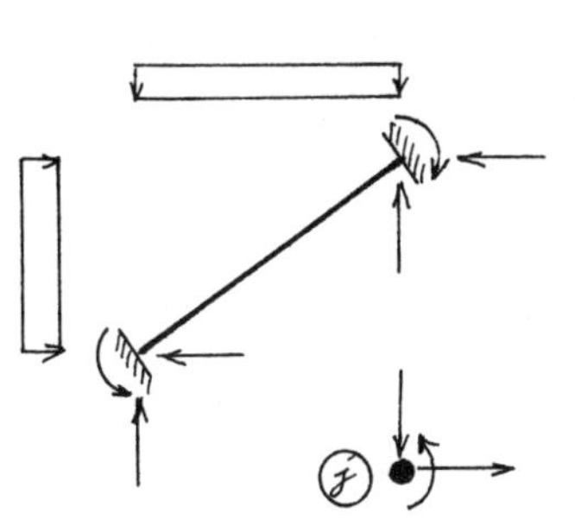

Bild 41.2
Schrägliegendes Stabelement mit Stützreaktionen und Element-Knotenlasten bei eingespannten Stabenden

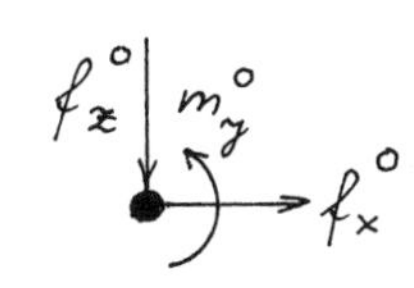

Bild 41.3
Positiv gerichtete Element-Knotenlasten

Die Element-Knotenlasten werden dadurch erhalten, daß die aus der Belastung der Elementstäbe herrührenden Stützreaktionen in ihrer Wirkungsrichtung umgekehrt werden.
Wie bereits im Abschnitt 1.1 bemerkt, können die Stützreaktionen am beidseitig eingespannten Einfeldträger konstanter Steifigkeit leicht nach bekannten Formeltabellen berechnet werden.

Die Element-Knotenlasten im Zustand der Nullverformung der Stabendknoten werden zu einer Spaltenmatrix $\underline{f}^0$ zusammengefaßt, in der Fachliteratur als Element-Knotenlastvektor bezeichnet. Die hochgestellte Null im Kopfzeiger deutet generell auf den Nullzustand der Knotenverformungen hin.

$$\underline{f}^0 = \begin{bmatrix} f_{xi}^0 \\ f_{zi}^0 \\ m_{yi}^0 \\ f_{xj}^0 \\ f_{zj}^0 \\ m_{yj}^0 \end{bmatrix} \tag{42.1}$$

Es gibt verschiedene Möglichkeiten, die Knotenlasten $\underline{f}^0$ für jeden Elementstab zu bestimmen, wovon nur zwei der wichtigsten genannt seien:

a) Formelmäßige Berechnung der Volleinspannmomente und Stützkräfte des beidseitig eingespannten Einfeldträgers mit anschließender Transformation auf die Stabendknoten, wie bereits auf Seite 16 beschrieben. Bei komplizierten Belastungsformen wie z.B. Trapezlasten mit beliebigem Lastbereich sind diese Formeln i. allg. weniger geeignet.

b) Für jede Belastungsform dagegen eignet sich das Verfahren der Übertragungsmatrizen, um die Element-Knotenlasten zu bestimmen. Unter Beschränkung auf den Einfeldträger werden wir in einem späteren Abschnitt darauf zurückkommen.

Es sei festgestellt, daß erst mit allen bekannten Elementsteifigkeitsmatrizen $\underline{k}$ und Element-Knotenlasten $\underline{f}^0$ die Berechnung des zusammenhängenden Gesamttragwerks in Angriff genommen werden kann. Wir eröffnen die Berechnung des Gesamttragwerks mit der Gleichung $k.v = f^0$ für jeden Elementstab, betonen dabei jedoch ausdrücklich, daß diese Gleichungen nur zusammen mit den Übergangsbedingungen an den gemeinsamen Stabknoten Gültigkeit besitzen.

3.2 Gleichgewicht am Elementstab

Die Steifigkeitsbeziehung am einzelnen Elementstab lautet nach Gleichung (23.1)

$$\underline{k}.\underline{v} = \underline{f}$$

Diese Beziehung gilt allgemein sowohl im lokalen als auch in jedem globalen Bezugssystem. Mit (23.1) wird an den beiden Stabendknoten jedes Einzelstabes ein Gleichgewichtszustand ausgedrückt, der im folgenden näher beschrieben werden soll.

Im Abschnitt 2.3.1 hatten wir bereits ausdrücklich darauf hingewiesen, daß sich aus einer Steifigkeitsbeziehung an einem einzigen Elementstab ohne den Zusammenhang mit den übrigen Stäben des Gesamttragwerks niemals Verformungskomponenten berechnen lassen. Die Singularität der Elementsteifigkeitsmatrix $\underline{k}$ (die Determinante von $\underline{k}$ ist gleich Null) steht dem entgegen.

Die Gleichung $\underline{k}.\underline{v} = \underline{f}$ muß somit als ein Endprodukt verstanden werden, dessen Element-Verformungskomponenten $\underline{v}$ nur über die Steifigkeitsbeziehung (18.3) am Gesamttragwerk bestimmt werden können. Bereits aus dem Zahlenbeispiel des Rahmens nach Bild 1.1 läßt sich erkennen:

Die für jeden der Elementstäbe des Gesamttragwerks angesetzte Beziehung $\underline{k}.\underline{v} = \underline{f}^0$ zusammen mit allen Übergangsbedingungen an den gemeinsamen Stabknoten führt zur Steifigkeitsbeziehung $\underline{K}.\underline{V} = \underline{F}$ am Gesamttragwerk. Aus $\underline{K}.\underline{V} = \underline{F}$ am Gesamttragwerk lassen sich dann unter Einbezug der Randbedingungen an den gestützten Knoten alle Knotenverformungen berechnen.

Zwischen den beiden Knotenlastvektoren $\underline{f}^0$ und $\underline{f}$ am einzelnen Stabelement muß grundsätzlich unterschieden werden.

$\underline{f}^0$ = Element-Knotenlastvektor nach Abschnitt 3.1 im Zustand der Nullverformung der Stabendknoten. Alle Komponenten von $\underline{f}^0$ können für beidseitige Einspannung des Einzelstabes errechnet werden.

$\underline{f}$ = Element-Knotenlastvektor im Zustand der tatsächlichen Verformungen der Stabendknoten. Die Komponenten von $\underline{f}$ können nur mit den bekannten Elementverformungen der Spaltenmatrix $\underline{v}$ aus der Matrizenmultiplikation $\underline{k}.\underline{v} = \underline{f}$ bestimmt werden.

Am Tragwerk nach Bild 44.1 soll erläutert werden, welche Anteile der Elementstab zum Knotengleichgewicht liefert.

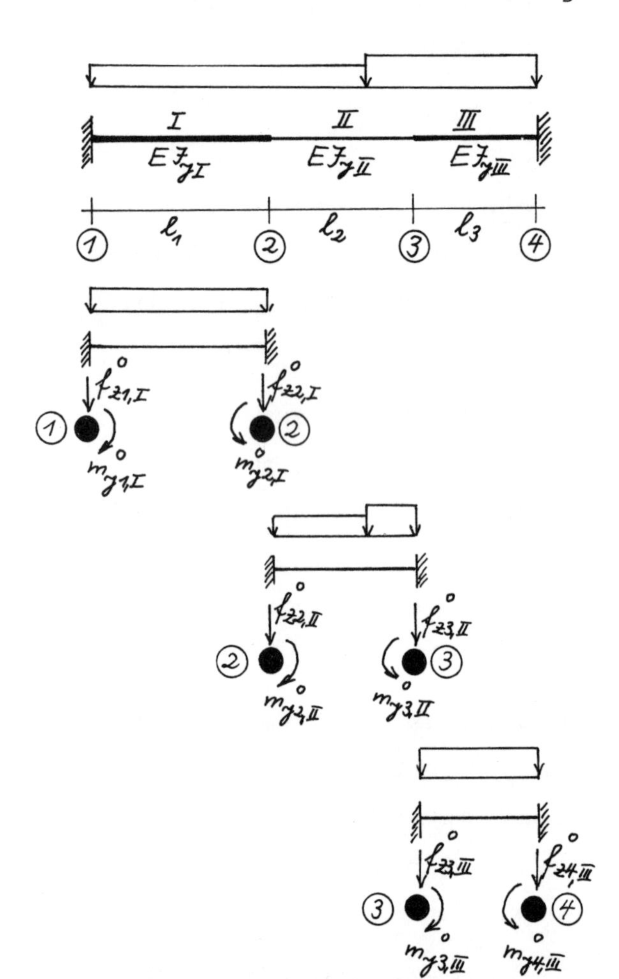

Bild 44.1
Tragwerk mit drei Stabelementen und Element-Knotenlasten

Zur Vereinfachung der Schreibweise setzen wir

$$a_1 = \frac{2EI_{yI}}{l_1^3} \qquad a_2 = \frac{2EI_{yII}}{l_2^3} \qquad a_3 = \frac{2EI_{yIII}}{l_3^3}$$

Wir betrachten den freigeschnittenen Elementstab, dessen Stabenden durch entsprechende Weg- und Drehfesseln arretiert seien.

Bei Wirkung der tatsächlichen Verformungen $\underline{v}$ entstehen mit der bekannten Elementsteifigkeitsmatrix $\underline{k}$ die an den Stabenden wirkenden Stützgrößen $\underline{k}.\underline{v}$, welche durch Umkehrung des Vorzeichens auf die Knoten (i) und (j) gebracht werden. Durch Hinzuaddieren der Element-Knotenlasten $\underline{f}^0$ entstehen die Knotenkräfte

$$-\underline{k}.\underline{v} + \underline{f}^0 = \underline{f}^* = \begin{bmatrix} \underline{f}_i^* \\ \\ \underline{f}_j^* \end{bmatrix} \qquad (44.1)$$

Knotenkräfte $\underline{f}^*$ nach Gleichung (44.1)

$$(-)\left[\begin{array}{cccc|cccc} 6a_1 & \boxed{\underline{k}_{11}^{I}} & -3l_1a_1 & & -6a_1 & \boxed{\underline{k}_{12}^{I}} & -3l_1a_1 \\ -3l_1a_1 & & 2l_1^2a_1 & & 3l_1a_1 & & l_1^2a_1 \\ \hline -6a_1 & \boxed{\underline{k}_{21}^{I}} & 3l_1a_1 & & 6a_1 & \boxed{\underline{k}_{22}^{I}} & 3l_1a_1 \\ -3l_1a_1 & & l_1^2a_1 & & 3l_1a_1 & & 2l_1^2a_1 \end{array}\right] \cdot \begin{bmatrix} v_{z1} \\ \phi_{y1} \\ v_{z2} \\ \phi_{y2} \end{bmatrix} + \begin{bmatrix} f^0_{z1,I} \\ m^0_{y1,I} \\ f^0_{z2,I} \\ m^0_{y2,I} \end{bmatrix} = \begin{bmatrix} \underline{f}^*_{1,I} \\ \underline{f}^*_{2,I} \end{bmatrix} \tag{45.1}$$

$$(-)\left[\begin{array}{cccc|cccc} 6a_2 & \boxed{\underline{k}_{22}^{II}} & -3l_2a_2 & & -6a_2 & \boxed{\underline{k}_{23}^{II}} & -3l_2a_2 \\ -3l_2a_2 & & 2l_2^2a_2 & & 3l_2a_2 & & l_2^2a_2 \\ \hline -6a_2 & \boxed{\underline{k}_{32}^{II}} & 3l_2a_2 & & 6a_2 & \boxed{\underline{k}_{33}^{II}} & 3l_2a_2 \\ -3l_2a_2 & & l_2^2a_2 & & 3l_2a_2 & & 2l_2^2a_2 \end{array}\right] \cdot \begin{bmatrix} v_{z2} \\ \phi_{y2} \\ v_{z3} \\ \phi_{y3} \end{bmatrix} + \begin{bmatrix} f^0_{z2,II} \\ m^0_{y2,II} \\ f^0_{z3,II} \\ m^0_{y3,II} \end{bmatrix} = \begin{bmatrix} \underline{f}^*_{2,II} \\ \underline{f}^*_{3,II} \end{bmatrix} \tag{45.2}$$

$$(-)\left[\begin{array}{cccc|cccc} 6a_3 & \boxed{\underline{k}_{33}^{III}} & -3l_3a_3 & & -6a_3 & \boxed{\underline{k}_{34}^{III}} & -3l_3a_3 \\ -3l_3a_3 & & 2l_3^2a_3 & & 3l_3a_3 & & l_3^2a_3 \\ \hline -6a_3 & \boxed{\underline{k}_{43}^{III}} & 3l_3a_3 & & 6a_3 & \boxed{\underline{k}_{44}^{III}} & 3l_3a_3 \\ -3l_3a_3 & & l_3^2a_3 & & 3l_3a_3 & & 2l_3^2a_3 \end{array}\right] \cdot \begin{bmatrix} v_{z3} \\ \phi_{y3} \\ v_{z4} \\ \phi_{y4} \end{bmatrix} + \begin{bmatrix} f^0_{z3,III} \\ m^0_{y3,III} \\ f^0_{z4,III} \\ m^0_{y4,III} \end{bmatrix} = \begin{bmatrix} \underline{f}^*_{3,III} \\ \underline{f}^*_{4,III} \end{bmatrix} \tag{45.3}$$

Mit den unbekannten Stützgrößen-Matrizen $\underline{A}_1$ und $\underline{A}_4$ an den gestützten Knoten ① und ④ erhält man die Knoten-Gleichgewichtsbedingungen

Knoten ① : $\underline{f}^*_{1,I} + \underline{A}_1 = 0$

Knoten ② : $\underline{f}^*_{2,I} + \underline{f}^*_{2,II} = 0$

Knoten ③ : $\underline{f}^*_{3,II} + \underline{f}^*_{3,III} = 0$

Knoten ④ : $\underline{f}^*_{4,III} + \underline{A}_4 = 0$

4 Zusammenbau der Elementsteifigkeitsmatrizen zur Gesamtsteifigkeitsmatrix mit Hilfe gleich indizierter Untermatrizen

Drückt man die Knoten-Gleichgewichtsbedingungen durch die Gleichungen (45.1) bis (45.3) aus, so erhält man folgendes Gleichungssystem:

$$\begin{bmatrix} \underline{k}_{11}^{I} & \underline{k}_{12}^{I} & & \\ \underline{k}_{21}^{I} & \underline{k}_{22}^{I} + \underline{k}_{22}^{II} & \underline{k}_{23}^{II} & \\ & \underline{k}_{32}^{II} & \underline{k}_{33}^{II} + \underline{k}_{33}^{III} & \underline{k}_{34}^{III} \\ & & \underline{k}_{43}^{III} & \underline{k}_{44}^{III} \end{bmatrix} \cdot \begin{bmatrix} \underline{v}_1 \\ \underline{v}_2 \\ \underline{v}_3 \\ \underline{v}_4 \end{bmatrix} = \begin{bmatrix} \underline{F}_1^0 \\ \underline{F}_2^0 \\ \underline{F}_3^0 \\ \underline{F}_4^0 \end{bmatrix} + \begin{bmatrix} \underline{A}_1 \\ 0 \\ 0 \\ \underline{A}_4 \end{bmatrix} \tag{46.1}$$

Im folgenden formulieren wir die Spaltenmatrix $\underline{V}$ aller Knotenverformungen am Gesamttragwerk nach Bild 44.1 - zunächst allgemeingültig und dann mit eingesetzten Randbedingungen:

$$\underline{V} = \begin{bmatrix} v_{z1} \\ \phi_{y1} \\ v_{z2} \\ \phi_{y2} \\ v_{z3} \\ \phi_{y3} \\ v_{z4} \\ \phi_{y4} \end{bmatrix} = \begin{bmatrix} 0 \\ 0 \\ v_{z2} \\ \phi_{y2} \\ v_{z3} \\ \phi_{y3} \\ 0 \\ 0 \end{bmatrix} \tag{46.2}$$

<u>Randbedingungen an den eingespannten Knoten ① und ④</u>

$$v_{z1} = \phi_{y1} = v_{z4} = \phi_{y4} = 0 \tag{46.3}$$

Nach Einsetzen aller vollständigen Beziehungen in (46.1) erhält man das Gleichungssystem (47.1) als $\underline{K} \cdot \underline{V} = \underline{F}$ am Gesamttragwerk

Steifigkeitsbeziehung am Gesamttragwerk $\underline{K}.\underline{V} = \underline{F} = \underline{F}^0 + \underline{A}$

0	0	v_{z2}	ϕ_{y2}	v_{z3}	ϕ_{y3}	0	0

$$\underbrace{\begin{bmatrix} 6a_1 & -3l_1a_1 & -6a_1 & -3l_1a_1 & & & & \\ -3l_1a_1 & 2l_1^2a_1 & 3l_1a_1 & l_1^2a_1 & & & & \\ -6a_1 & 3l_1a_1 & 6a_1+6a_2 & 3l_1a_1-3l_2a_2 & -6a_2 & -3l_2a_2 & & \\ -3l_1a_1 & l_1^2a_1 & 3l_1a_1-3l_2a_2 & 2l_1^2a_1+2l_2^2a_2 & 3l_2a_2 & l_2^2a_2 & & \\ & & -6a_2 & 3l_2a_2 & 6a_2+6a_3 & 3l_2a_2-3l_3a_3 & -6a_3 & -3l_3a_3 \\ & & -3l_2a_2 & l_2^2a_2 & 3l_2a_2-3l_3a_3 & 2l_2^2a_2+2l_3^2a_3 & 3l_3a_3 & l_3^2a_3 \\ & & & & -6a_3 & 3l_3a_3 & 6a_3 & 3l_3a_3 \\ & & & & -3l_3a_3 & l_3^2a_3 & 3l_3a_3 & 2l_3^2a_3 \end{bmatrix}}_{\underline{K}} \cdot \underbrace{\begin{bmatrix} 0 \\ 0 \\ v_{z2} \\ \phi_{y2} \\ v_{z3} \\ \phi_{y3} \\ 0 \\ 0 \end{bmatrix}}_{\underline{V}} = \underbrace{\begin{bmatrix} f^0_{z1,I} \\ m^0_{y1,I} \\ f^0_{z2,I}+f^0_{z2,II} \\ m^0_{y2,I}+m^0_{y2,II} \\ f^0_{z3,II}+f^0_{z3,III} \\ m^0_{y3,II}+m^0_{y3,III} \\ f^0_{z4,III} \\ m^0_{y4,III} \end{bmatrix}}_{\underline{F}^0} + \underbrace{\begin{bmatrix} A_{z1} \\ M_{y1} \\ 0 \\ 0 \\ 0 \\ 0 \\ A_{z4} \\ M_{y4} \end{bmatrix}}_{\underline{A}} \quad (47.1)$$

In der Gleichung (47.1) wurde die Spaltenmatrix $\underline{F}$ in die beiden Anteile $\underline{F}^0$ und $\underline{A}$ aufgeteilt.

$\underline{F}^0$ = Gesamt-Knotenlasten aus der Summe der Element-Knotenlasten im Nullzustand der Verformung

$\underline{A}$ = Spaltenmatrix der unbekannten Stützreaktionen an den Knoten ① und ④ gemäß Bild 44.1

Mit Gleichung (47.1) werden zunächst die vier unbekannten Knotenverformungen v_{z2}, ϕ_{y2}, v_{z3}, ϕ_{y3} und darauf die unbekannten Stützreaktionen A_{z1}, M_{y1}, A_{z4}, M_{y4} berechnet. Diese beiden Rechnungen verlaufen stets unabhängig voneinander und seien wie folgt erläutert:

Zur Berechnung der Knotenverformungen müssen die vier Randbedingungen (46.3) mit einbezogen werden. Dies ist bereits in (46.2) erfolgt. Für die praktische Rechnung heißt dies, daß die zugehörige Zeile und Spalte aller Null werdenden Knotenverformungen gestrichen wird. In der Reihenfolge der Verformungen wären dies die Zeilen und Spalten 1, 2, 7 und 8. Das verbleibende Gleichungssystem enthält dann nur noch die vier unbekannten Knotenverformungen und nicht mehr die unbekannten Stützreaktionen an den Knoten ① und ④.

$$\begin{bmatrix} 6a_1 + 6a_2 & 3l_1a_1 - 3l_2a_2 & -6a_2 & -3l_2a_2 \\ 3l_1a_1 - 3l_2a_2 & 2l_1^2a_1 + 2l_2^2a_2 & 3l_2a_2 & l_2^2a_2 \\ -6a_2 & 3l_2a_2 & 6a_2 + 6a_3 & 3l_2a_2 - 3l_3a_3 \\ -3l_2a_2 & l_2^2a_2 & 3l_2a_2 - 3l_3a_3 & 2l_2^2a_2 + 2l_3^2a_3 \end{bmatrix} \begin{bmatrix} v_{z2} \\ \phi_{y2} \\ v_{z3} \\ \phi_{y3} \end{bmatrix} = \begin{bmatrix} f^0_{z2,I} + f^0_{z2,II} \\ m^0_{y2,I} + m^0_{y2,II} \\ f^0_{z3,II} + f^0_{z3,III} \\ m^0_{y3,II} + m^0_{y3,III} \end{bmatrix} \quad (48.1)$$

Das Gleichungssystem (48.1) enthält außer den unbekannten Knotenverformungen nur zahlenmäßig bekannte Werte und gestattet damit die Berechnung der Unbekannten unabhängig von den Stützreaktionen der Spaltenmatrix $\underline{A}$.

Aus der ersten Gleichung von (47.1) läßt sich dann die unbekannte Stützkraft A_{z1} leicht berechnen, indem man auf der linken Seite die Werte der Gesamtsteifigkeitsmatrix mit den jetzt bekannten Knotenverformungen multipliziert. Anders ausgedrückt, die unbekannten Stützreaktionen werden zeilenweise durch Einsetzen der zuvor errechneten Knotenverformungen erhalten.

Zur besseren Veranschaulichung dieses Rechenvorgangs wurde über der Gesamtsteifigkeitsmatrix $\underline{K}$ in (47.1) eine Kopfleiste mit den Knotenverformungen angeordnet.

5 Stützreaktionen und Stabendschnittgrößen

5.1 Der erweiterte Lastvektor $\underline{F}$

Die Gleichung (18.3) beinhaltet die Steifigkeitsbeziehung am Geamttragwerk

$$\underline{K}.\underline{V} = \underline{F}$$

Bereits in der allgemeingehaltenen Gleichung (47.1) hatten wir die Matrix $\underline{F}$ in die Gesamt-Knotenlasten $\underline{F}^0$ sowie die unbekannten Stützraktionen $\underline{A}$ aufgeteilt. Im Falle elastisch gefederter Knotenstützungen tritt eine weitere Matrix $\underline{S}$ hinzu

$$\underline{F} = \underline{F}^0 + \underline{A} + \underline{S} \tag{49.1}$$

Dabei enthalten sowohl $\underline{A}$ als auch $\underline{S}$ Stützkräfte und Stützmomente des Gesamttragwerks. Während in der Spaltenmatrix $\underline{A}$ die Stützreaktionen an den elastisch unnachgiebigen Knoten zusammengefaßt sind, enthält die Matrix $\underline{S}$ alle Federkräfte und Federmomente an denjenigen Knoten, die durch eine elastische Weg- oder Drehfeder gestützt sind. Bild 49.1 stellt eine elastische Wegfeder dar, die in Federrichtung durch eine positive Verformung v_{zk} beansprucht wird.

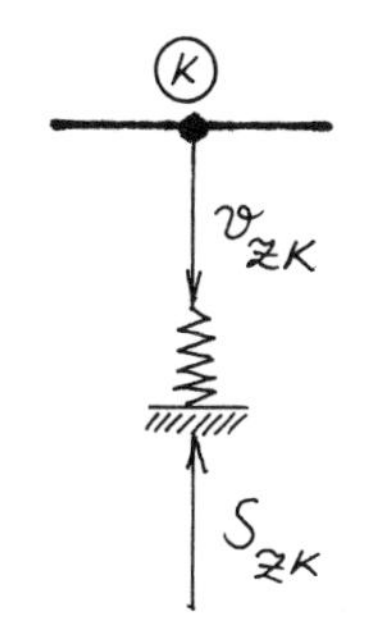

Bild 49.1
Elastische Verschiebe- oder Wegfeder im Knoten "k" mit fest vorgegebener Verschieberichtung

Eine positive (abwärts gerichtete) Verschiebung v_{zk} ruft eine negative (aufwärts gerichtete) Federkraft S_{zk} hervor. Die Federkraft wird damit

$$S_{zk} = -c_{zk}.v_{zk} \tag{49.2}$$

c_{zk} ist die Federkonstante der Wegfeder mit der Dimension kN/m

In Bild 50.1 ist eine elastische Drehfeder vor und nach der Knotenverdrehung ϕ_{yk} skizziert.

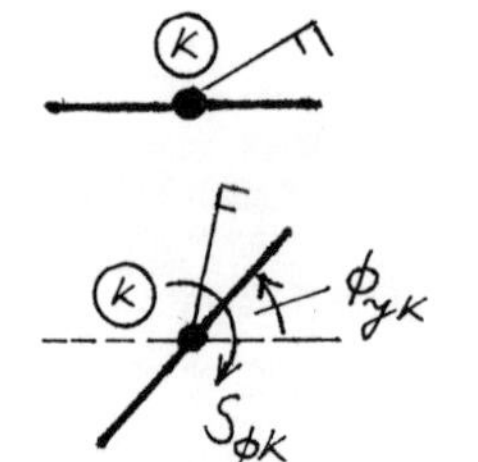

Bild 50.1
Elastische Drehfeder im Knoten "k" vor und nach der Knotenverdrehung ϕ_{yk}

Eine positive (im Gegenzeigersinn drehende) Knotenverdrehung ϕ_{yk} ruft ein negatives (im Uhrzeigersinn drehendes) Federmoment $S_{\phi k}$ hervor. Das Federmoment wird damit

$$S_{\phi k} = -c_{\phi k} \cdot \phi_{yk} \tag{50.1}$$

$c_{\phi k}$ ist die Federkonstante der Drehfeder mit der Dimension kNm/Einheitswinkel im Bogenmaß

Bild 50.2 stellt ein Gesamttragwerk dar mit unnachgiebigen und elastisch gefederten Knotenstützungen. Es sollen sämtliche Anteile der Lastmatrix $\underline{F}$ angegeben werden.

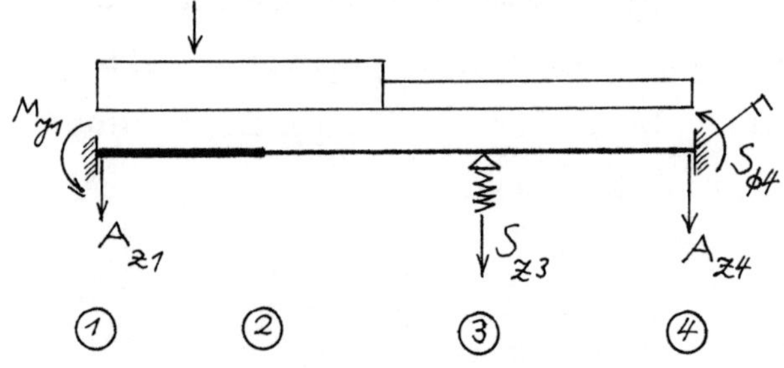

Bild 50.2
Gesamttragwerk mit fester und federelastischer Knotenstützung

$$\underline{F} = \underbrace{\begin{bmatrix} F_{z1}^0 \\ M_{y1}^0 \\ F_{z2}^0 \\ M_{y2}^0 \\ F_{z3}^0 \\ M_{y3}^0 \\ F_{z4}^0 \\ M_{y4}^0 \end{bmatrix}}_{\underline{F}^0} + \underbrace{\begin{bmatrix} A_{z1} \\ M_{y1} \\ 0 \\ 0 \\ 0 \\ 0 \\ A_{z4} \\ 0 \end{bmatrix}}_{\underline{A}} - \underbrace{\begin{bmatrix} 0 &&&&&&& \\ & 0 &&&&&& \\ && 0 &&&&& \\ &&& 0 &&&& \\ &&&& c_{z3} &&& \\ &&&&& 0 && \\ &&&&&& 0 & \\ &&&&&&& c_{\phi 4} \end{bmatrix}}_{\underline{C}} \underbrace{\begin{bmatrix} v_{z1} \\ \phi_{y1} \\ v_{z2} \\ \phi_{y2} \\ v_{z3} \\ \phi_{y3} \\ v_{z4} \\ \phi_{y4} \end{bmatrix}}_{\underline{V}} \tag{50.2}$$

Die Gleichung (50.2) lautet in Matrizenform

$$\underline{F} = \underline{F}^0 + \underline{A} - \underline{C}.\underline{V}$$

Nach Einsetzen in (18.3) erhalten wir

$$\underline{K}.\underline{V} = \underline{F}^0 + \underline{A} - \underline{C}.\underline{V}$$

$$(\underline{K} + \underline{C})\underline{V} = \underline{F}^0 + \underline{A} \qquad (51.1)$$

Wie wir in (50.2) gesehen haben, ist die Federmatrix $\underline{C}$ eine Diagonalmatrix, bei der alle Glieder außerhalb der Hauptdiagonalen Null sind. In (51.1) wird somit zur Gesamtsteifigkeitsmatrix $\underline{K}$ die Federmatrix $\underline{C}$ addiert. Diese Addition erfolgt ausschließlich bei den entsprechenden Gliedern der Hauptdiagonale.

5.2 Stabendschnittgrößen

5.2.1 Stabendschnittgrößen bei einachsiger Biegung mit Längskraft

Wir wollen uns darauf beschränken, die maßgeblichen Schnittgrößen wie Längskräfte, Querkräfte und Biegemomente an den Stabenden zu bestimmen. Alle weiteren Zwischenwerte können dann leicht eingefügt werden.

Zunächst legen wir fest:

Da wir mit Längskräften, Querkräften und Torsionsmomenten an die Längsachse des Elementstabes gebunden sind, verwenden wir zur Formulierung aller Stabendschnittgrößen das lokale Bezugsachsensystem.

Bei einer schrägliegenden Stabachse müssen erforderlichenfalls alle Bestimmungsgrößen in das lokale Achsenkreuz transformiert werden.

Abschnitt 3.2 diente dazu, die beiden Element-Knotenlastvektoren $\underline{f}^0$ und $\underline{f}$ zu erläutern. Zur Berechnung der Stabendschnittgrößen stehen sie uns voraussetzungsgemäß in das lokale Achsensystem transformiert als $\underline{\bar{f}}^0$ und $\underline{\bar{f}}$ zur Verfügung.

$\underline{\bar{f}}^0$ = Element-Knotenlastvektor im Zustand der Nullverformung der Stabendknoten unter Bezug aller Einzelkomponenten auf das lokale Achsenkreuz.

$\underline{\bar{f}}$ = Element-Knotenlastvektor im Zustand der tatsächlichen Verformungen $\underline{\bar{v}}$ der Stabendknoten unter Bezug aller Einzelkomponenten auf das lokale Achsenkreuz.

Der Element-Knotenlastvektor $\underline{\bar{f}}$ wird durch die Multiplikation der lokalen Elementsteifigkeitsmatrix $\underline{\bar{k}}$ mit dem lokalen Element-Verformungsvektor $\underline{\bar{v}}$ erhalten gemäß

$$\underline{\bar{k}} \cdot \underline{\bar{v}} = \underline{\bar{f}} \qquad (52.1)$$

Wir vereinbaren allgemeingültig eine Laufrichtung wie folgt:

Laufrichtung des Elementstabes und damit gleichzeitig die positive lokale $\bar{x}$-Achse nach Bild 24.1 ist stets die Stablängsachse von der kleineren Knotennummer ⓘ (Anfangspunkt) bis zur größeren Knotennummer ⓙ (Endpunkt). Für diese Laufrichtung liegt der Bezugsrand für Biegung stets unten.

Bild 52.1 stellt am Elementstab die praxisüblichen positiven Stabendschnittgrößen N, Q, M unter Beachtung von Laufrichtung und Bezugsrand dar.

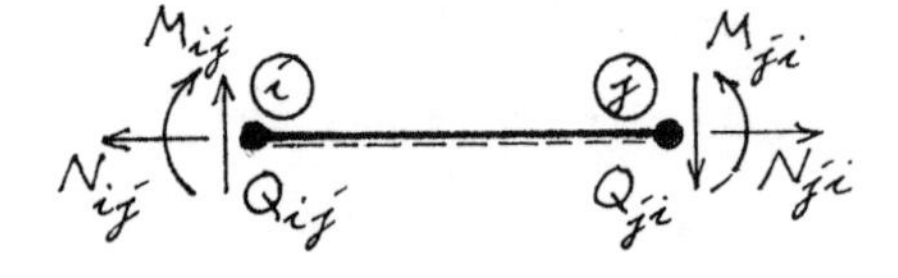

Bild 52.1
Positiv definierte Stabendschnittgrößen N, Q, M an den Stabenden des Elementstabes bei Laufrichtung von ⓘ nach ⓙ
Bezugsrand für Biegung ist der untere Querschnittsrand

Alle Stabendschnittgrößen erhalten beide Stabendknoten als Indizierung, wovon der erste Index das jeweilige Stabende kennzeichnet. Ein dritter Index wird nur dann gegeben, wenn z.B. bei gleichgearteten Schnittgrößen zwischen Verschiebe- oder Drehvektoren unterschieden werden muß.

Treten beispielsweise Torsionsmomente M_x und Biegemomente M_y gleichzeitig auf, so sind die jeweiligen Drehachsen durch einen dritten Index zu bezeichnen.

Mit dieser Regelung der Indizierung soll bei Beschränkung auf die Kennzeichnung der Stabknoten eine gesonderte Bezeichnung der Stäbe vermieden werden.

Die Stabendschnittgrößen werden gebildet aus den vorher erläuterten lokalen Element-Knotenlastvektoren $\underline{\bar{f}}$ und $\underline{\bar{f}}^0$.

Bild 53.1 gibt die Einzelkomponenten von $\underline{\bar{f}}$ an den Stabenden des Elementstabes an. Diese stimmen überein mit den Einzelgliedern der lokalen Elementsteifigkeitsmatrix, multipliziert mit der zugehörigen Verformung gemäß $\underline{\bar{k}}.\underline{\bar{v}} = \underline{\bar{f}}$ nach (52.1).

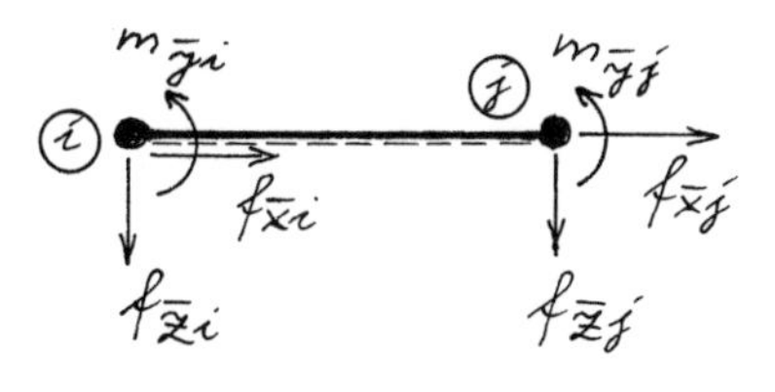

Bild 53.1
Einzelkomponenten von $\underline{\bar{f}}$, bestehend aus Einzelgliedern von $\underline{\bar{k}}$, multipliziert mit der zugehörigen Verformung nach (52.1)

$$\underline{\bar{f}} = \begin{bmatrix} f_{\bar{x}i} \\ f_{\bar{z}i} \\ m_{\bar{y}i} \\ f_{\bar{x}j} \\ f_{\bar{z}j} \\ m_{\bar{y}j} \end{bmatrix} \qquad (53.1)$$

Nach Vergleich von Bild 52.1 mit Bild 53.1 stellen wir fest, daß die Einzelkomponenten von $\underline{\bar{f}}$ am Stabende ⓘ negative Stabendschnittgrößen hervorrufen.

In Bild 53.2 sind die am Knoten angreifenden Einzelkomponenten der Element-Knotenlasten $\underline{\bar{f}}^0$ durch Umkehrung ihrer Wirkungsrichtung auf die Stabenden des Elementstabes transformiert worden.

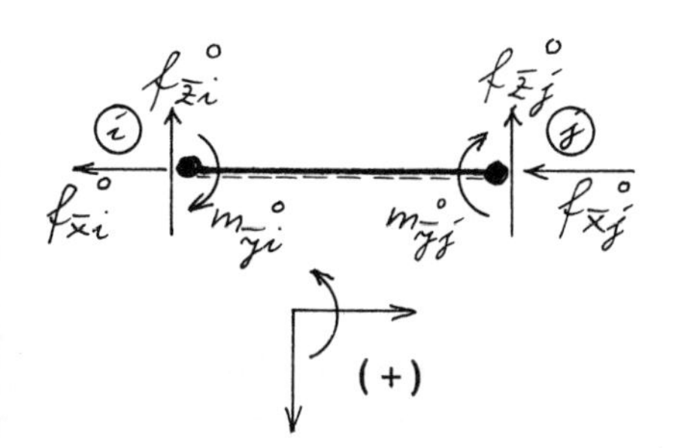

Bild 53.2
Einzelkomponenten von $\underline{\bar{f}}^0$, die als Element-Knotenlasten mit umgekehrter Wirkungsrichtung versehen an den Stabenden des Elementstabes angreifen

Die Einzelkomponenten von $\underline{\bar{f}}^0$ werden in der Spaltenmatrix (54.1) zusammengefaßt.

Spaltenmatrix nach Bild 53.2

$$\underline{\bar{f}}^0 = - \begin{bmatrix} f^0_{\bar{x}i} \\ f^0_{\bar{z}i} \\ m^0_{\bar{y}i} \\ f^0_{\bar{x}j} \\ f^0_{\bar{z}j} \\ m^0_{\bar{y}j} \end{bmatrix} \qquad (54.1)$$

Wir vergleichen Bild 52.1 mit Bild 53.2 und stellen fest, daß die mit umgekehrter Wirkungsrichtung am Stabende ⓙ angreifenden Element-Knotenlasten aus $\underline{\bar{f}}^0$ negative Stabendschnittgrößen hervorrufen.

Zur Bestimmung der Stabendschnittgrößen sind damit die Vorzeichen folgender Einzelkomponenten umzukehren:

a) Einzelkomponenten von $\underline{\bar{k}}.\underline{\bar{v}} = \underline{\bar{f}}$ am Knoten ⓘ

b) Einzelkomponenten von $\underline{\bar{f}}^0$ am Knoten ⓙ

Wir verwenden dazu eine Zuordnungsmatrix $\underline{a}_s$

$$\underline{a}_s = \begin{bmatrix} -1 & 0 & 0 & 0 & 0 & 0 \\ 0 & -1 & 0 & 0 & 0 & 0 \\ 0 & 0 & -1 & 0 & 0 & 0 \\ 0 & 0 & 0 & 1 & 0 & 0 \\ 0 & 0 & 0 & 0 & 1 & 0 \\ 0 & 0 & 0 & 0 & 0 & 1 \end{bmatrix} \qquad (54.2)$$

$\underline{a}_s$ ist eine Diagonalmatrix, bei der nur die Glieder der Hauptdiagonalen besetzt sind. Die zum Stabende ⓘ gehörenden Diagonalglieder werden gleich "-1", die zum Stabende ⓙ gehörenden gleich "1" gesetzt. Damit lautet die Rechenvorschrift zur Bestimmung der Stabendschnittgrößen in Matrizen-Kurzform

$$\underline{S}_E = \underline{a}_s (\underline{\bar{k}}.\underline{\bar{v}} - \underline{\bar{f}}^0) \qquad (54.3)$$

Gleichung (55.1) gibt diese Rechenvorschrift in vollständiger Schreibweise an.

Rechenvorschrift zur Bestimmung der Stabendschnittgrößen bei Biegung mit Längskraft

$$\underbrace{\begin{bmatrix} N_{ij} \\ Q_{ij} \\ M_{ij} \\ N_{ji} \\ Q_{ji} \\ M_{ji} \end{bmatrix}}_{\underline{S}_E} = \underbrace{\begin{bmatrix} -1 & 0 & 0 & 0 & 0 & 0 \\ 0 & -1 & 0 & 0 & 0 & 0 \\ 0 & 0 & -1 & 0 & 0 & 0 \\ 0 & 0 & 0 & 1 & 0 & 0 \\ 0 & 0 & 0 & 0 & 1 & 0 \\ 0 & 0 & 0 & 0 & 0 & 1 \end{bmatrix}}_{\underline{a}_s} \cdot \left\{ \underbrace{\frac{2EI_y}{l^3} \begin{bmatrix} c_n & 0 & 0 & -c_n & 0 & 0 \\ 0 & 6 & -3l & 0 & -6 & -3l \\ 0 & -3l & 2l^2 & 0 & 3l & l^2 \\ -c_n & 0 & 0 & c_n & 0 & 0 \\ 0 & -6 & 3l & 0 & 6 & 3l \\ 0 & -3l & l^2 & 0 & 3l & 2l^2 \end{bmatrix}}_{\overline{\underline{k}}} \cdot \underbrace{\begin{bmatrix} v_{\overline{x}i} \\ v_{\overline{z}i} \\ \phi_{\overline{y}i} \\ v_{\overline{x}j} \\ v_{\overline{z}j} \\ \phi_{\overline{y}j} \end{bmatrix}}_{\overline{\underline{v}}} - \underbrace{\begin{bmatrix} f^0_{\overline{x}i} \\ f^0_{\overline{z}i} \\ m^0_{\overline{y}i} \\ f^0_{\overline{x}j} \\ f^0_{\overline{z}j} \\ m^0_{\overline{y}j} \end{bmatrix}}_{\overline{\underline{f}}^0} \right\} \qquad (55.1)$$

$$c_n = \frac{A}{I_y} \cdot \frac{l^2}{2}$$

Lokale Elementsteifigkeitsmatrix $\overline{\underline{k}}$ nach (34.2)

c_n nach (34.3)

5.2.2 Stabendschnittgrößen bei Biegung mit Torsion

Das positiv definierte Torsionsmoment M_x nach Bild 56.1 gestattet grundsätzlich die Formulierung der Zuordnungsmatrix $\underline{a}_s$ wie im Abschnitt 5.2.1 beschrieben.

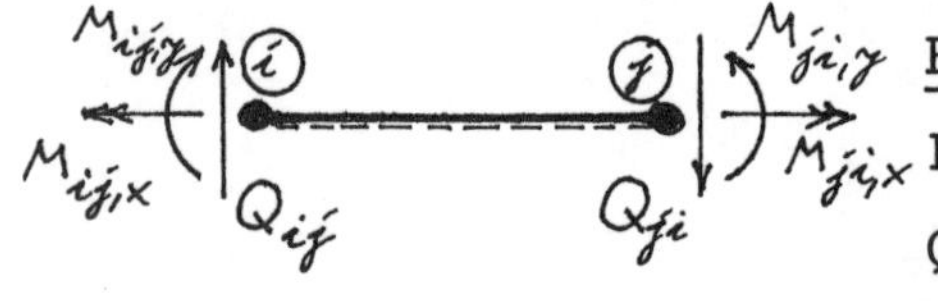

Bild 56.1
Positiv definierte Stabendschnittgrößen Q, M_x, M_y an den Stabenden des Elementstabes bei Laufrichtung von ⓘ nach ⓙ
Bezugsrand für Biegung ist der untere Querschnittsrand

Aus Platzgründen geben wir die Rechenvorschrift zur Bestimmung der Stabendschnittgrößen bei Biegung und Torsion nachstehend in zwei Teilen an, wobei für $\overline{\underline{k}}$ (39.1) und für c_t (39.2) gilt.

$$\overline{\underline{k}} \cdot \overline{\underline{v}} = \overline{\underline{f}} = \frac{2EI_y}{l^3} \begin{bmatrix} 6 & 0 & -3l & -6 & 0 & -3l \\ 0 & c_t & 0 & 0 & -c_t & 0 \\ -3l & 0 & 2l^2 & 3l & 0 & l^2 \\ -6 & 0 & 3l & 6 & 0 & 3l \\ 0 & -c_t & 0 & 0 & c_t & 0 \\ -3l & 0 & l^2 & 3l & 0 & 2l^2 \end{bmatrix} \cdot \begin{bmatrix} v_{\overline{z}i} \\ \phi_{\overline{x}i} \\ \phi_{\overline{y}i} \\ v_{\overline{z}j} \\ \phi_{\overline{x}j} \\ \phi_{\overline{y}j} \end{bmatrix} = \begin{bmatrix} f_{\overline{z}i} \\ m_{\overline{x}i} \\ m_{\overline{y}i} \\ f_{\overline{z}j} \\ m_{\overline{x}j} \\ m_{\overline{y}j} \end{bmatrix} \tag{56.1}$$

$$c_t = \frac{1}{1+\mu} \cdot \frac{I_x}{I_y} \cdot \frac{l^2}{4}$$

$$\begin{bmatrix} Q_{ij} \\ M_{ij,x} \\ M_{ij,y} \\ Q_{ji} \\ M_{ji,x} \\ M_{ji,y} \end{bmatrix} = \begin{bmatrix} -1 & 0 & 0 & 0 & 0 & 0 \\ 0 & -1 & 0 & 0 & 0 & 0 \\ 0 & 0 & -1 & 0 & 0 & 0 \\ 0 & 0 & 0 & 1 & 0 & 0 \\ 0 & 0 & 0 & 0 & 1 & 0 \\ 0 & 0 & 0 & 0 & 0 & 1 \end{bmatrix} \cdot \left\{ \begin{bmatrix} f_{\overline{z}i} \\ m_{\overline{x}i} \\ m_{\overline{y}i} \\ f_{\overline{z}j} \\ m_{\overline{x}j} \\ m_{\overline{y}j} \end{bmatrix} - \begin{bmatrix} f^0_{\overline{z}i} \\ m^0_{\overline{x}i} \\ m^0_{\overline{y}i} \\ f^0_{\overline{z}j} \\ m^0_{\overline{x}j} \\ m^0_{\overline{y}j} \end{bmatrix} \right\} \tag{56.2}$$

6 Einführende Zahlenbeispiele am horizontalen Biegeträger

6.1 Rechenablauf

Die Zahlenbeispiele des 6. Abschnitts beziehen sich auf den Mehrfeldträger mit unnachgiebiger oder elastisch gefederter Stützung, ebenso auch mit vorgegebener Stützensenkung. Bei diesen Tragwerken verläuft die Stabachse horizontal, so daß jeweils lokales und globales Achsenkreuz zusammenfallen. Zur Anwendung gelangen damit die im 2. Abschnitt entwickelten lokalen Elementsteifigkeitsmatrizen. Eine Modifizierung der Stabanschlüsse wie beispielsweise in Form eines Momentengelenks wird in einem späteren Abschnitt besprochen.

Nachfolgende Zahlenbeispiele sollen dazu dienen, den Rechenablauf der Finite-Elemente-Methode in den Grundzügen kennenzulernen. Dabei kann eine Einteilung in die folgenden Rechenabschnitte hilfreich sein:

a) Berechnung der Elementsteifigkeitsmatrizen $\underline{k}$ für alle Einzelstäbe gemäß Abschnitt 2

b) Zusammenbau der Elementsteifigkeitsmatrizen zur Gesamtsteifigkeitsmatrix $\underline{K}$ mit Hilfe gleich indizierter Untermatrizen nach Abschnitt 4

c) Formelmäßige Ermittlung der Element-Knotenlasten $\underline{f}^0$ für alle Einzelstäbe nach Abschnitt 3.1

d) Zusammensetzen der Element-Knotenlasten zur Spaltenmatrix $\underline{F}^0$ der Gesamt-Knotenlasten nach Abschnitt 3.1

e) Aufstellung des Gleichungssystems $\underline{K}.\underline{V} = \underline{F}$ am Gesamttragwerk nach Gleichung (18.3), gegebenenfalls unter Einbezug der Federmatrix $\underline{C}$ nach (51.1)

f) Bestimmung der Verformungsunbekannten aus (18.3) bzw. (51.1) bei Berücksichtigung der gegebenen Randbedingungen

g) Berechnung aller Stützreaktionen nach Abschnitt 5.1 mit anschließender Gleichgewichtskontrolle am Gesamttragwerk

h) Ermittlung der Stabendschnittgrößen nach Abschnitt 5.2

6.2 Mehrfeldträger mit fester und elastischer Stützung

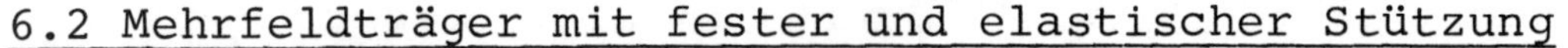

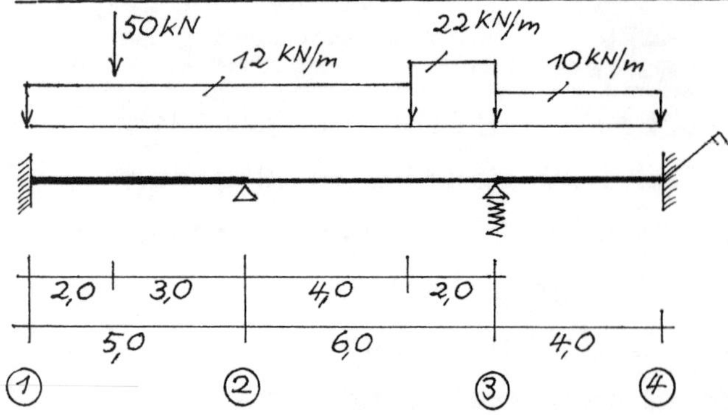

Es sind die Verformungen und Stabendschnittgrößen des skizzierten Mehrfeldträgers zu bestimmen. Die Einteilung des Gesamttragwerks in Elementstäbe erfolgt ausschließlich nach den gegebenen Steifigkeiten und unabhängig von der Belastung.

$E = 2,1 \cdot 10^8$ kN/m²

Stab 1-2: $I_y = 80000$ cm⁴

Stab 2-3: $I_y = 40000$ cm⁴

Stab 3-4: $I_y = 60000$ cm⁴

Federkonstanten:

$c_{z3} = 2300 = 10^4 \cdot 0,2300$ kN/m $\Longrightarrow$ Verschiebefeder im Knoten ③

$c_{\phi 4} = 1850 = 10^4 \cdot 0,1850$ kNm/1,0 $\Longrightarrow$ Drehfeder im Knoten ④

Da eine Beanspruchung auf reine Biegung ohne Längskraft erfolgt, ist die Angabe der Flächenmomente I_y für die Berechnung ausreichend. Die Gesamtsteifigkeitsmatrix $\underline{K}$ ist zunächst aus den Elementsteifigkeitsmatrizen durch Addition gleich indizierter Untermatrizen zu bilden und darauf nach (51.1) um den Anteil der Federstützen $\underline{C}$ zu ergänzen. Nach den im Abschnitt 6.1 festgelegten Rechenabschnitten beginnen wir mit der Lösung der Aufgabe.

Zu a) Berechnung der Elementsteifigkeitsmatrizen k für alle Einzelstäbe gemäß Abschnitt 2

Die auftretende Biegung wird erfaßt durch die Elementsteifigkeitsmatrix vom Typ (31.2). Da lokale Stabachse "$\bar{x}$" und globale Horizontalachse "x" zusammenfallen, können wir auf die Überstreichung der Achsen sowie der Matrizen am Elementstab verzichten.

Stab 1-2:

$$\frac{2EI_y}{l^3} = \frac{2.2,1.10^8.80000.10^{-8}}{5,0^3} = 10^4.0,2688$$

Bei allen Gliedern der Elementsteifigkeitsmatrizen werden wir mit vier Nachkommastellen rechnen, wobei die vierte Stelle nach dem Komma gerundet ist. Erst die abschließende Gleichgewichtskontrolle, insbesondere $\Sigma M = 0$, wird zeigen, ob die mitgeführten Nachkommastellen ausreichen.

Mit der Matrizengleichung (31.2) erhalten wir

$$\underline{k}_{1-2} = 10^4 \left[\begin{array}{cc|cc} 1,6128 & -4,0320 & -1,6128 & -4,0320 \\ & \boxed{\underline{k}_{11}} & & \boxed{\underline{k}_{12}} \\ -4,0320 & 13,4400 & 4,0320 & 6,7200 \\ \hline -1,6128 & 4,0320 & 1,6128 & 4,0320 \\ & \boxed{\underline{k}_{21}} & & \boxed{\underline{k}_{22}} \\ -4,0320 & 6,7200 & 4,0320 & 13,4400 \end{array}\right]$$

Stab 2-3:

$$\frac{2EI_y}{l^3} = \frac{2.2,1.10^8.40000.10^{-8}}{6,0^3} = 10^4.0,0778$$

Die Matrizengleichung (31.2) ergibt

$$\underline{k}_{2-3} = 10^4 \left[\begin{array}{cc|cc} 0,4667 & -1,4000 & -0,4667 & -1,4000 \\ & \boxed{\underline{k}_{22}} & & \boxed{\underline{k}_{23}} \\ -1,4000 & 5,6000 & 1,4000 & 2,8000 \\ \hline -0,4667 & 1,4000 & 0,4667 & 1,4000 \\ & \boxed{\underline{k}_{32}} & & \boxed{\underline{k}_{33}} \\ -1,4000 & 2,8000 & 1,4000 & 5,6000 \end{array}\right]$$

Stab 3-4:

$$\frac{2EI_y}{l^3} = \frac{2\cdot 2,1\cdot 60000}{4,0^3} = 10^4\cdot 0,3938$$

Die Matrizengleichung (31.2) ergibt

$$\underline{k}_{3-4} = 10^4 \left[\begin{array}{cc|cc} 2,3625 & -4,7250 & -2,3625 & -4,7250 \\ & \boxed{\underline{k}_{33}} & & \boxed{\underline{k}_{34}} \\ -4,7250 & 12,6000 & 4,7250 & 6,3000 \\ \hline -2,3625 & 4,7250 & 2,3625 & 4,7250 \\ & \boxed{\underline{k}_{43}} & & \boxed{\underline{k}_{44}} \\ -4,7250 & 6,3000 & 4,7250 & 12,6000 \end{array}\right]$$

Zu b) Zusammenbau der Elementsteifigkeitsmatrizen zur Gesamtsteifigkeitsmatrix $\underline{K}$ mit Hilfe gleich indizierter Untermatrizen nach Abschnitt 4

Die Gesamtsteifigkeitsmatrix $\underline{K}$ entsteht nach dem Schema (46.1)

$$\underline{K} = 10^4 \begin{bmatrix} 1,6128 & -4,0320 & -1,6128 & -4,032 & & & & \\ -4,0320 & 13,4400 & 4,0320 & 6,7200 & & & & \\ -1,6128 & 4,0320 & \substack{1,6128 \\ \underline{0,4667}} & \substack{4,0320 \\ \underline{-1,4000}} & -0,4667 & -1,4000 & & \\ -4,0320 & 6,7200 & \substack{4,0320 \\ \underline{-1,4000}} & \substack{13,4400 \\ \underline{5,6000}} & 1,4000 & 2,8000 & & \\ & & -0,4667 & 1,4000 & \substack{0,4667 \\ \underline{2,3625}} & \substack{1,4000 \\ \underline{-4,7250}} & -2,3625 & -4,7250 \\ & & -1,4000 & 2,8000 & \substack{1,4000 \\ \underline{-4,7250}} & \substack{5,6000 \\ \underline{12,6000}} & 4,7250 & 6,3000 \\ & & & & -2,3625 & 4,7250 & 2,3625 & 4,7250 \\ & & & & -4,7250 & 6,3000 & 4,7250 & 12,6000 \end{bmatrix}$$

Zu c) Formelmäßige Ermittlung der Element-Knotenlasten $\underline{f}^0$ für alle Einzelstäbe nach Abschnitt 3.1

Nach Zerlegung des Gesamttragwerks in drei Elementstäbe mit der zugehörigen Belastung werden an jedem Einzelstab für beidseitig eingespannte Stabenden die Stützreaktionen mittels einschlägiger Formeltabellen berechnet (vgl. WIT 40, Seite 4.27). Die Stützreaktionen an den Stabenden der Elementstäbe werden durch Umkehrung der Wirkungsrichtung zu den gesuchten Element-Knotenlasten.

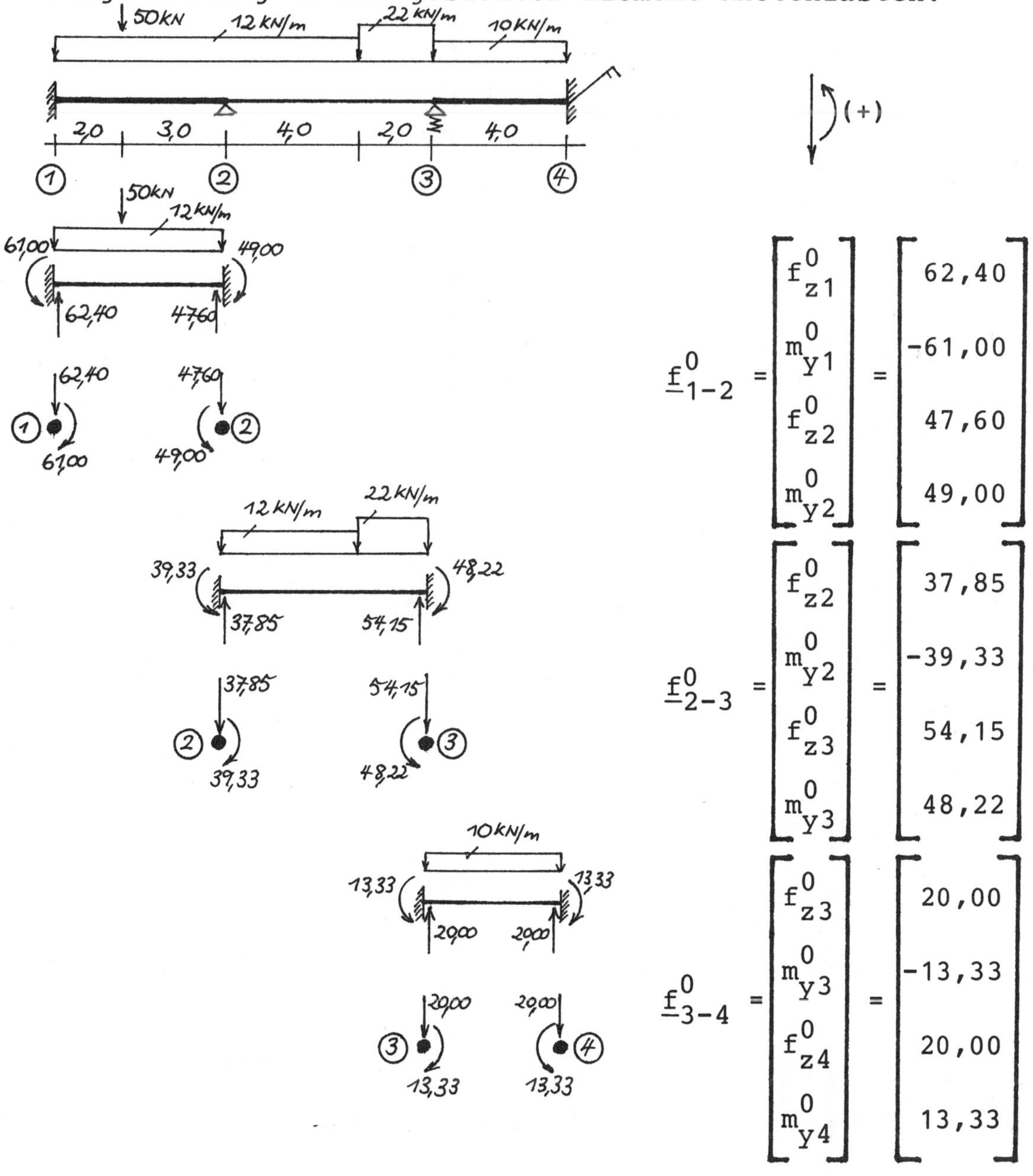

$$\underline{f}^0_{1-2} = \begin{bmatrix} f^0_{z1} \\ m^0_{y1} \\ f^0_{z2} \\ m^0_{y2} \end{bmatrix} = \begin{bmatrix} 62,40 \\ -61,00 \\ 47,60 \\ 49,00 \end{bmatrix}$$

$$\underline{f}^0_{2-3} = \begin{bmatrix} f^0_{z2} \\ m^0_{y2} \\ f^0_{z3} \\ m^0_{y3} \end{bmatrix} = \begin{bmatrix} 37,85 \\ -39,33 \\ 54,15 \\ 48,22 \end{bmatrix}$$

$$\underline{f}^0_{3-4} = \begin{bmatrix} f^0_{z3} \\ m^0_{y3} \\ f^0_{z4} \\ m^0_{y4} \end{bmatrix} = \begin{bmatrix} 20,00 \\ -13,33 \\ 20,00 \\ 13,33 \end{bmatrix}$$

Zu d) Zusammensetzen der Element-Knotenlasten zur Spaltenmatrix $\underline{F}^0$ der Gesamt-Knotenlasten nach Abschnitt 3.1

Die Gesamt-Knotenlasten $\underline{F}^0$ entstehen durch Addition der Element-Knotenlasten an den Knoten ② und ③

$$\underline{F}^0 = \begin{bmatrix} 62,40 & & \\ -61,00 & & \\ 47,60 & + 37,85 & \\ 49,00 & - 39,33 & \\ & 54,15 & + 20,00 \\ & 48,22 & - 13,33 \\ & & 20,00 \\ & & 13,33 \end{bmatrix} = \begin{bmatrix} 62,40 \\ -61,00 \\ 85,45 \\ 9,67 \\ 74,15 \\ 34,89 \\ 20,00 \\ 13,33 \end{bmatrix}$$

Die Spaltenmatrix $\underline{V}$ der Gesamtverformung erhält man zunächst allgemein und darauf unter Einschluß der Randbedingungen

$$\underline{V} = \begin{bmatrix} v_{z1} \\ \phi_{y1} \\ v_{z2} \\ \phi_{y2} \\ v_{z3} \\ \phi_{y3} \\ v_{z4} \\ \phi_{y4} \end{bmatrix} = \begin{bmatrix} 0 \\ 0 \\ 0 \\ \phi_{y2} \\ v_{z3} \\ \phi_{y3} \\ 0 \\ \phi_{y4} \end{bmatrix}$$

Zu e) Aufstellung des Gleichungssystems $\underline{K}.\underline{V} = \underline{F}$ am Gesamttragwerk nach Gleichung (18.3), gegebenenfalls unter Einbezug der Federmatrix $\underline{C}$ nach (51.1)

Der erweiterte Lastvektor $\underline{F} = \underline{F}^0 + \underline{A} + \underline{S}$ nach (49.1) lautet für das gegebene Gesamttragwerk

$$\underline{F} = \begin{bmatrix} 62,40 \\ -61,00 \\ 85,45 \\ 9,67 \\ 74,15 \\ 34,89 \\ 20,00 \\ 13,33 \end{bmatrix} + \begin{bmatrix} A_{z1} \\ M_{y1} \\ A_{z2} \\ 0 \\ 0 \\ 0 \\ A_{z4} \\ M_{y4} \end{bmatrix} + \begin{bmatrix} 0 \\ 0 \\ 0 \\ 0 \\ S_{z3} \\ 0 \\ 0 \\ S_{\phi 4} \end{bmatrix}$$

Die Matrix der Federkräfte wird dann mit (50.2)

$\underline{S} = - \underline{C}.\underline{V}$

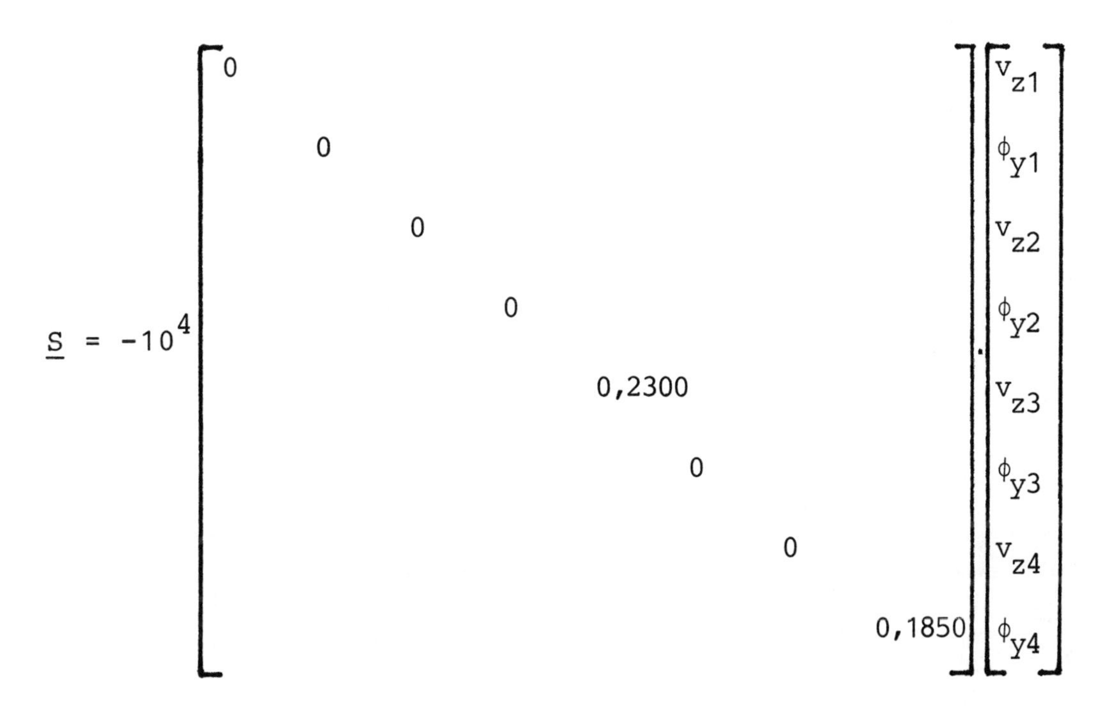

$$\underline{S} = -10^4 \begin{bmatrix} 0 & & & & & & & \\ & 0 & & & & & & \\ & & 0 & & & & & \\ & & & 0 & & & & \\ & & & & 0,2300 & & & \\ & & & & & 0 & & \\ & & & & & & 0 & \\ & & & & & & & 0,1850 \end{bmatrix} . \begin{bmatrix} v_{z1} \\ \phi_{y1} \\ v_{z2} \\ \phi_{y2} \\ v_{z3} \\ \phi_{y3} \\ v_{z4} \\ \phi_{y4} \end{bmatrix}$$

$(\underline{K} + \underline{C})\underline{V} = \underline{F}^0 + \underline{A}$ nach (51.1)

$$10^{-4}\begin{array}{|c|c|c|c|c|c|c|c|}\hline 0 & 0 & 0 & -5{,}9642 & 72{,}4838 & 7{,}7682 & 0 & 24{,}0029 \\ \hline \end{array}$$

$$10^{4}\begin{bmatrix} 1{,}6128 & -4{,}0320 & -1{,}6128 & -4{,}0320 & & & & \\ -4{,}0320 & 13{,}4400 & 4{,}0320 & 6{,}7200 & & & & \\ -1{,}6128 & 4{,}0320 & 2{,}0795 & 2{,}6320 & -0{,}4667 & -1{,}4000 & & \\ -4{,}0320 & 6{,}7200 & 2{,}6320 & 19{,}0400 & 1{,}4000 & 2{,}8000 & & \\ & & -0{,}4667 & 1{,}4000 & \begin{array}{c}2{,}8292\\ \underline{0{,}2300}\end{array} & -3{,}3250 & -2{,}3625 & -4{,}7250 \\ & & -1{,}4000 & 2{,}8000 & -3{,}3250 & 18{,}2000 & 4{,}7250 & 6{,}3000 \\ & & & & -2{,}3625 & 4{,}7250 & 2{,}3625 & 4{,}7250 \\ & & & & -4{,}7250 & 6{,}3000 & 4{,}7250 & \begin{array}{c}12{,}6000\\ \underline{0{,}1850}\end{array} \end{bmatrix} \begin{bmatrix} 0 \\ 0 \\ 0 \\ \phi_{y2} \\ v_{z3} \\ \phi_{y3} \\ 0 \\ \phi_{y4} \end{bmatrix} = \begin{bmatrix} 62{,}40 \\ -61{,}00 \\ 85{,}45 \\ 9{,}67 \\ 74{,}15 \\ 34{,}89 \\ 20{,}00 \\ 13{,}33 \end{bmatrix} + \begin{bmatrix} A_{z1} \\ M_{y1} \\ A_{z2} \\ 0 \\ 0 \\ 0 \\ A_{z4} \\ 0 \end{bmatrix}$$

Die am Kopf der Gesamtsteifigkeitsmatrix $\underline{K} + \underline{C}$ angegebene Zeile enthält die auf Seite 65 ermittelten tatsächlichen Knotenverformungen. Damit lassen sich unter g die Stützreaktionen der Spaltenmatrix $\underline{A}$ einfacher und übersichtlicher berechnen.

Zu f) Bestimmung der Verformungsunbekannten aus (18.3) bzw. (51.1) bei Berücksichtigung der gegebenen Randbedingungen

Die bereits auf Seite 62 unter d in die Spaltenmatrix $\underline{V}$ aufgenommenen Randbedingungen lauten:

$$v_{z1} = \phi_{y1} = v_{z2} = v_{z4} = 0$$

In der Reihenfolge der Gesamtverformung $\underline{V}$ stehen diese Verformungskomponenten an erster, zweiter, dritter und siebter Stelle. Für das Gleichungssystem (51.1) auf Seite 64 bedeutet dies, daß wir zur Berechnung der unbekannten Knotenverformungen die Zeilen und Spalten 1, 2, 3 und 7 streichen.

Es verbleibt ein Gleichungssystem, das nur noch die Verformungsunbekannten enthält

$$10^4 \begin{bmatrix} 19{,}0400 & 1{,}4000 & 2{,}8000 & \\ 1{,}4000 & 3{,}0592 & -3{,}3250 & -4{,}7250 \\ 2{,}8000 & -3{,}3250 & 18{,}2000 & 6{,}3000 \\ & -4{,}7250 & 6{,}3000 & 12{,}7850 \end{bmatrix} \begin{bmatrix} \phi_{y2} \\ v_{z3} \\ \phi_{y3} \\ \phi_{y4} \end{bmatrix} = \begin{bmatrix} 9{,}67 \\ 74{,}15 \\ 34{,}89 \\ 13{,}33 \end{bmatrix}$$

Wir erhalten

$\phi_{y2} = -5{,}9642.10^{-4}$ $\qquad$ $\phi_{y3} = 7{,}7682.10^{-4}$

$v_{z3} = 72{,}4838.10^{-4}$ $\qquad$ $\phi_{y4} = 24{,}0029.10^{-4}$

Um die Berechnung der Stützreaktionen unter g besonders übersichtlich zu gestalten, werden alle zahlenmäßig bekannten Knotenverformungen in einer besonderen Kopfzeile über die Gesamtsteifigkeitsmatrix $\underline{K} + \underline{C}$ auf Seite 64 geschrieben.

Zu g) Berechnung aller Stützreaktionen nach Abschnitt 5.1 mit anschließender Gleichgewichtskontrolle am Gesamttragwerk

Zeilenweises Einsetzen der Knotenverformungen in das Gleichungssystem (51.1) auf Seite 64 ergibt

$(-4{,}0320)(-5{,}9642) = 62{,}40 + A_{z1}$ $\qquad$ $A_{z1} = -38{,}35$

$6{,}7200(-5{,}9642) = -61{,}00 + M_{y1}$ $\qquad$ $M_{y1} = 20{,}92$

$2,6320(-5,9642) - 0,4667.72,4838 - 1,4000.7,7682 = 85,45 + A_{z2}$ $\qquad A_{z2} = -145,85$

$(-2,3625)72,4838 + 4,7250.7,7682 + 4,7250.24,0029 = 20,0 + A_{z4}$ $\qquad A_{z4} = -41,12$

Aus $\underline{S} = -\underline{C}.\underline{V}$ von Seite 63 rechnen wir die Federkraft S_{z3} und das Federmoment $S_{\phi 4}$ mit den zugehörigen Federverformungen

$S_{z3} = -0,2300.72,4838 = -16,67$

$S_{\phi 4} = -0,1850.24,0029 = -4,44$

In der nachstehenden Skizze werden alle Stützreaktionen eingetragen

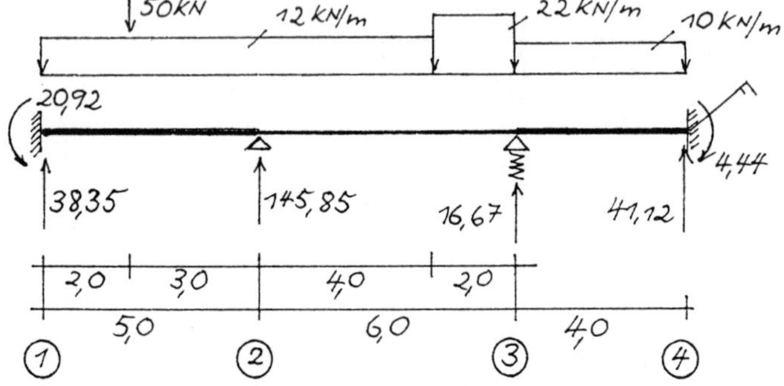

Gleichgewichtskontrolle

$\Sigma V = 0$ ist erfüllt und wird hier nicht wiedergegeben

$\Sigma M = 0$ wird praxisüblich durch Drehung um den rechten Auflagerknoten ④ nachgewiesen:

$$-20,92 + 38,35.15,0 + 145,85.10,0 + 16,67.4,0 + 4,44 - 50,0.13,0 - 12,0.9,0.10,5$$
$$- 22,0.2,0.5,0 - 10,0.\frac{4,0^2}{2} = -0,05 \sim 0$$

Zu h) Ermittlung der Stabendschnittgrößen nach Abschnitt 5.2

Für jedes Stabelement wird die Gleichung (54.3) verwendet

$\underline{S}_E = \underline{a}_s(\underline{k}.\underline{v} - \underline{f}^0)$

Der vorangehenden Rechnung können alle Bestimmungsgrößen entnommen werden.

<u>Stab 1-2:</u>

$$\begin{bmatrix} Q_{12} \\ M_{12} \\ Q_{21} \\ M_{21} \end{bmatrix} = \begin{bmatrix} -1 & 0 & 0 & 0 \\ 0 & -1 & 0 & 0 \\ 0 & 0 & 1 & 0 \\ 0 & 0 & 0 & 1 \end{bmatrix} \left\{ \begin{bmatrix} 1,6128 & -4,0320 & -1,6128 & -4,0320 \\ -4,0320 & 13,4400 & 4,0320 & 6,7200 \\ -1,6128 & 4,0320 & 1,6128 & 4,0320 \\ -4,0320 & 6,7200 & 4,0320 & 13,4400 \end{bmatrix} \cdot \begin{bmatrix} 0 \\ 0 \\ 0 \\ -5,9642 \end{bmatrix} - \begin{bmatrix} 62,40 \\ -61,00 \\ 47,60 \\ 49,00 \end{bmatrix} \right\} = \begin{bmatrix} 38,35 \\ 20,92 \\ -71,65 \\ -129,16 \end{bmatrix}$$

<u>Stab 2-3:</u>

$$\begin{bmatrix} Q_{23} \\ M_{23} \\ Q_{32} \\ M_{32} \end{bmatrix} = \begin{bmatrix} -1 & 0 & 0 & 0 \\ 0 & -1 & 0 & 0 \\ 0 & 0 & 1 & 0 \\ 0 & 0 & 0 & 1 \end{bmatrix} \left\{ \begin{bmatrix} 0,4667 & -1,4000 & -0,4667 & -1,4000 \\ -1,4000 & 5,6000 & 1,4000 & 2,8000 \\ -0,4667 & 1,4000 & 0,4667 & 1,4000 \\ -1,4000 & 2,8000 & 1,4000 & 5,6000 \end{bmatrix} \cdot \begin{bmatrix} 0 \\ -5,9642 \\ 72,4838 \\ 7,7682 \end{bmatrix} - \begin{bmatrix} 37,85 \\ -39,33 \\ 54,15 \\ 48,22 \end{bmatrix} \right\} = \begin{bmatrix} 74,21 \\ -129,16 \\ -17,80 \\ 80,06 \end{bmatrix}$$

<u>Stab 3-4:</u>

$$\begin{bmatrix} Q_{34} \\ M_{34} \\ Q_{43} \\ M_{43} \end{bmatrix} = \begin{bmatrix} -1 & 0 & 0 & 0 \\ 0 & -1 & 0 & 0 \\ 0 & 0 & 1 & 0 \\ 0 & 0 & 0 & 1 \end{bmatrix} \left\{ \begin{bmatrix} 2,3625 & -4,7250 & -2,3625 & -4,7250 \\ -4,7250 & 12,6000 & 4,7250 & 6,3000 \\ -2,3625 & 4,7250 & 2,3625 & 4,7250 \\ -4,7250 & 6,3000 & 4,7250 & 12,6000 \end{bmatrix} \cdot \begin{bmatrix} 72,4838 \\ 7,7682 \\ 0 \\ 24,0029 \end{bmatrix} - \begin{bmatrix} 20,00 \\ -13,33 \\ 20,00 \\ 13,33 \end{bmatrix} \right\} = \begin{bmatrix} -1,12 \\ 80,06 \\ -41,12 \\ -4,44 \end{bmatrix}$$

Die ermittelten Stabendschnittgrößen für den Mehrfeldträger unter Abschnitt 6.2 können nach herkömmlicher Statik leicht nachgeprüft werden, was hier nicht wiedergegeben wird.

6.3 Mehrfeldträger mit vorgegebener Stützensenkung

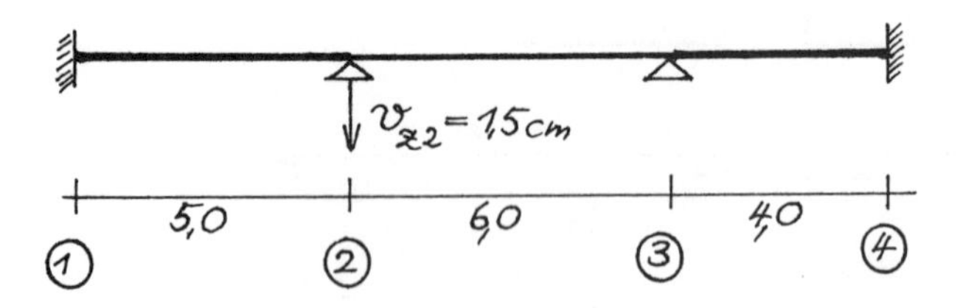

Der Mehrfeldträger unter 6.3 soll mit dem unter 6.2 in bezug auf EI_y sowie Stablängen völlig übereinstimmen. Es entfallen gegenüber 6.2 lediglich die Wegfeder in ③ und die Drehfeder in ④. Damit kann die Gesamtsteifigkeitsmatrix K von 6.2 auf Seite 60 (d.h. ohne die aufaddierten Federkonstanten) vollständig übernommen werden.

Randbedingungen des Mehrfeldträgers 6.3

$$v_{z1} = \phi_{y1} = v_{z3} = v_{z4} = \phi_{y4} = 0$$

$v_{z2} = 150.10^{-4}$ m als vorgegebene Stützensenkung

Für das Gleichungssystem $\underline{K}.\underline{V} = \underline{F}$ auf Seite 69 stehen die Randbedingungen in der Spaltenmatrix $\underline{V}$ an erster, zweiter, fünfter, siebter und achter Stelle. Zur Berechnung der unbekannten Knotenverformungen streichen wir demzufolge die Zeilen und Spalten 1, 2, 5, 7 und 8.

Die Spaltenmatrix $\underline{F}^0$ der Gesamt-Knotenlasten ist gleich Null. Dafür wird die in der Gesamtsteifigkeitsmatrix $\underline{K}$ zu der vorgegebenen Stützensenkung gehörende Spalte mit $v_{z2} = 150.10^{-4}$ multipliziert und ersetzt praktisch mit entsprechenden Vorzeichen die Lastspalte $\underline{F}^0$. Am Kopf der Gesamtsteifigkeitsmatrix $\underline{K}$ auf Seite 69 sind die auf Seite 70 errechneten Knotenverformungen eingetragen, ebenso die vorgegebene Stützensenkung v_{z2}. Dies dient zur einfacheren Berechnung der unbekannten Stützreaktionen innerhalb der Spaltenmatrix $\underline{A}$.

$\underline{\underline{K}} \cdot \underline{V} = \underline{F}^0 + \underline{A}$ nach (51.1)

$$10^{-4}\begin{array}{|c|c|c|c|c|c|c|c|}\hline 0 & 0 & 150{,}0000 & -22{,}9514 & 0 & 15{,}0694 & 0 & 0 \\ \hline \end{array}$$

$$10^4 \cdot \underbrace{\begin{bmatrix} 1{,}6128 & -4{,}0320 & -1{,}6128 & -4{,}0320 & & & & \\ -4{,}0320 & 13{,}4400 & 4{,}0320 & 6{,}7200 & & & & \\ -1{,}6128 & 4{,}0320 & 2{,}0795 & 2{,}6320 & -0{,}4667 & -1{,}4000 & & \\ -4{,}0320 & 6{,}7200 & 2{,}6320 & 19{,}0400 & 1{,}4000 & 2{,}8000 & & \\ & & -0{,}4667 & 1{,}4000 & 2{,}8292 & -3{,}3250 & -2{,}3625 & -4{,}7250 \\ & & -1{,}4000 & 2{,}8000 & -3{,}3250 & 18{,}2000 & 4{,}7250 & 6{,}3000 \\ & & & & -2{,}3625 & 4{,}7250 & 2{,}3625 & 4{,}7250 \\ & & & & -4{,}7250 & 6{,}3000 & 4{,}7250 & 12{,}6000 \end{bmatrix}}_{\underline{\underline{K}}} \cdot \underbrace{\begin{bmatrix} 0 \\ 0 \\ 150 \cdot 10^{-4} \\ \phi_{y2} \\ 0 \\ \phi_{y3} \\ 0 \\ 0 \end{bmatrix}}_{\underline{V}} = \underbrace{\begin{bmatrix} 0 \\ 0 \\ 0 \\ 0 \\ 0 \\ 0 \\ 0 \\ 0 \end{bmatrix}}_{\underline{F}^0} + \underbrace{\begin{bmatrix} A_{z1} \\ M_{y1} \\ A_{z2} \\ 0 \\ A_{z3} \\ 0 \\ A_{z4} \\ M_{y4} \end{bmatrix}}_{\underline{A}}$$

Die Gesamtsteifigkeitsmatrix $\underline{\underline{K}}$ kann unverändert von Aufgabe 6.2 übernommen werden. Die Lastmatrix $\underline{F}^0$ der Gesamt-Knotenlasten ist gleich Null. Sie wurde der Vollständigkeit halber mit angegeben.

Die am Kopf der Gesamtsteifigkeitsmatrix angegebene Zeile enthält die auf Seite 70 ermittelten tatsächlichen Knotenverformungen, ebenso die vorgegebene Stützensenkung $v_{z2} = 150{,}0 \cdot 10^{-4}$. Damit lassen sich die Stützreaktionen des Gesamttragwerks übersichtlicher berechnen.

Um die beiden unbekannten Knotenverformungen ϕ_{y2} und ϕ_{y3} zu berechnen, erhält man das nachfolgende Gleichungssystem:

$$10^4 \cdot \begin{bmatrix} 19,0400 & 2,8000 \\ 2,8000 & 18,2000 \end{bmatrix} \cdot \begin{bmatrix} \phi_{y2} \\ \phi_{y3} \end{bmatrix} = - \begin{bmatrix} 2,6320 \\ -1,4000 \end{bmatrix} \cdot 150,00 = \begin{bmatrix} -394,80 \\ 210,00 \end{bmatrix}$$

$\phi_{y2} = -22,9514 \cdot 10^{-4}$

$\phi_{y3} = \ \ 15,0694 \cdot 10^{-4}$

Nach Einsetzen aller bekannten Knotenverformungen in die Gleichgewichtsbeziehung $\underline{K} \cdot \underline{V} = \underline{F}$ auf Seite 69 erhält man nacheinander die Stützreaktionen der Spaltenmatrix $\underline{A}$ wie folgt:

$A_{z1} = -149,38$

$M_{y1} = \ \ 450,57$

$A_{z2} = \ \ 230,42$

$A_{z3} = -152,24$

$A_{z4} = \ \ \ 71,20$

$M_{y4} = \ \ \ 94,94$

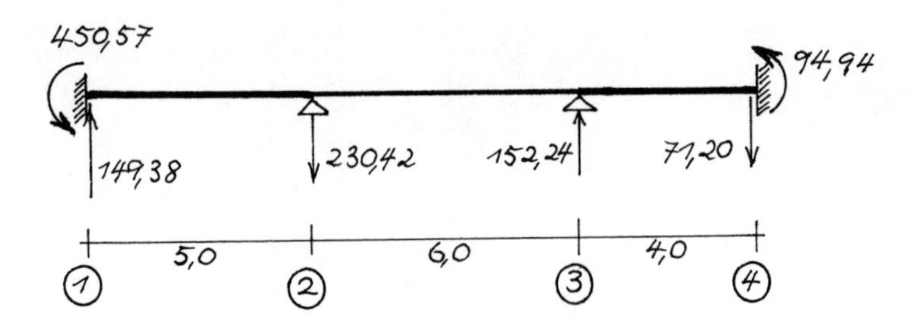

Die Gleichgewichtskontrolle $\Sigma V = 0$, vor allem aber $\Sigma M = 0$, bestätigt die Richtigkeit des Ergebnisses.

6.4 Stahlbeton-Zweifeldträger mit Biegung und Torsion

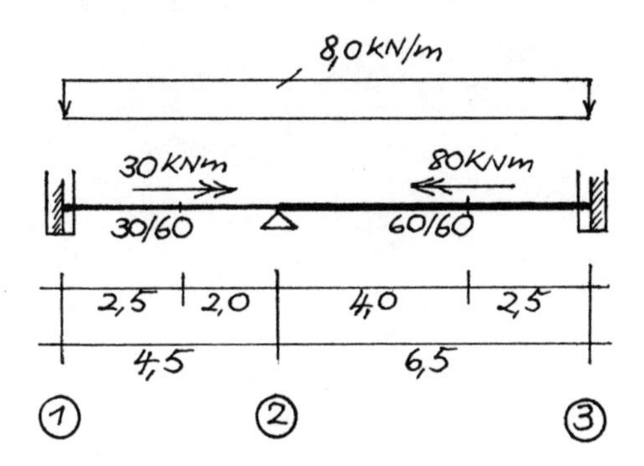

Es sind die Verformungen und Schnittgrößen des skizzierten Stahlbeton-Zweifeldträgers bei feldweise konstantem Querschnitt zu berechnen.
In beiden Endauflagern liegt eine biege- und torsionsfeste Einspannung vor. Bei der Festigkeitsklasse des Betons ist von einem B 25 auszugehen.

$E = 0{,}3 \cdot 10^8 \ \mathrm{kN/m^2}$

(vgl. WIT 40, Seite 5.24.)

Querdehnzahl nach Abschnitt 2.3.3

$\mu = \frac{1}{5}$

Stab 1-2:

$I_y = 30 \cdot \frac{60^3}{12} = 540000 \ \mathrm{cm^4}$

$I_x = 0{,}229 \cdot 30^3 \cdot 60 = 370980 \ \mathrm{cm^4}$

(vgl. WIT 40, Seite 4.33.)

Nach (39.2) rechnen wir

$c_t = \frac{1}{1+0{,}2} \cdot \frac{370980}{540000} \cdot \frac{4{,}5^2}{4} = 2{,}8983$

$\frac{2EI_y}{l^3} = \frac{2 \cdot 0{,}3 \cdot 540000}{4{,}5^3} = 10^4 \cdot 0{,}3556$

Die Elementsteifigkeitsmatrix erhalten wir mit Gleichung (39.1)

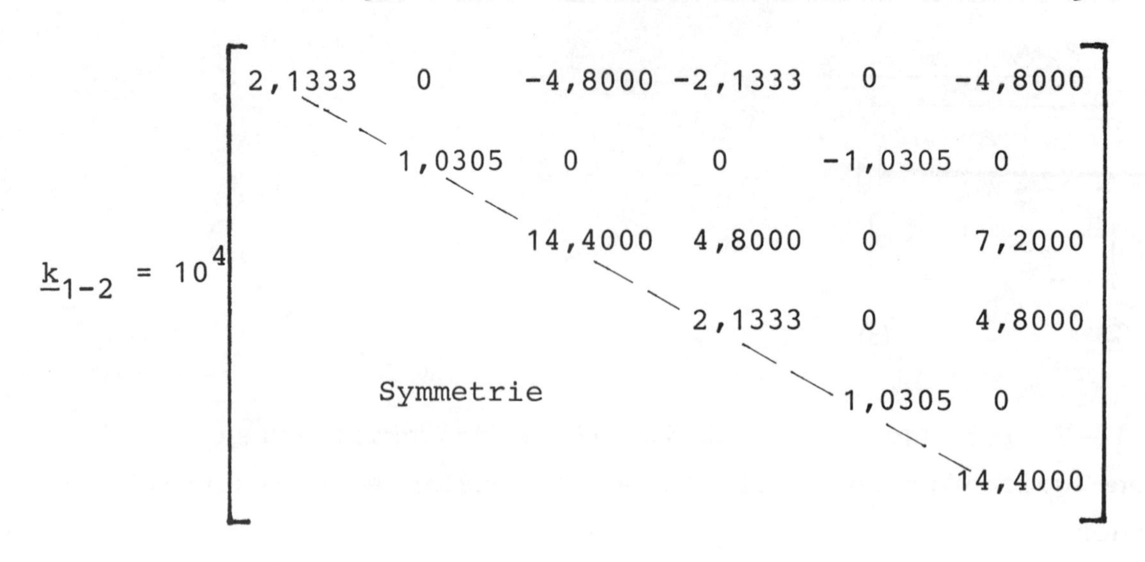

$$\underline{k}_{1-2} = 10^4 \begin{bmatrix} 2,1333 & 0 & -4,8000 & -2,1333 & 0 & -4,8000 \\ & 1,0305 & 0 & 0 & -1,0305 & 0 \\ & & 14,4000 & 4,8000 & 0 & 7,2000 \\ & & & 2,1333 & 0 & 4,8000 \\ & \text{Symmetrie} & & & 1,0305 & 0 \\ & & & & & 14,4000 \end{bmatrix}$$

Stab 2-3:

$$I_y = 60.\frac{60^3}{12} = 1080000 \text{ cm}^4$$

$$I_x = 0,140.60^3.60 = 1814400 \text{ cm}^4$$

$$c_t = \frac{1}{1+0,2}.\frac{1814400}{1080000}.\frac{6,5^2}{4} = 14,7875$$

$$\frac{2EI_y}{l^3} = \frac{2.0,3.1080000}{6,5^3} = 10^4.0,2360$$

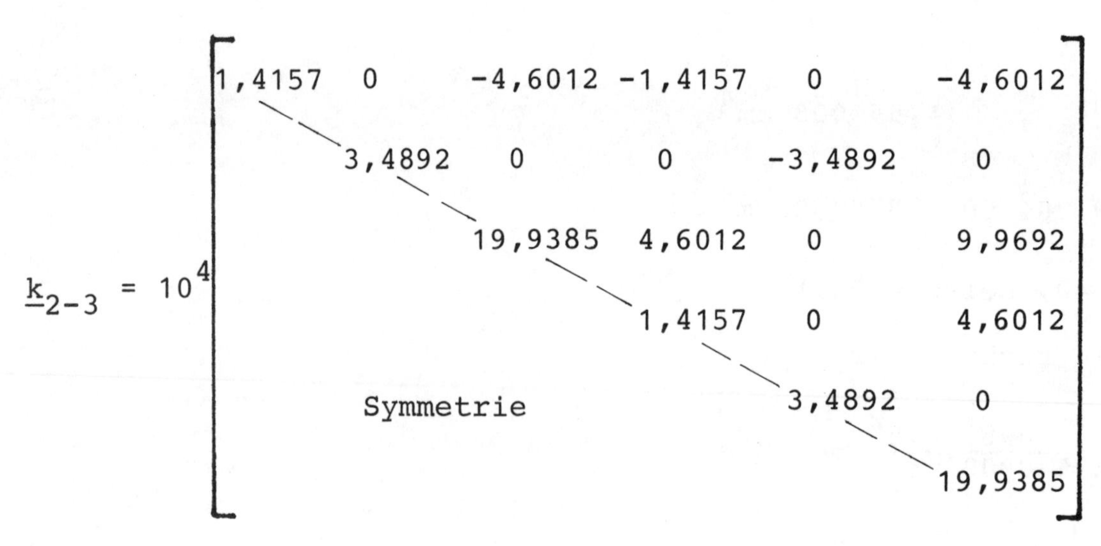

$$\underline{k}_{2-3} = 10^4 \begin{bmatrix} 1,4157 & 0 & -4,6012 & -1,4157 & 0 & -4,6012 \\ & 3,4892 & 0 & 0 & -3,4892 & 0 \\ & & 19,9385 & 4,6012 & 0 & 9,9692 \\ & & & 1,4157 & 0 & 4,6012 \\ & \text{Symmetrie} & & & 3,4892 & 0 \\ & & & & & 19,9385 \end{bmatrix}$$

Die Gesamtsteifigkeitsmatrix $\underline{K}$ ergibt sich aus der Zusammenfassung der beiden Elementsteifigkeitsmatrizen wie folgt:

$$\underline{K} = \begin{bmatrix} \underline{k}_{11} & \underline{k}_{12} & \\ \underline{k}_{21} & \underline{k}_{22}^{I} + \underline{k}_{22}^{II} & \underline{k}_{23} \\ & \underline{k}_{32} & \underline{k}_{33} \end{bmatrix} = 10^4 \begin{bmatrix} 2{,}1333 & 0 & -4{,}8000 & -2{,}1333 & 0 & -4{,}8000 & & & \\ 0 & 1{,}0305 & 0 & 0 & -1{,}0305 & 0 & & & \\ -4{,}8000 & 0 & 14{,}4000 & 4{,}8000 & 0 & 7{,}2000 & & & \\ -2{,}1333 & 0 & 4{,}8000 & \begin{matrix} 2{,}1333 \\ \underline{1{,}4157} \end{matrix} & \begin{matrix} 0 \\ \underline{0} \end{matrix} & \begin{matrix} 4{,}8000 \\ \underline{-4{,}6012} \end{matrix} & -1{,}4157 & 0 & -4{,}6012 \\ 0 & -1{,}0305 & 0 & \begin{matrix} 0 \\ \underline{0} \end{matrix} & \begin{matrix} 1{,}0305 \\ \underline{3{,}4892} \end{matrix} & \begin{matrix} 0 \\ \underline{0} \end{matrix} & 0 & -3{,}4892 & 0 \\ -4{,}8000 & 0 & 7{,}2000 & \begin{matrix} 4{,}8000 \\ \underline{-4{,}6012} \end{matrix} & \begin{matrix} 0 \\ \underline{0} \end{matrix} & \begin{matrix} 14{,}4000 \\ \underline{19{,}9385} \end{matrix} & 4{,}6012 & 0 & 9{,}9692 \\ & & & -1{,}4157 & 0 & 4{,}6012 & 1{,}4157 & 0 & 4{,}6012 \\ & & & 0 & -3{,}4892 & 0 & 0 & 3{,}4892 & 0 \\ & & & -4{,}6012 & 0 & 9{,}9692 & 4{,}6012 & 0 & 19{,}9385 \end{bmatrix}$$

Element-Knotenlasten Stab 1-2:

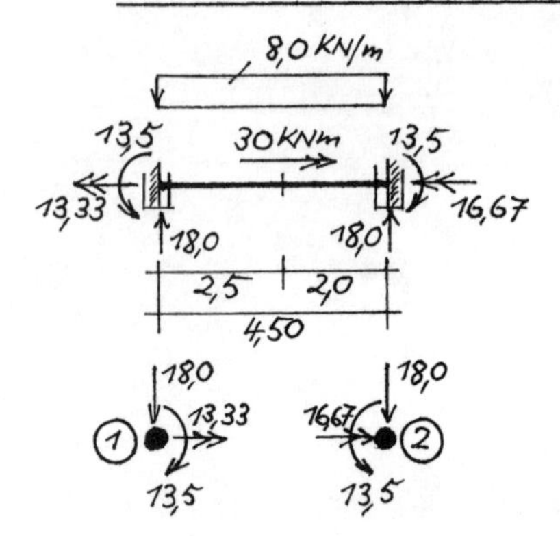

Element-Knotenlasten Stab 2-3:

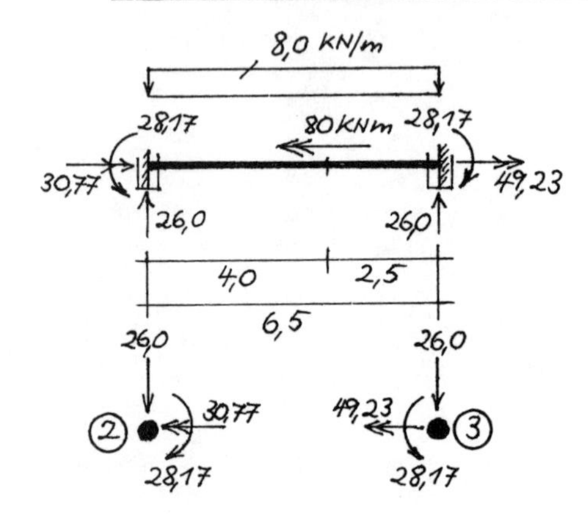

(+)

$$
\underline{F}^0 = \begin{bmatrix} 18{,}00 & \\ 13{,}33 & \\ -13{,}50 & \\ 18{,}00 & +\ 26{,}00 \\ 16{,}67 & -\ 30{,}77 \\ 13{,}50 & -\ 28{,}17 \\ & 26{,}00 \\ & -49{,}23 \\ & 28{,}17 \end{bmatrix} = \begin{bmatrix} 18{,}00 \\ 13{,}33 \\ -13{,}50 \\ 44{,}00 \\ -14{,}10 \\ -14{,}67 \\ 26{,}00 \\ -49{,}23 \\ 28{,}17 \end{bmatrix}
$$

$\underline{\underline{K}} \cdot \underline{V} = \underline{F}^0 + \underline{A}$ nach (51.1)

$$10^{-4} \begin{bmatrix} 0 & 0 & 0 & 0 & -3{,}1197 & -0{,}4272 & 0 & 0 & 0 \end{bmatrix}$$

$$10^{4} \underbrace{\begin{bmatrix} 2{,}1333 & 0 & -4{,}8000 & -2{,}1333 & 0 & -4{,}8000 & & & \\ 0 & 1{,}0305 & 0 & 0 & -1{,}0305 & 0 & & & \\ -4{,}8000 & 0 & 14{,}4000 & 4{,}8000 & 0 & 7{,}2000 & & & \\ -2{,}1333 & 0 & 4{,}8000 & 3{,}5490 & 0 & 0{,}1988 & -1{,}4157 & 0 & -4{,}6012 \\ 0 & -1{,}0305 & 0 & 0 & 4{,}5197 & 0 & 0 & -3{,}4892 & 0 \\ -4{,}8000 & 0 & 7{,}2000 & 0{,}1988 & 0 & 34{,}3385 & 4{,}6012 & 0 & 9{,}9692 \\ & & & -1{,}4157 & 0 & 4{,}6012 & 1{,}4157 & 0 & 4{,}6012 \\ & & & 0 & -3{,}4892 & 0 & 0 & 3{,}4892 & 0 \\ & & & -4{,}6012 & 0 & 9{,}9692 & 4{,}6012 & 0 & 19{,}9385 \end{bmatrix}}_{\underline{K}} \cdot \underbrace{\begin{bmatrix} 0 \\ 0 \\ 0 \\ 0 \\ \phi_{x2} \\ \phi_{y2} \\ 0 \\ 0 \\ 0 \end{bmatrix}}_{\underline{V}} = \underbrace{\begin{bmatrix} 18{,}00 \\ 13{,}33 \\ -13{,}50 \\ 44{,}00 \\ -14{,}10 \\ -14{,}67 \\ 26{,}00 \\ -49{,}23 \\ 28{,}17 \end{bmatrix}}_{\underline{F}^0} + \underbrace{\begin{bmatrix} A_{z1} \\ M_{x1} \\ M_{y1} \\ A_{z2} \\ 0 \\ 0 \\ A_{z3} \\ M_{x3} \\ M_{y3} \end{bmatrix}}_{\underline{A}}$$

Die am Kopf der Gesamtsteifigkeitsmatrix angegebene Zeile enthält die auf Seite 76 ermittelten tatsächlichen Knotenverformungen. Damit lassen sich die Stützreaktionen des Gesamttragwerks übersichtlicher berechnen.

Randbedingungen:

$$v_{z1} = \phi_{x1} = \phi_{y1} = v_{z2} = v_{z3} = \phi_{x3} = \phi_{y3} = 0$$

Nach Streichung der Zeilen und Spalten 1, 2, 3, 4, 7, 8 und 9 verbleibt das folgende Gleichungssystem:

$$10^4 \cdot \begin{bmatrix} 4,5197 & 0 \\ 0 & 34,3385 \end{bmatrix} \cdot \begin{bmatrix} \phi_{x2} \\ \phi_{y2} \end{bmatrix} = \begin{bmatrix} -14,10 \\ -14,67 \end{bmatrix}$$

$$\phi_{x2} = -3,1197.10^{-4}$$

$$\phi_{y2} = -0,4272.10^{-4}$$

Die Stützreaktionen erhalten wir durch Einsetzen wie folgt:

$A_{z1} = -15,95$

$M_{x1} = -10,11$

$M_{y1} = 10,42$

$A_{z2} = -44,08$

$A_{z3} = -27,97$

$M_{x3} = 60,11$

$M_{y3} = -32,43$

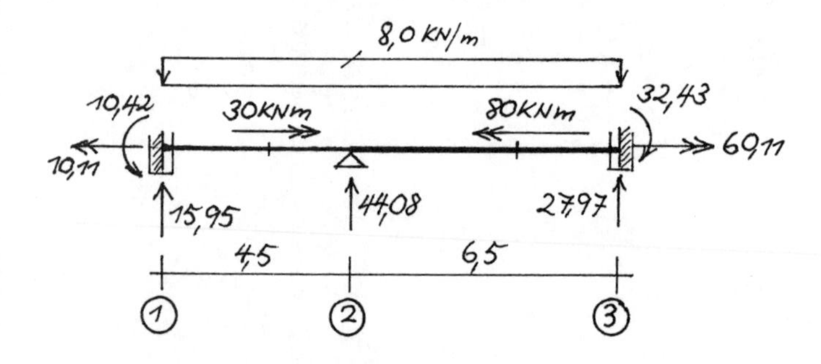

Die Gleichgewichtskontrolle bestätigt die Richtigkeit der Rechnung.

Abschließend sollen die Stabendschnittgrößen unter Hinzuziehung der Gleichungen (56.1) und (56.2) berechnet werden.

Stab 1-2:

$$\begin{bmatrix} 2,1333 & 0 & -4,8000 & -2,1333 & 0 & -4,8000 \\ 0 & 1,0305 & 0 & 0 & -1,0305 & 0 \\ -4,8000 & 0 & 14,4000 & 4,8000 & 0 & 7,2000 \\ -2,1333 & 0 & 4,8000 & 2,1333 & 0 & 4,8000 \\ 0 & -1,0305 & 0 & 0 & 1,0305 & 0 \\ -4,8000 & 0 & 7,2000 & 4,8000 & 0 & 14,4000 \end{bmatrix} \cdot \begin{bmatrix} 0 \\ 0 \\ 0 \\ 0 \\ -3,1197 \\ -0,4272 \end{bmatrix} = \begin{bmatrix} 2,05 \\ 3,21 \\ -3,08 \\ -2,05 \\ -3,21 \\ -6,15 \end{bmatrix}$$

$$\begin{bmatrix} Q_{12} \\ M_{12,x} \\ M_{12,y} \\ Q_{21} \\ M_{21,x} \\ M_{21,y} \end{bmatrix} = \begin{bmatrix} -1 & 0 & 0 & 0 & 0 & 0 \\ 0 & -1 & 0 & 0 & 0 & 0 \\ 0 & 0 & -1 & 0 & 0 & 0 \\ 0 & 0 & 0 & 1 & 0 & 0 \\ 0 & 0 & 0 & 0 & 1 & 0 \\ 0 & 0 & 0 & 0 & 0 & 1 \end{bmatrix} \left\{ \begin{bmatrix} 2,05 \\ 3,21 \\ -3,08 \\ -2,05 \\ -3,21 \\ -6,15 \end{bmatrix} - \begin{bmatrix} 18,00 \\ 13,33 \\ -13,50 \\ 18,00 \\ 16,67 \\ 13,50 \end{bmatrix} \right\} = \begin{bmatrix} 15,95 \\ 10,11 \\ -10,42 \\ -20,05 \\ -19,88 \\ -19,65 \end{bmatrix}$$

Stab 2-3:

$$\begin{bmatrix} 1,4157 & 0 & -4,6012 & -1,4157 & 0 & -4,6012 \\ 0 & 3,4892 & 0 & 0 & -3,4892 & 0 \\ -4,6012 & 0 & 19,9385 & 4,6012 & 0 & 9,9692 \\ -1,4157 & 0 & 4,6012 & 1,4157 & 0 & 4,6012 \\ 0 & -3,4892 & 0 & 0 & 3,4892 & 0 \\ -4,6012 & 0 & 9,9692 & 4,6012 & 0 & 19,9385 \end{bmatrix} \cdot \begin{bmatrix} 0 \\ -3,1197 \\ -0,4272 \\ 0 \\ 0 \\ 0 \end{bmatrix} = \begin{bmatrix} 1,97 \\ -10,89 \\ -8,52 \\ -1,97 \\ 10,89 \\ -4,26 \end{bmatrix}$$

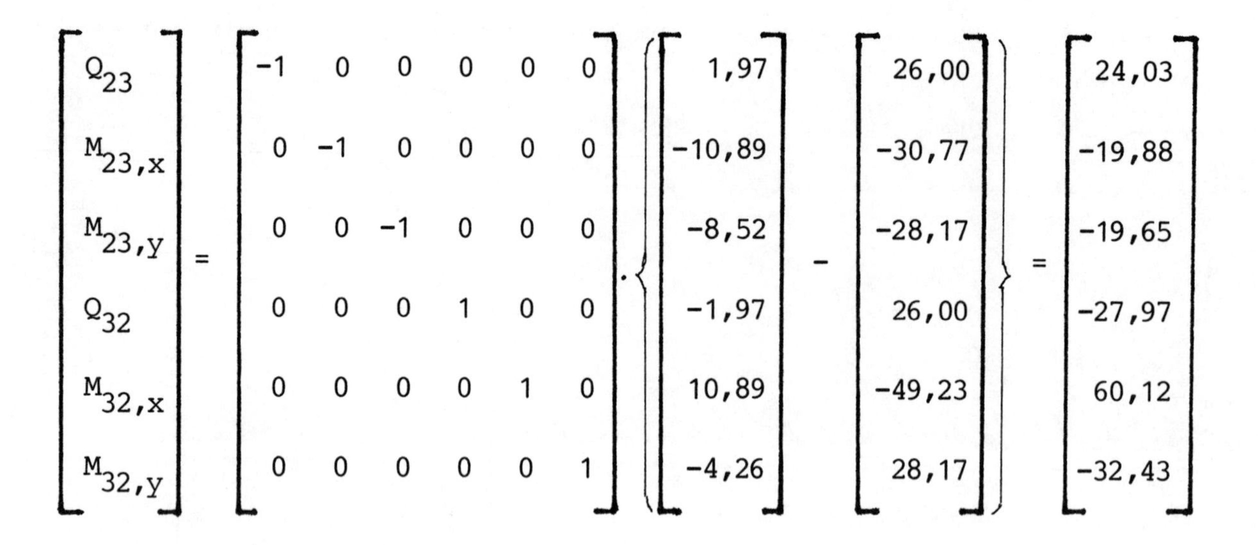

$$\begin{bmatrix} Q_{23} \\ M_{23,x} \\ M_{23,y} \\ Q_{32} \\ M_{32,x} \\ M_{32,y} \end{bmatrix} = \begin{bmatrix} -1 & 0 & 0 & 0 & 0 & 0 \\ 0 & -1 & 0 & 0 & 0 & 0 \\ 0 & 0 & -1 & 0 & 0 & 0 \\ 0 & 0 & 0 & 1 & 0 & 0 \\ 0 & 0 & 0 & 0 & 1 & 0 \\ 0 & 0 & 0 & 0 & 0 & 1 \end{bmatrix} \cdot \left\{ \begin{bmatrix} 1,97 \\ -10,89 \\ -8,52 \\ -1,97 \\ 10,89 \\ -4,26 \end{bmatrix} - \begin{bmatrix} 26,00 \\ -30,77 \\ -28,17 \\ 26,00 \\ -49,23 \\ 28,17 \end{bmatrix} \right\} = \begin{bmatrix} 24,03 \\ -19,88 \\ -19,65 \\ -27,97 \\ 60,12 \\ -32,43 \end{bmatrix}$$

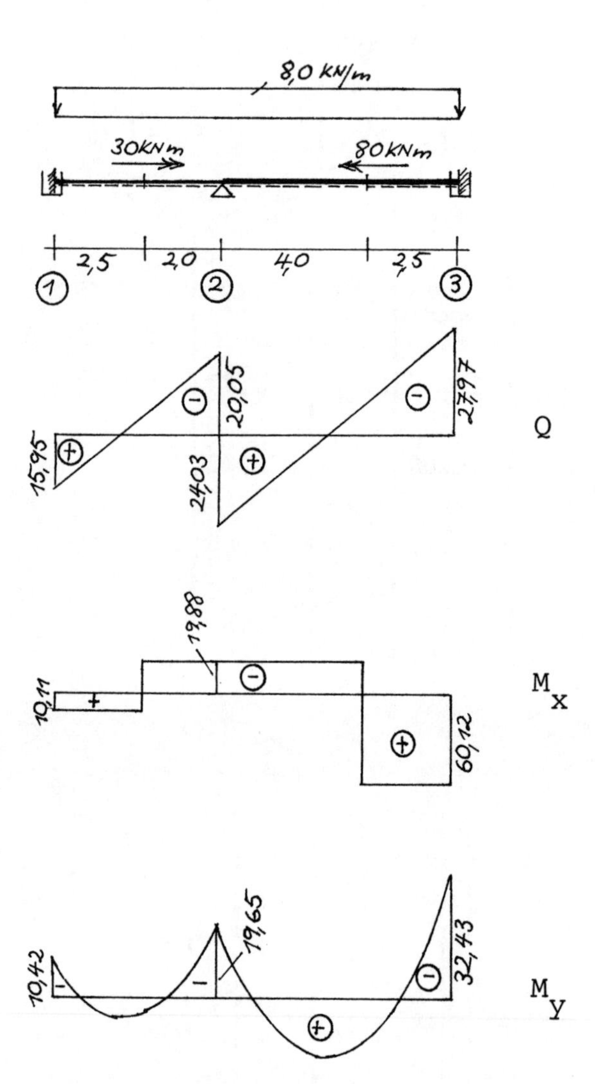

Damit sollen die Zahlenbeispiele für den horizontalliegenden Mehrfeldträger beendet sein.

7 Transformation des Elementstabes in die beliebige Schräglage

7.1 Elementverformungen und Element-Knotenlasten

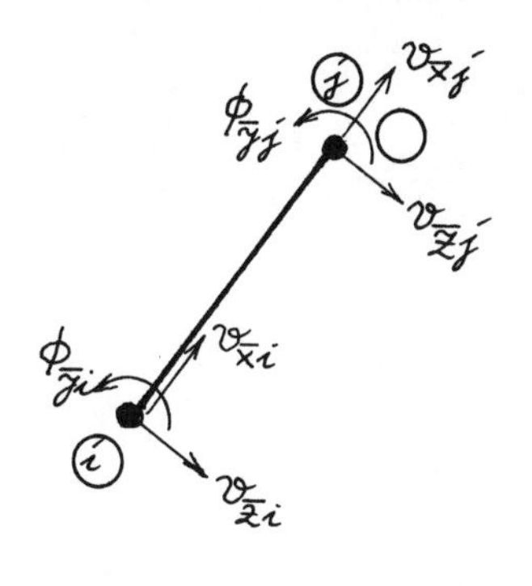

Bild 79.1
Lokale Knotenverformungen $\underline{\bar{v}}$

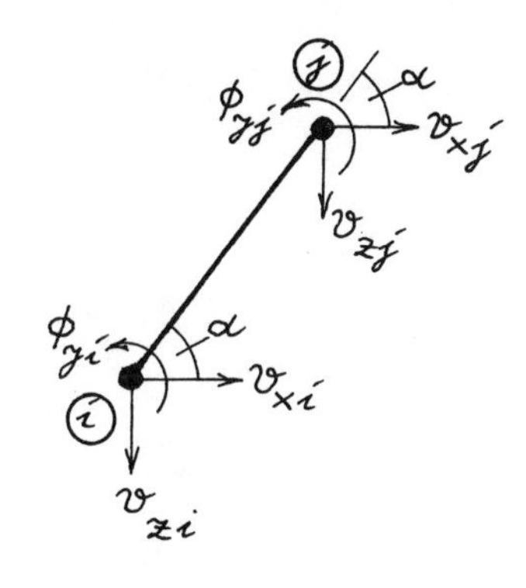

Bild 79.2
Globale Knotenverformungen $\underline{v}$ mit horizontaler und vertikaler Achsenrichtung (Regelfall)

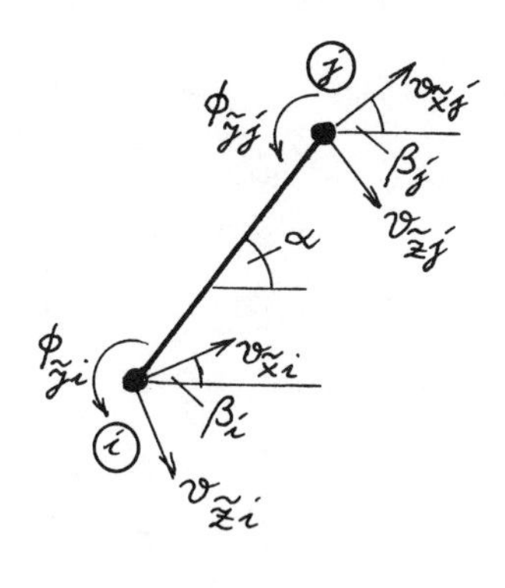

Bild 79.3
Globale Knotenverformungen $\underline{\tilde{v}}$ mit beliebiger Achsenrichtung in beiden Stabendknoten

Die in Bild 79.1 bis 79.3 dargestellten lokalen und globalen Knotenverformungen beziehen sich auf die in Abschnitt 2.1 erläuterten Achsenrichtungen (vgl. Seite 24 bis 26).

Wir merken uns:

<u>Jedes Knoten-Achsenkreuz ist gekennzeichnet durch den Drehwinkel zwischen der Horizontalen und der jeweiligen x-Achse. Die positive Drehrichtung verläuft entgegen dem Uhrzeigersinn.</u>

Die zu Bild 79.1 bis 79.3 zugehörigen Spaltenmatrizen der Knotenverformungen lauten:

$$\underline{\bar{v}} = \begin{bmatrix} v_{\bar{x}i} \\ v_{\bar{z}i} \\ \phi_{\bar{y}i} \\ v_{\bar{x}j} \\ v_{\bar{z}j} \\ \phi_{\bar{y}j} \end{bmatrix} \qquad \underline{v} = \begin{bmatrix} v_{xi} \\ v_{zi} \\ \phi_{yi} \\ v_{xj} \\ v_{zj} \\ \phi_{yj} \end{bmatrix} \qquad \underline{\tilde{v}} = \begin{bmatrix} v_{\tilde{x}i} \\ v_{\tilde{z}i} \\ \phi_{\tilde{y}i} \\ v_{\tilde{x}j} \\ v_{\tilde{z}j} \\ \phi_{\tilde{y}j} \end{bmatrix}$$

Für die jeweilige Steifigkeits- oder Gleichgewichtsbeziehung am Elementstab gemäß (23.1) lassen sich in Abhängigkeit vom lokalen oder globalen Bezugssystem folgende Formulierungen angeben:

a) Für die lokalen Knotenbezugsachsen nach Bild 79.1:

$$\underline{\bar{k}} \cdot \underline{\bar{v}} = \underline{\bar{f}} \qquad \text{wie (52.1)}$$

Die lokale Elementsteifigkeitsmatrix $\underline{\bar{k}}$ ist unabhängig von der Schräglage des Stabes und dient damit als Ausgangsbasis für die Entwicklung der globalen Elementsteifigkeitsmatrizen.

b) Für die globalen Knotenbezugsachsen nach Bild 79.2:

$$\underline{k} \cdot \underline{v} = \underline{f} \qquad \text{wie (23.1)}$$

Die globale Elementsteifigkeitsmatrix $\underline{k}$ hängt ab vom Drehwinkel α der Stabachsenrichtung.

c) Für die globalen Knotenbezugsachsen nach Bild 79.3:

$$\underline{\tilde{k}} \cdot \underline{\tilde{v}} = \underline{\tilde{f}} \qquad (80.1)$$

Die globale Elementsteifigkeitsmatrix $\underline{\tilde{k}}$ hängt ab vom Stabachsen-Drehwinkel α sowie den Knotenachsen-Drehwinkeln β_i und β_j.

In Bild 80.1 sollen die globalen Einheitsverschiebungen $v_{\tilde{x}} = 1$ und $v_{\tilde{z}} = 1$ in die Richtung der lokalen Knotenbezugsachsen $\bar{x}$ und $\bar{z}$ zerlegt werden.

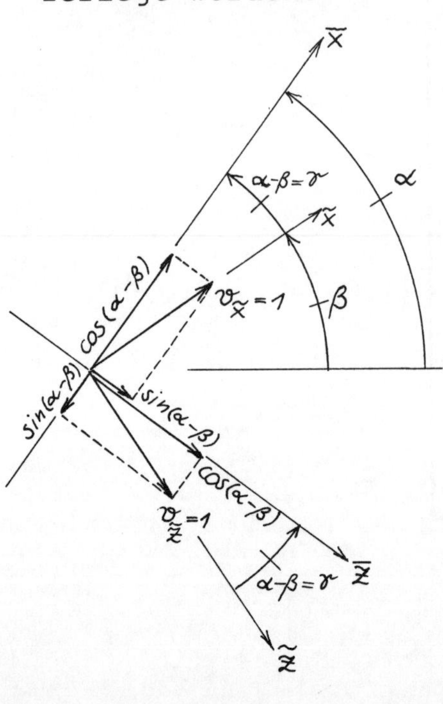

Bild 80.1
Zerlegung der globalen Einheitsverschiebungen $v_{\tilde{x}} = 1$ und $v_{\tilde{z}} = 1$ in die Richtung der lokalen Achsen $\bar{x}$ und $\bar{z}$

Der Drehwinkel zur Überführung des globalen $\tilde{x},\tilde{z}$-Achsenkreuzes in das lokale $\bar{x},\bar{z}$-Achsenkreuz beträgt nach Bild 80.1

$$\alpha - \beta = \gamma \tag{81.1}$$

Aus Bild 80.1 erkennt man folgenden Zusammenhang:

$$v_{\bar{x}} = \cos(\alpha-\beta).v_{\tilde{x}} - \sin(\alpha-\beta).v_{\tilde{z}} \tag{81.2}$$

$$v_{\bar{z}} = \sin(\alpha-\beta).v_{\tilde{x}} + \cos(\alpha-\beta).v_{\tilde{z}} \tag{81.3}$$

Die Gleichungen (81.2) und (81.3) führen unmittelbar zur vollständigen Matrizengleichung für beide Stabendknoten, um die globalen Elementverformungen $\underline{\tilde{v}}$ durch die lokalen Elementverformungen $\underline{\bar{v}}$ auszudrücken. Dies erfolgt einmal am ebenen Fachwerkstab, zum anderen unter Einbezug der Knotenverdrehungen am ebenen Biegestab.

<u>Vollständige Transformation $\underline{\bar{v}} = \underline{R}.\underline{\tilde{v}}$ für den ebenen Fachwerkstab</u>

$$\begin{bmatrix} v_{\bar{x}i} \\ v_{\bar{z}i} \\ v_{\bar{x}j} \\ v_{\bar{z}j} \end{bmatrix} = \underbrace{\begin{bmatrix} \cos(\alpha-\beta_i) & -\sin(\alpha-\beta_i) & 0 & 0 \\ \sin(\alpha-\beta_i) & \cos(\alpha-\beta_i) & 0 & 0 \\ 0 & 0 & \cos(\alpha-\beta_j) & -\sin(\alpha-\beta_j) \\ 0 & 0 & \sin(\alpha-\beta_j) & \cos(\alpha\ \beta_j) \end{bmatrix}}_{\underline{R}} . \begin{bmatrix} v_{\tilde{x}i} \\ v_{\tilde{z}i} \\ v_{\tilde{x}j} \\ v_{\tilde{z}j} \end{bmatrix} \tag{81.4}$$

<u>Vollständige Transformation $\underline{\bar{v}} = \underline{R}.\underline{\tilde{v}}$ für den ebenen Biegestab</u>

$$\begin{bmatrix} v_{\bar{x}i} \\ v_{\bar{z}i} \\ \phi_{\bar{y}i} \\ v_{\bar{x}j} \\ v_{\bar{z}j} \\ \phi_{\bar{y}j} \end{bmatrix} = \underbrace{\begin{bmatrix} \cos(\alpha-\beta_i) & -\sin(\alpha-\beta_i) & 0 & 0 & 0 & 0 \\ \sin(\alpha-\beta_i) & \cos(\alpha-\beta_i) & 0 & 0 & 0 & 0 \\ 0 & 0 & 1 & 0 & 0 & 0 \\ 0 & 0 & 0 & \cos(\alpha-\beta_j) & -\sin(\alpha-\beta_j) & 0 \\ 0 & 0 & 0 & \sin(\alpha-\beta_j) & \cos(\alpha-\beta_j) & 0 \\ 0 & 0 & 0 & 0 & 0 & 1 \end{bmatrix}}_{\underline{R}} . \begin{bmatrix} v_{\tilde{x}i} \\ v_{\tilde{z}i} \\ \phi_{\tilde{y}i} \\ v_{\tilde{x}j} \\ v_{\tilde{z}j} \\ \phi_{\tilde{y}j} \end{bmatrix} \tag{81.5}$$

In den Gleichungen (81.4) und (81.5) ist $\underline{R}$ die Transformations- oder Drehungsmatrix. Der Drehungswinkel "α-β" kann dabei positiv oder negativ sein und wird mit seinem Vorzeichen eingesetzt. Zur Veranschaulichung der Drehrichtung mit dem Ziel, ein bestimmtes Achsenkreuz in ein anderes zu überführen, schreiben wir vorübergehend:

$$\underline{\bar{v}} = \underline{v}_{\alpha} = \underline{R}_{(\alpha-\beta)} \cdot \underline{v}_{\beta} = \underline{R} \cdot \underline{\tilde{v}} \qquad \text{wie (81.4) und (81.5)}$$

$$\underline{\tilde{v}} = \underline{v}_{\beta} = \underline{R}_{(\beta-\alpha)} \cdot \underline{v}_{\alpha} = \underline{R}^{T} \cdot \underline{\bar{v}} \qquad (82.1)$$

Bei einer praktischen Aufgabenstellung ist es oftmals notwendig, die Element-Knotenlasten im Zustand unverformter Stabknoten in die globalen Bezugsachsen zu überführen.

Die in Bild 41.3 skizzierten und in der Spaltenmatrix (42.1) für beide Stabendknoten zusammengefaßten Element-Knotenlasten werden aus der Belastung des Stabelements bei fest eingespannten Stabenden mit Formeltabellen berechnet und stehen damit in einem Achsenkreuz horizontaler und vertikaler Achsenrichtung zur Verfügung. In der Transformationsmatrix $\underline{R}$ aus (81.5) sind die Drehungswinkel an den beiden Knoten durch "β_i" und "β_j" zu ersetzen.

Vollständige Transformation $\underline{\tilde{f}}^0 = \underline{R} \cdot \underline{f}^0$

$$\underbrace{\begin{bmatrix} f^0_{\tilde{x}i} \\ f^0_{\tilde{z}i} \\ m^0_{\tilde{y}i} \\ f^0_{\tilde{x}j} \\ f^0_{\tilde{z}j} \\ m^0_{\tilde{y}j} \end{bmatrix}}_{\underline{\tilde{f}}^0} = \underbrace{\begin{bmatrix} \cos\beta_i & -\sin\beta_i & 0 & 0 & 0 & 0 \\ \sin\beta_i & \cos\beta_i & 0 & 0 & 0 & 0 \\ 0 & 0 & 1 & 0 & 0 & 0 \\ 0 & 0 & 0 & \cos\beta_j & -\sin\beta_j & 0 \\ 0 & 0 & 0 & \sin\beta_j & \cos\beta_j & 0 \\ 0 & 0 & 0 & 0 & 0 & 1 \end{bmatrix}}_{\underline{R}} \cdot \underbrace{\begin{bmatrix} f^0_{xi} \\ f^0_{zi} \\ m^0_{yi} \\ f^0_{xj} \\ f^0_{zj} \\ m^0_{yj} \end{bmatrix}}_{\underline{f}^0} \qquad (82.2)$$

7.2 Die globale Elementsteifigkeitsmatrix $\underline{\tilde{k}}$

7.2.1 Allgemeingültiger Zusammenhang zwischen lokaler und globaler Elementsteifigkeitsmatrix

Mit Gleichung (52.1) gilt für jeden Elementstab im lokalen System der Bezugsachsen:

$$\underline{\bar{k}} \cdot \underline{\bar{v}} = \underline{\bar{f}} \qquad \text{wie (52.1)}$$

Wir beziehen uns auf die in Tabelle 30.1 angegebenen "Elementstab-Stützreaktionen infolge Knoten-Einheitsverformungen". Es genügt hierbei, die 1. Spalte der lokalen Elementsteifigkeitsmatrix $\underline{\bar{k}}$ bei Beanspruchung durch Biegung ohne Längskraft heranzuziehen. Hierin enthalten sind die Element-Stützreaktionen infolge $v_{\bar{z}i} = 1$. Sofern wir die wirkliche Verformung $v_{\bar{z}i}$ als bekannt voraussetzen, müssen die Stützreaktionen aus der Einheitsverformung hiermit multipliziert werden. Bild 83.1 zeigt diesen Gleichgewichtszustand an den Stabenden ⓘ und ⓙ.

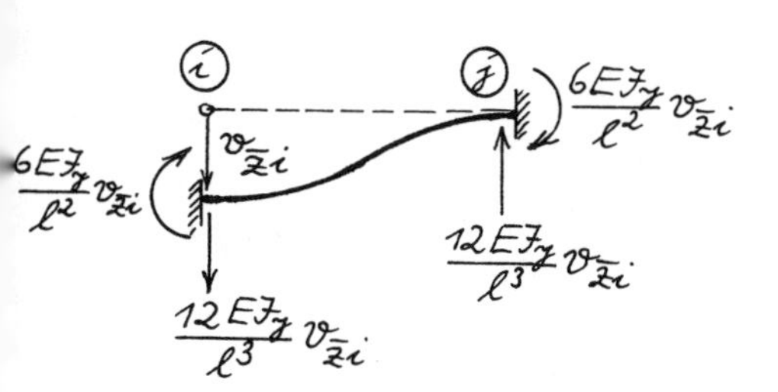

Bild 83.1
Stützreaktionen am Elementstab infolge Knotenverformung $v_{\bar{z}i}$
(Alle anderen Knotenverformungen sind Null)

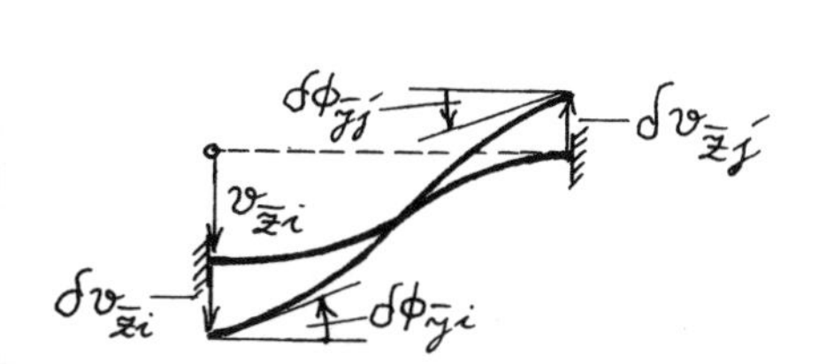

Bild 83.2
Virtueller Verrückungszustand $\delta\underline{\bar{v}}$, der Knotenverformung $v_{\bar{z}i}$ nach Bild 83.1 überlagert

In Bild 83.2 ist dem Verformungszustand $v_{\bar{z}i}$ nach Bild 83.1 ein virtueller Verrückungszustand $\delta\underline{\bar{v}}$ überlagert. Da wir den Gleichgewichtszustand in (52.1) auf die Stabenden konzentriert haben, sind innerhalb von $\delta\underline{\bar{v}}$ auch nur die virtuellen Verformungskomponenten der Stabenden von Interesse. Zwecks Matrizenmultiplikation schreiben wir die Matrix der virtuellen Verrückung in transponierter Form, d.h. als Zeilenmatrix

$$\delta\underline{\bar{v}}^T = \left[\delta v_{\bar{z}i},\ \delta\phi_{\bar{y}i},\ \delta v_{\bar{z}j},\ \delta\phi_{\bar{y}j} \right] \qquad (83.1)$$

$\delta\underline{\bar{v}}$ darf bei hinreichender Kleinheit keine Unstetigkeiten oder Knickpunkte aufweisen, kann ansonsten jedoch beliebig sein.

Multipliziert man in Tabelle 30.1 die zweite Spalte mit $\phi_{\bar{y}i}$, die dritte Spalte mit $v_{\bar{z}j}$ und die vierte Spalte mit $\phi_{\bar{y}j}$, so erhält man zusammen mit Bild 83.1 den Gleichgewichtszustand aller vier Knotenverformungen, der durch das Matrizenprodukt $\underline{\bar{k}}.\underline{\bar{v}}$ wiedergegeben wird. Die Arbeit der Stützkräfte und Stützmomente von $\underline{\bar{k}}.\underline{\bar{v}}$ auf dem Wege der virtuellen Verrückung $\delta\underline{\bar{v}}$ wird dann

$$\delta\underline{\bar{v}}^T(\underline{\bar{k}}.\underline{\bar{v}}) = \delta\underline{\bar{v}}^T.\underline{\bar{f}} \qquad (84.1)$$

Im Zustand der virtuellen Verrückung ist (81.5)

$$\delta\underline{\bar{v}} = \underline{R}.\delta\underline{\tilde{v}} \qquad (84.2)$$

In Bild 19.1 wurde das Matrizenprodukt $\underline{C} = \underline{A}.\underline{B}$ erläutert. Wie man leicht erkennen kann, entsteht durch Transponieren, d.h. Vertauschen von Zeilen und Spalten

$$\underline{C}^T = \underline{B}^T.\underline{A}^T \qquad (84.3)$$

Transponieren von (84.2) ergibt entsprechend

$$\delta\underline{\bar{v}}^T = \delta\underline{\tilde{v}}^T.\underline{R}^T \qquad (84.4)$$

$$\delta\underline{\tilde{v}}^T(\underline{R}^T.\underline{\bar{k}}.\underline{R})\underline{\tilde{v}} = \delta\underline{\tilde{v}}^T(\underline{R}^T.\underline{\bar{f}}) \qquad (84.5)$$

Die Gleichungen (84.1) und (84.5) müssen übereinstimmen

$$\underline{\tilde{k}} = \underline{R}^T.\underline{\bar{k}}.\underline{R} \qquad (84.6)$$

$$\underline{\tilde{f}} = \underline{R}^T.\underline{\bar{f}} \qquad (84.7)$$

Mit Hilfe von (84.6) wird die globale Elementsteifigkeitsmatrix $\underline{\tilde{k}}$ gewonnen. Zu ihrer Bestimmung sind notwendig einmal die zugehörige Transformationsmatrix $\underline{R}$ aus Abschnitt 7.1 sowie die lokale Elementsteifigkeitsmatrix $\underline{k}$. Das Matrizenprodukt $\underline{R}^T.\underline{k}.\underline{R}$ wird schematisch in Bild 84.1 unter Verwendung des Falk-Schemas gezeigt.

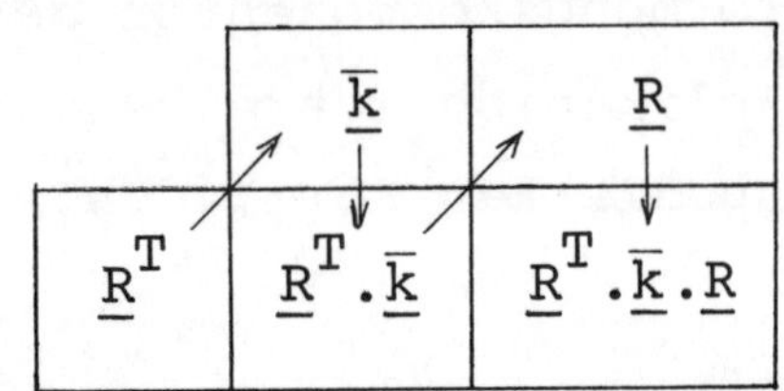

Bild 84.1
Schematischer Multiplikationsablauf von $\underline{\tilde{k}} = \underline{R}^T.\underline{\bar{k}}.\underline{R}$ nach Falk

Alle Elementsteifigkeitsmatrizen $\underline{\tilde{k}}$ sind nach dem Schema (84.6) berechnet und werden nur im Endergebnis wiedergegeben.

7.2.2 Globale Elementsteifigkeitsmatrix $\underline{\tilde{k}}$ des ebenen Biegestabes bei einachsiger Biegung mit Längskraft für beliebig gerichtete globale Knotenachsen

$$\underline{\tilde{k}} = \underline{R}^T \cdot \underline{\bar{k}}_{(M)} \cdot \underline{R} + \underline{R}^T \cdot \underline{\bar{k}}_{(N)} \cdot \underline{R} = \underline{\tilde{k}}_{(M)} + \underline{\tilde{k}}_{(N)} \tag{85.1}$$

$\underline{\bar{k}}_{(M)}$, $\underline{\bar{k}}_{(N)}$ nach (35.2) und (35.3)

$\underline{R}$ aus (81.5)

Multiplikationsschema $\underline{R}^T.\underline{\bar{k}}.\underline{R}$ nach Bild 84.1

$$\underline{\tilde{k}}_{(M)} = \frac{2EI_y}{l^3} \begin{bmatrix} 6s^2_{\gamma i} & 6s_{\gamma i}c_{\gamma i} & -3ls_{\gamma i} & -6s_{\gamma i}s_{\gamma j} & -6s_{\gamma i}c_{\gamma j} & -3ls_{\gamma i} \\ & 6c^2_{\gamma i} & -3lc_{\gamma i} & -6c_{\gamma i}s_{\gamma j} & -6c_{\gamma i}c_{\gamma j} & -3lc_{\gamma i} \\ & & 2l^2 & 3ls_{\gamma j} & 3lc_{\gamma j} & l^2 \\ & & & 6s^2_{\gamma j} & 6s_{\gamma j}c_{\gamma j} & 3ls_{\gamma j} \\ & \text{Symmetrie} & & & 6c^2_{\gamma j} & 3lc_{\gamma j} \\ & & & & & 2l^2 \end{bmatrix} \tag{85.2}$$

$$\underline{\tilde{k}}_{(N)} = \frac{EA}{l} \begin{bmatrix} c^2_{\gamma i} & -c_{\gamma i}s_{\gamma i} & 0 & -c_{\gamma i}c_{\gamma j} & c_{\gamma i}s_{\gamma j} & 0 \\ & s^2_{\gamma i} & 0 & s_{\gamma i}c_{\gamma j} & -s_{\gamma i}s_{\gamma j} & 0 \\ & & 0 & 0 & 0 & 0 \\ & & & c^2_{\gamma j} & -c_{\gamma j}s_{\gamma j} & 0 \\ & \text{Symmetrie} & & & s^2_{\gamma j} & 0 \\ & & & & & 0 \end{bmatrix} \tag{85.3}$$

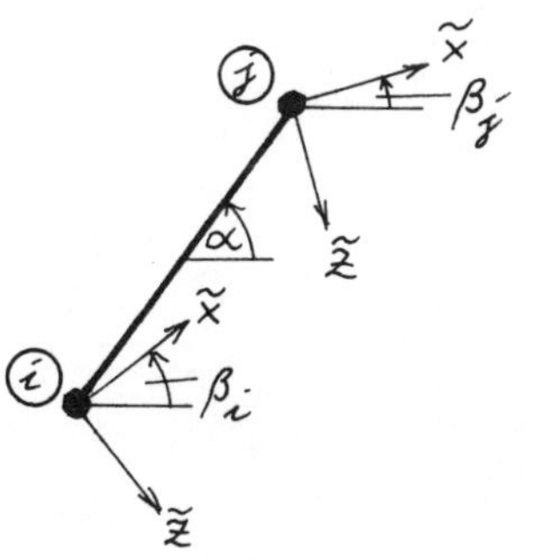

$c_{\gamma i} = \cos(\alpha - \beta_i)$

$s_{\gamma i} = \sin(\alpha - \beta_i)$

$c_{\gamma j} = \cos(\alpha - \beta_j)$

$s_{\gamma j} = \sin(\alpha - \beta_j)$

7.2.3 Globale Elementsteifigkeitsmatrix $\underline{k}$ des ebenen Biegestabes bei einachsiger Biegung mit Längskraft für horizontal-vertikal gerichtete globale Knotenachsen

$$\underline{k} = \underline{R}^T . \underline{\bar{k}}_{(M)} . \underline{R} + \underline{R}^T . \underline{\bar{k}}_{(N)} . \underline{R} = \underline{k}_{(M)} + \underline{k}_{(N)} \tag{86.1}$$

$\underline{\bar{k}}_{(M)}$, $\underline{\bar{k}}_{(N)}$ nach (35.2) und (35.3)

$\underline{R}$ aus (81.5) mit $\beta_i = \beta_j = 0$

Multiplikationsschema $\underline{R}^T . \underline{\bar{k}} . \underline{R}$ nach Bild 84.1

$$\underline{k}_{(M)} = \frac{2EI_y}{l^3} \begin{bmatrix} 6s^2 & 6sc & -3ls & -6s^2 & -6sc & -3ls \\ & 6c^2 & -3lc & -6cs & -6c^2 & -3lc \\ & & 2l^2 & 3ls & 3lc & l^2 \\ & \text{Symmetrie} & & 6s^2 & 6sc & 3ls \\ & & & & 6c^2 & 3lc \\ & & & & & 2l^2 \end{bmatrix} \tag{86.2}$$

$$\underline{k}_{(N)} = \frac{EA}{l} \begin{bmatrix} c^2 & -cs & 0 & -c^2 & cs & 0 \\ & s^2 & 0 & sc & -s^2 & 0 \\ & & 0 & 0 & 0 & 0 \\ & \text{Symmetrie} & & c^2 & -cs & 0 \\ & & & & s^2 & 0 \\ & & & & & 0 \end{bmatrix} \tag{86.3}$$

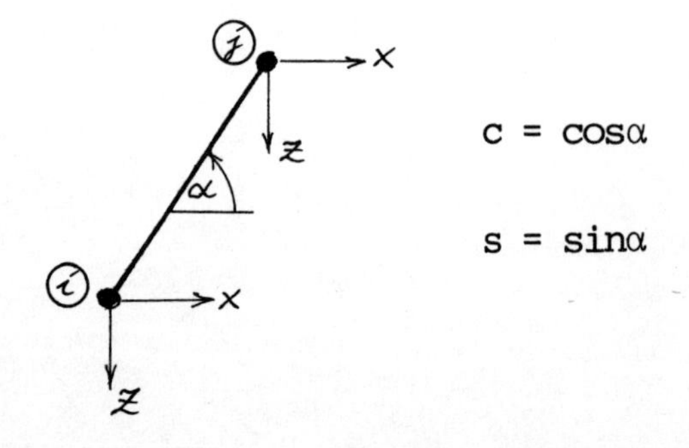

$c = \cos\alpha$

$s = \sin\alpha$

7.2.4 Globale Elementsteifigkeitsmatrix des ebenen Fachwerkstabes für beliebig gerichtete sowie horizontal-vertikal orientierte globale Knotenachsen

$\underline{\tilde{k}} = \underline{R}^T . \underline{\bar{k}} . \underline{R}$ (Multiplikationsschema vgl. Bild 84.1)

$\underline{\bar{k}}$ nach (29.1)

$\underline{R}$ aus (81.4)

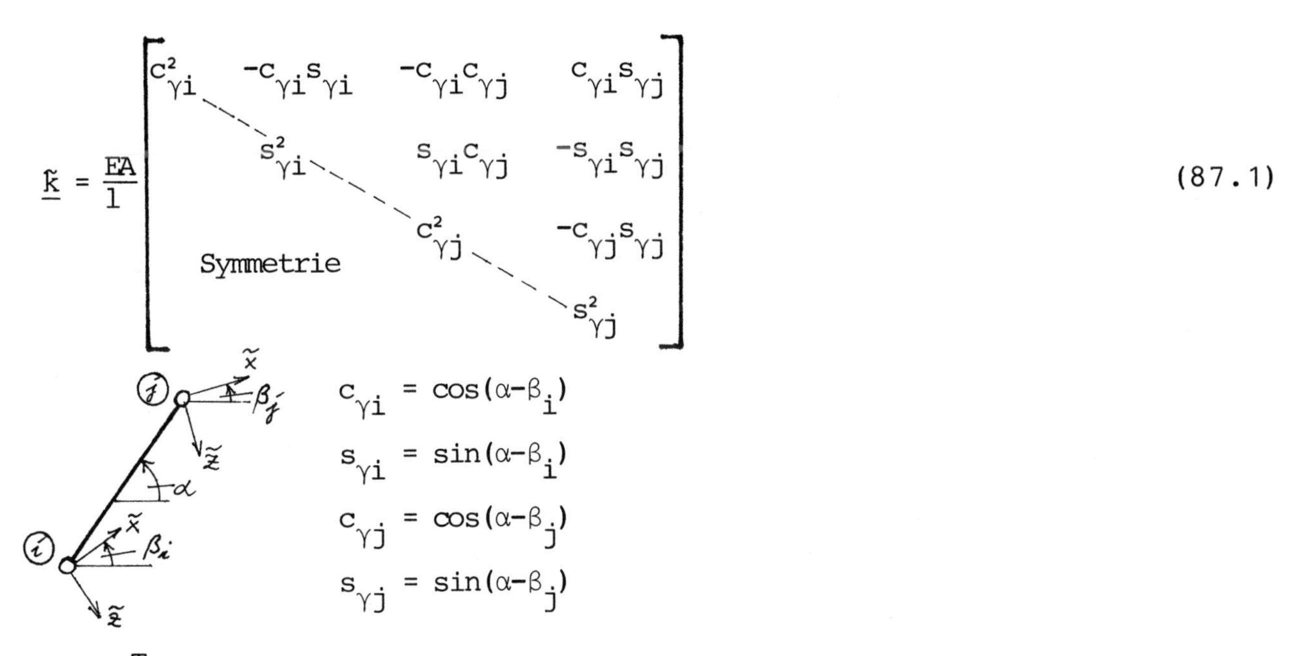

$$\underline{\tilde{k}} = \frac{EA}{l} \begin{bmatrix} c_{\gamma i}^2 & -c_{\gamma i}s_{\gamma i} & -c_{\gamma i}c_{\gamma j} & c_{\gamma i}s_{\gamma j} \\ & s_{\gamma i}^2 & s_{\gamma i}c_{\gamma j} & -s_{\gamma i}s_{\gamma j} \\ & & c_{\gamma j}^2 & -c_{\gamma j}s_{\gamma j} \\ \text{Symmetrie} & & & s_{\gamma j}^2 \end{bmatrix} \qquad (87.1)$$

$c_{\gamma i} = \cos(\alpha - \beta_i)$

$s_{\gamma i} = \sin(\alpha - \beta_i)$

$c_{\gamma j} = \cos(\alpha - \beta_j)$

$s_{\gamma j} = \sin(\alpha - \beta_j)$

$\underline{k} = \underline{R}^T . \underline{\bar{k}} . \underline{R}$ (Multiplikationsschema vgl. Bild 84.1)

$\underline{\bar{k}}$ nach (29.1)

$\underline{R}$ aus (81.4) mit $\beta_i = \beta_j = 0$

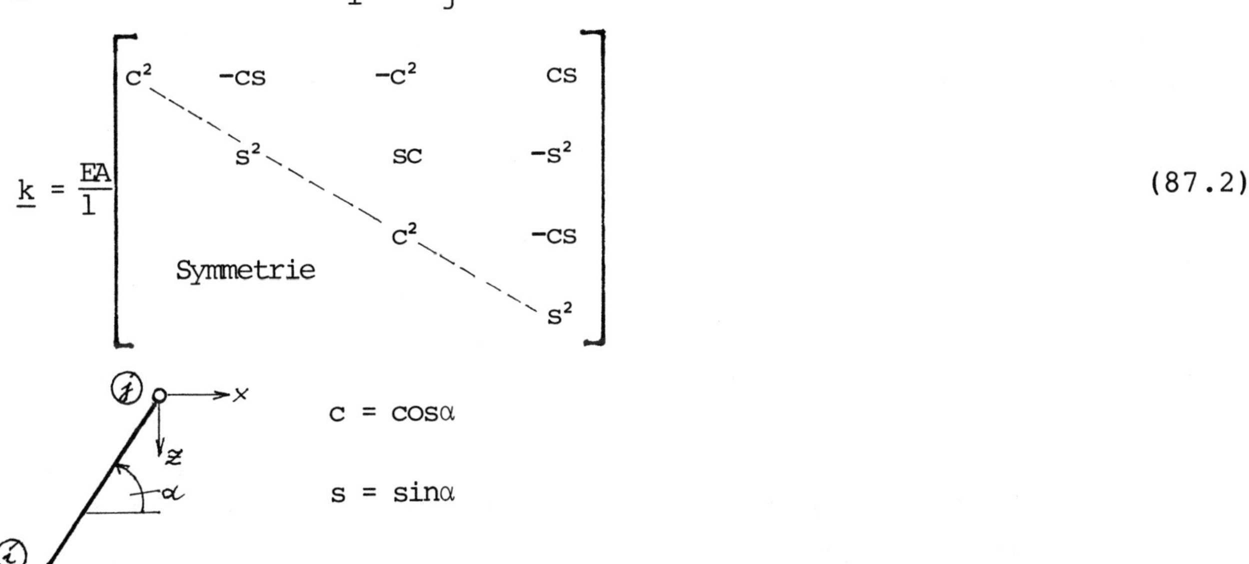

$$\underline{k} = \frac{EA}{l} \begin{bmatrix} c^2 & -cs & -c^2 & cs \\ & s^2 & sc & -s^2 \\ & & c^2 & -cs \\ \text{Symmetrie} & & & s^2 \end{bmatrix} \qquad (87.2)$$

$c = \cos\alpha$

$s = \sin\alpha$

8 Modifizierung der beidseitig eingespannten Stabanschlüsse

8.1 Stabanschluß als Momentengelenk

8.1.1 Die modifizierte lokale Elementsteifigkeitsmatrix des ebenen Biegestabes bei einachsiger Biegung ohne Längskraft

Die Vielzahl von Möglichkeiten in bezug auf die Ausbildung der Stabanschlüsse an den Stabendknoten läßt es nicht zu, spezifische Elementsteifigkeitsmatrizen bereitzustellen. Man wird daher das beidseitig eingespannte Grundelement durch eine rechnergestützte Matrizenoperation derart verändern (modifizieren), daß der Stabanschluß in der gewünschten Form entsteht.
Als Ausgangsbasis für die Modifizierung wählen wir das lokale Bezugssystem.

Bild 88.1 zeigt den Elementstab einmal im beidseitig eingespannten Grundzustand (Ausgangszustand), zum anderen im modifizierten Zustand (Sollzustand) mit Momentengelenk am Stabende ⓙ.

ⓘ ⓙ
Ausgangszustand

ⓘ ⓙ
modifizierter Sollzustand

Bild 88.1
Elementstab im Ausgangszustand (vor d. Modifizierung) sowie im Sollzustand mit Momentengelenk am Stabende ⓙ (nach d. Modifizierung)

Wir vereinbaren:

Alle das Stabelement betreffenden Matrizen erhalten für jeden Modifizierungsschritt ein Hochkomma zur Kennzeichnung.

Die Spaltenmatrizen der Elementverformungen lauten dann vor und nach der Modifizierung:

$$\underline{v} = \begin{bmatrix} v_{\overline{z}i} \\ \phi_{\overline{y}i} \\ v_{\overline{z}j} \\ \phi_{\overline{y}j} \end{bmatrix} \qquad \underline{v}' = \begin{bmatrix} v_{\overline{z}i} \\ \phi_{\overline{y}i} \\ v_{\overline{z}j} \\ 0 \end{bmatrix}$$

Die Verformungskomponente $\phi_{\overline{y}j} = 0$ innerhalb der Spaltenmatrix $\underline{v}'$ zeigt folgenden Sachverhalt:
Der Elementstab i-j liefert keinen Beitrag zum Knotengleichgewicht $\Sigma M = 0$ am Knoten ⓙ des Gesamttragwerks.
Es wird zunächst die lokale Elementsteifigkeitsmatrix innerhalb

des Grundzustands nach (31.1) angegeben. Die Werte unter Einbezug des Steifigkeitsfaktors sind der Tabelle 30.1 entnommen.

$$\underline{\bar{k}} = \begin{bmatrix} \frac{12EI_y}{l^3} & -\frac{6EI_y}{l^2} & -\frac{12EI_y}{l^3} & -\frac{6EI_y}{l^2} \\ -\frac{6EI_y}{l^2} & \frac{4EI_y}{l} & \frac{6EI_y}{l^2} & \frac{2EI_y}{l} \\ -\frac{12EI_y}{l^3} & \frac{6EI_y}{l^2} & \frac{12EI_y}{l^3} & \frac{6EI_y}{l^2} \\ -\frac{6EI_y}{l^2} & \frac{2EI_y}{l} & \frac{6EI_y}{l^2} & \frac{4EI_y}{l} \end{bmatrix}$$

Die Werte der eingerahmten vierten Spalte von $\underline{\bar{k}}$ sind die Stützmomente am Stabende ⓙ infolge nacheinander aufgebrachter Einheitsverformungen im Grundzustand.

<u>Jeder Einheitsverformung im Grundzustand wird eine Verformung $\phi_{\bar{y}j}$ derart überlagert, daß das Moment am Stabende ⓙ in der Summe zu Null wird.</u>

$$v_{\bar{z}i} = 1: \quad \frac{4EI_y}{l}\cdot\phi_{\bar{y}j} - \frac{6EI_y}{l^2} = 0 \quad \Longrightarrow \quad \phi_{\bar{y}j} = \frac{3}{2l}$$

$$\phi_{\bar{y}i} = 1: \quad \frac{4EI_y}{l}\cdot\phi_{\bar{y}j} + \frac{2EI_y}{l} = 0 \quad \Longrightarrow \quad \phi_{\bar{y}j} = -\frac{1}{2}$$

$$v_{\bar{z}j} = 1: \quad \frac{4EI_y}{l}\cdot\phi_{\bar{y}j} + \frac{6EI_y}{l^2} = 0 \quad \Longrightarrow \quad \phi_{\bar{y}j} = -\frac{3}{2l}$$

$$\phi_{\bar{y}j} = 1: \quad \frac{4EI_y}{l}\cdot\phi_{\bar{y}j} + \frac{4EI_y}{l} = 0 \quad \Longrightarrow \quad \phi_{\bar{y}j} = -1$$

Zu jeder Einheitsverformung gehört eine spezifische Verformung $\phi_{\bar{y}j}$, und beide Verformungen gemeinsam bewirken M = 0 am Stabende ⓙ.

$$v_{\bar{z}i} = 1 + \phi_{\bar{y}j} = \frac{3}{2l} \qquad \underline{\bar{v}}^T = \begin{bmatrix} 1 & 0 & 0 & \frac{3}{2l} \end{bmatrix}$$

$$\phi_{\bar{y}i} = 1 + \phi_{\bar{y}j} = -\frac{1}{2} \qquad \underline{\bar{v}}^T = \begin{bmatrix} 0 & 1 & 0 & -\frac{1}{2} \end{bmatrix}$$

$$v_{\bar{z}j} = 1 + \phi_{\bar{y}j} = -\frac{3}{2l} \qquad \underline{\bar{v}}^T = \begin{bmatrix} 0 & 0 & 1 & -\frac{3}{2l} \end{bmatrix}$$

$$\phi_{\bar{y}j} = 1 + \phi_{\bar{y}j} = -1 \qquad \underline{\bar{v}}^T = \begin{bmatrix} 0 & 0 & 0 & 1-1 \end{bmatrix}$$

Alle vorstehenden Zeilenmatrizen $\underline{\bar{v}}^T$ lassen sich zu einer gemeinsamen Matrix vereinen, wie auf Seite 90 gezeigt wird.

Wir fassen die Einheitsverformungen des Grundzustands mit den überlagerten $\phi_{\bar{y}j}$-Verdrehungen zu einer Modifizierungsmatrix $\underline{\bar{k}}'_m$ zusammen

$$\underline{\bar{k}}'_m = \begin{bmatrix} 1 & 0 & 0 & 0 \\ 0 & 1 & 0 & 0 \\ 0 & 0 & 1 & 0 \\ 0 & 0 & 0 & 1 \end{bmatrix} - \frac{1}{\boxed{\frac{4EI_y}{l}}} \begin{bmatrix} 0 & 0 & 0 & -\frac{6EI_y}{l^2} \\ 0 & 0 & 0 & \frac{2EI_y}{l} \\ 0 & 0 & 0 & \frac{6EI_y}{l^2} \\ 0 & 0 & 0 & \frac{4EI_y}{l} \end{bmatrix} = \begin{bmatrix} 1 & 0 & 0 & \frac{3}{2l} \\ 0 & 1 & 0 & -\frac{1}{2} \\ 0 & 0 & 1 & -\frac{3}{2l} \\ 0 & 0 & 0 & 0 \end{bmatrix} \qquad (90.1)$$

Die gesuchte modifizierte Elementsteifigkeitsmatrix erhält man nach folgender Rechenvorschrift

$$\underline{\bar{k}}' = \underline{\bar{k}}'_m \cdot \underline{\bar{k}} \qquad (90.2)$$

$$\underline{\bar{k}}' = \begin{bmatrix} 1 & 0 & 0 & \frac{3}{2l} \\ 0 & 1 & 0 & -\frac{1}{2} \\ 0 & 0 & 1 & -\frac{3}{2l} \\ 0 & 0 & 0 & 0 \end{bmatrix} \cdot \begin{bmatrix} \frac{12EI_y}{l^3} & -\frac{6EI_y}{l^2} & -\frac{12EI_y}{l^3} & -\frac{6EI_y}{l^2} \\ -\frac{6EI_y}{l^2} & \frac{4EI_y}{l} & \frac{6EI_y}{l^2} & \frac{2EI_y}{l} \\ -\frac{12EI_y}{l^3} & \frac{6EI_y}{l^2} & \frac{12EI_y}{l^3} & \frac{6EI_y}{l^3} \\ -\frac{6EI_y}{l^2} & \frac{2EI_y}{l} & \frac{6EI_y}{l^2} & \frac{4EI_y}{l} \end{bmatrix} = \begin{bmatrix} \frac{3EI_y}{l^3} & -\frac{3EI_y}{l^2} & -\frac{3EI_y}{l^3} & 0 \\ -\frac{3EI_y}{l^2} & \frac{3EI_y}{l} & \frac{3EI_y}{l^2} & 0 \\ -\frac{3EI_y}{l^3} & \frac{3EI_y}{l^2} & \frac{3EI_y}{l^3} & 0 \\ 0 & 0 & 0 & 0 \end{bmatrix} \qquad (90.3)$$

8.1.2 Die modifizierte lokale Spaltenmatrix der Element-Knotenlasten

Ebenso wie die Elementsteifigkeitsmatrix im Abschnitt 8.1.1 müssen auch die Element-Knotenlasten vom Grundzustand in den Sollzustand gebracht werden. Dazu verwenden wir gleichfalls die Modifizierungsmatrix $\underline{\bar{k}}'_m$. Wir zeigen dies, wie in Bild 90.1 skizziert, für die konstante Streckenlast am Elementstab mit Momentengelenk am Stabende ⓙ.

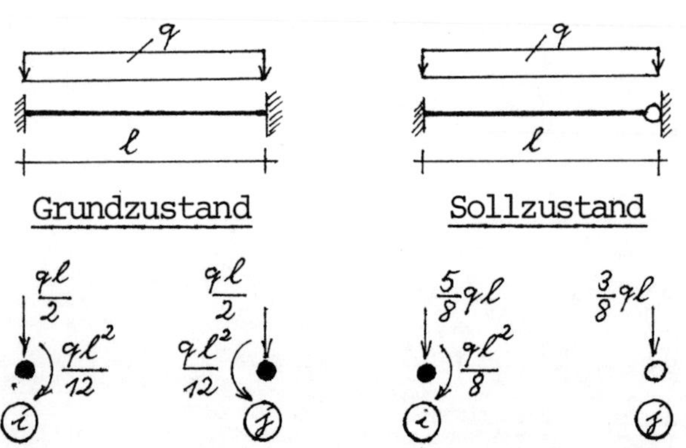

Bild 90.1

Lastfall: Konstante Streckenlast, Element-Knotenlasten im Grundzustand sowie im Sollzustand mit Momentengelenk am Stabende ⓙ

Für die Element-Knotenlasten gilt allgemein

$$\underline{\bar{f}}^{0'} = \underline{\bar{k}}_m^{'} \cdot \underline{\bar{f}}^{0} \qquad (91.1)$$

Im Falle der konstanten Streckenlast nach Bild 90.1 wird

$$\underline{\bar{f}}^{0'} = \begin{bmatrix} 1 & 0 & 0 & \frac{3}{2l} \\ 0 & 1 & 0 & -\frac{1}{2} \\ 0 & 0 & 1 & -\frac{3}{2l} \\ 0 & 0 & 0 & 0 \end{bmatrix} \cdot \begin{bmatrix} \frac{ql}{2} \\ -\frac{ql^2}{12} \\ \frac{ql}{2} \\ \frac{ql^2}{12} \end{bmatrix} = \begin{bmatrix} \frac{5}{8}ql \\ -\frac{ql^2}{8} \\ \frac{3}{8}ql \\ 0 \end{bmatrix} \qquad (91.2)$$

8.2 Stabanschluß als Querkraft- oder Längskraftgelenk

Der Stahlbaukonstrukteur kennt den Stabanschluß mittels Langloch, wodurch an dem betreffenden Stabende die Weiterleitung von Querkraft oder Längskraft unterbunden wird.

Da wir bei Querkraft und Längskraft definitionsgemäß an die Stabachse gebunden sind, ist bei Querkraft- oder Längskraftgelenken unbedingt das lokale Bezugssystem als Ausgangsbasis für den Grundzustand zu verwenden.

Es soll die Modifizierungsmatrix $\underline{\bar{k}}_m^{'}$ für ein Querkraftgelenk am Stabende ⓙ entwickelt werden. Dabei möge die Beanspruchung auf einachsige Biegung ohne Längskraft vorliegen. Für den Grundzustand wird damit die lokale Elementsteifigkeitsmatrix nach (31.1) geliefert. Die Spaltenmatrix $\underline{\bar{v}}'$ der Elementverformungen lautet für den Sollzustand

$$\underline{\bar{v}}' = \begin{bmatrix} v_{\bar{z}i} \\ \phi_{\bar{y}i} \\ 0 \\ \phi_{\bar{y}j} \end{bmatrix} \qquad (91.3)$$

Die anschlußspezifische Verformung $v_{\bar{z}j} = 0$ folgt an dritter Stelle von $\underline{\bar{v}}'$. Damit wird ebenso die dritte Spalte von (31.1) für die Aufstellung der Modifizierungsmatrix benötigt.

$$\underline{\bar{k}}'_m = \begin{bmatrix} 1 & 0 & 0 & 0 \\ 0 & 1 & 0 & 0 \\ 0 & 0 & 1 & 0 \\ 0 & 0 & 0 & 1 \end{bmatrix} - \frac{1}{\boxed{\frac{12EI_y}{l^3}}} \begin{bmatrix} 0 & 0 & -\frac{12EI_y}{l^3} & 0 \\ 0 & 0 & \frac{6EI_y}{l^2} & 0 \\ 0 & 0 & \frac{12EI_y}{l^3} & 0 \\ 0 & 0 & \frac{6EI_y}{l^2} & 0 \end{bmatrix} = \begin{bmatrix} 1 & 0 & 1 & 0 \\ 0 & 1 & -\frac{1}{2} & 0 \\ 0 & 0 & 0 & 0 \\ 0 & 0 & -\frac{1}{2} & 1 \end{bmatrix} \quad (92.1)$$

Die zugehörige modifizierte Elementsteifigkeitsmatrix erhält man dann nach (90.2)

$$\underline{\bar{k}}' = \underline{\bar{k}}'_m \cdot \underline{\bar{k}} = \begin{bmatrix} 0 & 0 & 0 & 0 \\ 0 & \frac{EI_y}{l} & 0 & -\frac{EI_y}{l} \\ 0 & 0 & 0 & 0 \\ 0 & -\frac{EI_y}{l} & 0 & \frac{EI_y}{l} \end{bmatrix} \quad (92.2)$$

Als nächstes wollen wir für <u>einachsige Biegung mit Längskraft</u> am Stabende ⓘ ein Längskraftgelenk modifizieren. Wir verwenden dazu die lokale Elementsteifigkeitsmatrix des Grundzustands nach (34.1). Die Elementverformungen $\underline{\bar{v}}'$ des Sollzustands lauten

$$\underline{\bar{v}}' = \begin{bmatrix} 0 \\ v_{\bar{z}i} \\ \phi_{\bar{y}i} \\ v_{\bar{x}j} \\ v_{\bar{z}j} \\ \phi_{\bar{y}j} \end{bmatrix} \quad (92.3)$$

Die anschlußspezifische Verformung $v_{\bar{x}i} = 0$ steht an <u>erster Stelle</u> von $\underline{\bar{v}}'$. Für die Modifizierungsmatrix benötigen wir damit die <u>erste Spalte von (34.1).</u>

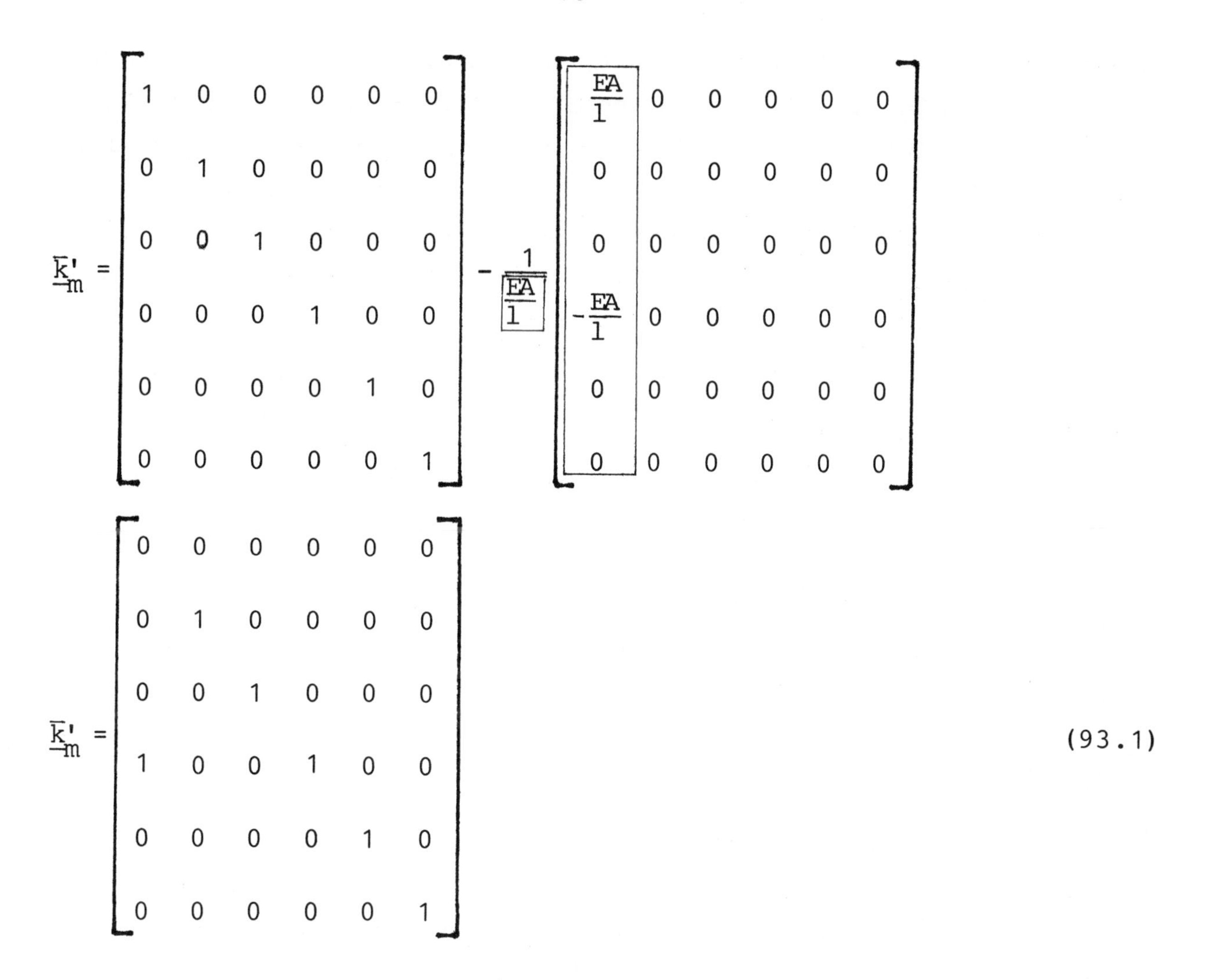

$$\overline{\underline{k}}'_m = \begin{bmatrix} 1 & 0 & 0 & 0 & 0 & 0 \\ 0 & 1 & 0 & 0 & 0 & 0 \\ 0 & 0 & 1 & 0 & 0 & 0 \\ 0 & 0 & 0 & 1 & 0 & 0 \\ 0 & 0 & 0 & 0 & 1 & 0 \\ 0 & 0 & 0 & 0 & 0 & 1 \end{bmatrix} - \frac{1}{\frac{EA}{l}} \begin{bmatrix} \frac{EA}{l} & 0 & 0 & 0 & 0 & 0 \\ 0 & 0 & 0 & 0 & 0 & 0 \\ 0 & 0 & 0 & 0 & 0 & 0 \\ -\frac{EA}{l} & 0 & 0 & 0 & 0 & 0 \\ 0 & 0 & 0 & 0 & 0 & 0 \\ 0 & 0 & 0 & 0 & 0 & 0 \end{bmatrix}$$

$$\overline{\underline{k}}'_m = \begin{bmatrix} 0 & 0 & 0 & 0 & 0 & 0 \\ 0 & 1 & 0 & 0 & 0 & 0 \\ 0 & 0 & 1 & 0 & 0 & 0 \\ 1 & 0 & 0 & 1 & 0 & 0 \\ 0 & 0 & 0 & 0 & 1 & 0 \\ 0 & 0 & 0 & 0 & 0 & 1 \end{bmatrix} \qquad (93.1)$$

Wie nicht anders zu erwarten, ergibt die Multiplikation $\overline{\underline{k}}'_m \cdot \overline{\underline{k}}$ die modifizierte lokale Elementsteifigkeitsmatrix $\overline{\underline{k}}'$ des Elementstabes für einachsige Biegung, d.h. die Matrix (31.1).

8.3 Mehrfach-Modifizierung von Stabanschlüssen

Der auf einachsige Biegung ohne Längskraft beanspruchte Elementstab soll am Stabende (j) sowohl ein Momentengelenk als auch ein Querkraftgelenk erhalten. Bild 93.1 zeigt sowohl den Grundzustand als auch den Sollzustand.

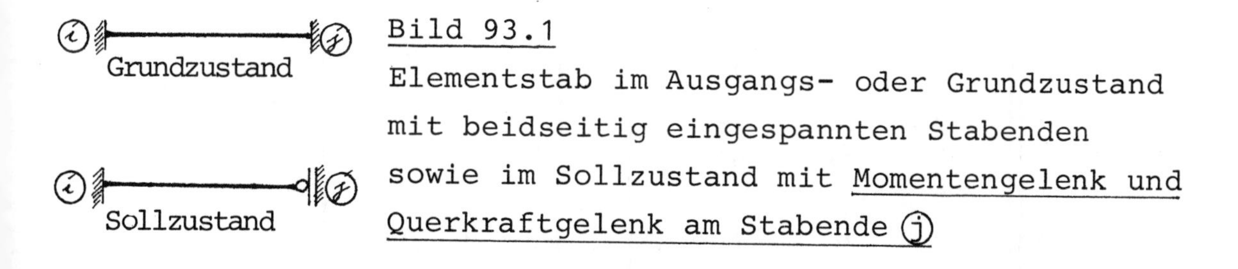

Bild 93.1
Elementstab im Ausgangs- oder Grundzustand mit beidseitig eingespannten Stabenden sowie im Sollzustand mit Momentengelenk und Querkraftgelenk am Stabende (j)

Zur Erreichung des Sollzustands sind zwei Einzelschritte der Modifizierung notwendig. In welcher Reihenfolge Querkraftgelenk und Momentengelenk modifiziert werden, ist dabei ohne Bedeutung. In unserem Beispiel wollen wir davon ausgehen, daß der erste Modifizierungsschritt zwecks Erhalt des Momentengelenks wie im Abschnitt 8.1.1 beschrieben bereits getan ist. Die bereits einmal modifizierte Elementsteifigkeitsmatrix $\bar{k}'$ steht uns gemäß (90.3) zur Verfügung.

Die Matrix (90.3) betrachten wir als den neuen Ausgangs- oder Grundzustand für den zweiten Modifizierungsschritt des Querkraftgelenks.

Die zugehörigen Spaltenmatrizen der Elementverformungen lauten

$$\underline{\bar{v}}' = \begin{bmatrix} v_{\bar{z}i} \\ \phi_{\bar{y}i} \\ v_{\bar{z}j} \\ 0 \end{bmatrix} \qquad \underline{\bar{v}}'' = \begin{bmatrix} v_{\bar{z}i} \\ \phi_{\bar{y}i} \\ 0 \\ 0 \end{bmatrix}$$

Die beiden Hochkommas von $\underline{\bar{v}}''$ kennzeichnen wie vereinbart zwei Modifizierungsschritte. Auf die Matrix (90.3) wenden wir sinngemäß die Rechenvorschrift für die Modifizierungsmatrix $\underline{\bar{k}}_m''$ an und erhalten

$$\underline{\bar{k}}_m'' = \begin{bmatrix} 1 & 0 & 0 & 0 \\ 0 & 1 & 0 & 0 \\ 0 & 0 & 1 & 0 \\ 0 & 0 & 0 & 0 \end{bmatrix} - \frac{1}{\boxed{\frac{3EI_y}{l^3}}} \begin{bmatrix} 0 & 0 & -\frac{3EI_y}{l^3} & 0 \\ 0 & 0 & \frac{3EI_y}{l^2} & 0 \\ 0 & 0 & \frac{3EI_y}{l^3} & 0 \\ 0 & 0 & 0 & 0 \end{bmatrix} = \begin{bmatrix} 1 & 0 & 1 & 0 \\ 0 & 1 & -1 & 0 \\ 0 & 0 & 0 & 0 \\ 0 & 0 & 0 & 0 \end{bmatrix} \tag{94.1}$$

$$\underline{\bar{k}}'' = \underbrace{\begin{bmatrix} 1 & 0 & 1 & 0 \\ 0 & 1 & -1 & 0 \\ 0 & 0 & 0 & 0 \\ 0 & 0 & 0 & 0 \end{bmatrix}}_{\underline{\bar{k}}_m''} \underbrace{\begin{bmatrix} \frac{3EI_y}{l^3} & -\frac{3EI_y}{l^2} & -\frac{3EI_y}{l^3} & 0 \\ -\frac{3EI_y}{l^2} & \frac{3EI_y}{l} & \frac{3EI_y}{l^2} & 0 \\ -\frac{3EI_y}{l^3} & \frac{3EI_y}{l^2} & \frac{3EI_y}{l^3} & 0 \\ 0 & 0 & 0 & 0 \end{bmatrix}}_{\underline{\bar{k}}'} = \begin{bmatrix} 0 & 0 & 0 & 0 \\ 0 & 0 & 0 & 0 \\ 0 & 0 & 0 & 0 \\ 0 & 0 & 0 & 0 \end{bmatrix} = 0 \tag{94.2}$$

Gleichung (94.2) lautet in Matrizen-Kurzform

$$\underline{\bar{k}}'' = \underline{\bar{k}}_m''.\underline{\bar{k}}'$$

Der beidseitig eingespannte Elementstab im Grundzustand nach Bild 93.1 ist für Biegung ohne Längskraft zweifach statisch unbestimmt. Zweimalige Modifizierung ergibt somit einen statisch bestimmten Einfeldstab, bei dem keinerlei Stützreaktionen durch Knotenverformungen hervorgerufen werden.

Die Elementsteifigkeitsmatrix des statisch bestimmten Einfeldstabes ist gleich Null.

Schließlich soll ebenso die bereits für ein Momentengelenk modifizierte Spaltenmatrix (91.2) der Element-Knotenlasten für ein Querkraftgelenk am Stabende ⓙ modifiziert werden. Wir verwenden die Modifizierungsmatrix $\underline{k}_m''$ und erhalten

$$\underline{\bar{f}}^{0''} = \begin{bmatrix} 1 & 0 & 1 & 0 \\ 0 & 1 & -1 & 0 \\ 0 & 0 & 0 & 0 \\ 0 & 0 & 0 & 0 \end{bmatrix} \begin{bmatrix} \frac{5}{8}ql \\ -\frac{ql^2}{8} \\ \frac{3}{8}ql \\ 0 \end{bmatrix} = \begin{bmatrix} ql \\ -\frac{ql^2}{2} \\ 0 \\ 0 \end{bmatrix}$$

Die so gewonnene Spaltenmatrix $\underline{\bar{f}}^{0''}$ enthält die Element-Knotenlasten des am Stabende ⓘ eingespannten statisch bestimmten Kragträgers.

8.4 Die Elementsteifigkeitsmatrix bei ausschließlich drehelastischer Lagerung der Stabenden

Sofern eine Modifizierung der Stabenden in der praktischen Statik überhaupt in Betracht kommt, handelt es sich überwiegend um den Stabanschluß in Form eines Momentengelenks. Bei den ebenen Rahmentragwerken des Stahlbaus und ebenso des Ingenieur-Holzbaus sind zudem des öfteren drehelastische Stabanschlüsse erforderlich. Für eine solche drehelastische Lagerung einschließlich beider Grenzzustände wie Momentengelenk einerseits und Volleinspannung andererseits lassen sich folgende Matrizen entwickeln (vgl. Seite 96):

$$\tilde{\underline{k}}_{\phi i} = k_{\phi i} \cdot \frac{6EI_y}{l^3(1-k_{\phi i}k_{\phi j})} \begin{bmatrix} (1+k_{\phi j})s^2_{\gamma i} & (1+k_{\phi j})s_{\gamma i}c_{\gamma i} & -l(1+\frac{1}{2}k_{\phi j})s_{\gamma i} & -(1+k_{\phi j})s_{\gamma i}s_{\gamma j} & -(1+k_{\phi j})s_{\gamma i}c_{\gamma j} & -\frac{1}{2}lk_{\phi j}s_{\gamma i} \\ & (1+k_{\phi j})c^2_{\gamma i} & -l(1+\frac{1}{2}k_{\phi j})c_{\gamma i} & -(1+k_{\phi j})c_{\gamma i}s_{\gamma j} & -(1+k_{\phi j})c_{\gamma i}c_{\gamma j} & -\frac{1}{2}lk_{\phi j}c_{\gamma i} \\ & & l^2 & l(1+\frac{1}{2}k_{\phi j})s_{\gamma_j} & l(1+\frac{1}{2}k_{\phi j})c_{\gamma j} & \frac{1}{2}l^2k_{\phi j} \\ & \text{Symmetrie} & & (1+k_{\phi j})s^2_{\gamma j} & (1+k_{\phi j})s_{\gamma j}c_{\gamma j} & \frac{1}{2}lk_{\phi j}s_{\gamma j} \\ & & & & (1+k_{\phi j})c^2_{\gamma j} & \frac{1}{2}lk_{\phi j}c_{\gamma j} \\ & & & & & 0 \end{bmatrix} \quad (96.1)$$

$$\tilde{\underline{k}}_{\phi j} = k_{\phi j} \cdot \frac{6EI_y}{l^3(1-k_{\phi i}k_{\phi j})} \begin{bmatrix} (1+k_{\phi i})s^2_{\gamma i} & (1+k_{\phi i})s_{\gamma i}c_{\gamma i} & -\frac{1}{2}lk_{\phi i}s_{\gamma i} & \frac{1}{2}lk_{\phi i}s_{\gamma i}s_{\gamma j} & \frac{1}{2}lk_{\phi i}s_{\gamma i}c_{\gamma j} & \frac{1}{2}l^2k_{\phi i}s_{\gamma i} \\ & (1+k_{\phi i})c^2_{\gamma i} & -\frac{1}{2}lk_{\phi i}c_{\gamma i} & -(1+k_{\phi i})c_{\gamma i}s_{\gamma j} & -(1+k_{\phi i})c_{\gamma i}c_{\gamma j} & -l(1+\frac{1}{2}k_{\phi i})c_{\gamma i} \\ & & 0 & \frac{1}{2}lk_{\phi i}s_{\gamma j} & \frac{1}{2}lk_{\phi i}c_{\gamma j} & \frac{1}{2}l^2k_{\phi i} \\ & \text{Symmetrie} & & (1+k_{\phi i})s^2_{\gamma j} & (1+k_{\phi i})s_{\gamma j}c_{\gamma j} & l(1+\frac{1}{2}k_{\phi i})s_{\gamma j} \\ & & & & (1+k_{\phi i})c^2_{\gamma j} & l(1+\frac{1}{2}k_{\phi i})c_{\gamma j} \\ & & & & & l^2 \end{bmatrix} \quad (96.2)$$

$$\tilde{\underline{k}}_{(N)} = \frac{EA}{l} \cdot \begin{bmatrix} c^2_{\gamma i} & -c_{\gamma i}s_{\gamma i} & 0 & -c_{\gamma i}c_{\gamma j} & c_{\gamma i}s_{\gamma j} & 0 \\ & s^2_{\gamma i} & 0 & s_{\gamma i}c_{\gamma j} & -s_{\gamma i}s_{\gamma j} & 0 \\ & & 0 & 0 & 0 & 0 \\ & \text{Symmetrie} & & c^2_{\gamma j} & -c_{\gamma j}s_{\gamma j} & 0 \\ & & & & s^2_{\gamma j} & 0 \\ & & & & & 0 \end{bmatrix} \quad (85.3)$$

Die Elementsteifigkeitsmatrix des drehelastisch gelagerten Elementstabes ergibt sich damit zu

$$\underline{\tilde{k}}_{\phi} = \underline{\tilde{k}}_{\phi i} + \underline{\tilde{k}}_{\phi j} + \underline{\tilde{k}}_{(N)} \qquad (97.1)$$

Zur Berechnung von $\underline{\tilde{k}}_{\phi i}$ nach (96.1) und $\underline{\tilde{k}}_{\phi j}$ nach (96.2) sind zunächst die Drehfederkonstanten gegeben:

$c_{\phi i}$, $c_{\phi j}$ = linear-elastische Drehfederkonstanten in kNm/rad

Hiermit bestimmt man die drehelastischen Parameter

$$k_{\phi i} = \frac{1}{2 + \frac{6EI_y}{l.c_{\phi i}}} \qquad (97.2)$$

$$k_{\phi j} = \frac{1}{2 + \frac{6EI_y}{l.c_{\phi j}}} \qquad (97.3)$$

Die Drehfederkonstanten $c_{\phi i}$ und $c_{\phi j}$ können praktisch alle Werte zwischen Null und Unendlich annehmen, so daß die Grenzzustände leicht erfaßt werden können. Die folgenden Beispiele sollen dies zeigen:

Momentengelenk am Stabanfang ⓘ, Volleinspannung am Stabende ⓙ

$c_{\phi i} = 0$

Damit wird

$k_{\phi i} = 0$

Die Matrix $\underline{\tilde{k}}_{\phi i}$ nach (96.1) wird Null

$c_{\phi j} = \infty$

Daraus folgt

$k_{\phi j} = \frac{1}{2}$

Nach Einsetzen kann $\underline{\tilde{k}}_{\phi j}$ nach (96.2) berechnet werden

9 Zahlenbeispiele

9.1 Ebenes Fachwerk

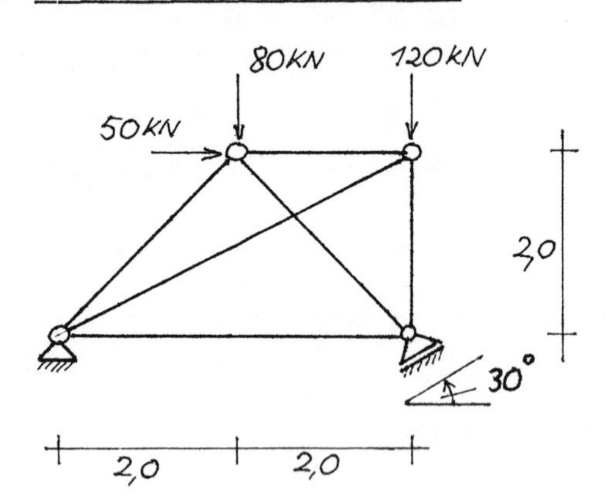

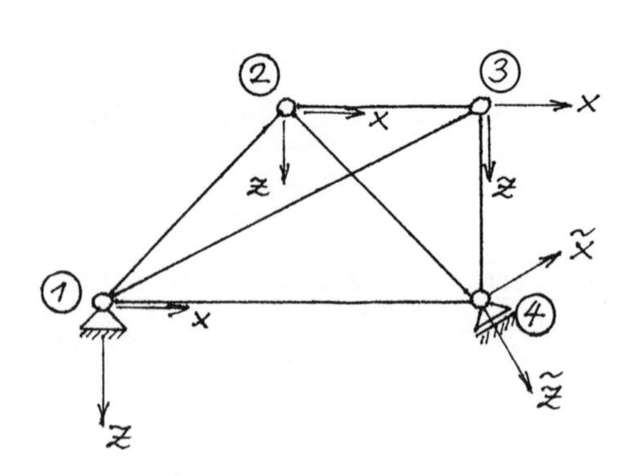

Gesucht sind die Stütz- und Stabkräfte des skizzierten Fachwerks. Die Knotennummern ① bis ④ sind frei gewählt wie angegeben. In den Knoten ① bis ③ sind die globalen Knotenachsen an keine bestimmte Richtung gebunden und wurden daher horizontal-vertikal angenommen. Im Knoten ④ besteht dagegen eine Achsenbindung an das verschiebliche Auflager.

$E = 2,1 . 10^8 \text{ kN/m}^2$

Gegebene Stabwerte:

Stab 1-2: $\frac{EA}{l} = 220000 = 22,0 . 10^4 \text{ kN/m}$

Stab 1-3: $\frac{EA}{l} = 190000 = 19,0 . 10^4 \text{ kN/m}$

Stab 1-4: $\frac{EA}{l} = 160000 = 16,0 . 10^4 \text{ kN/m}$

Stab 2-3: $\frac{EA}{l} = 210000 = 21,0 . 10^4 \text{ kN/m}$

Stab 2-4: $\frac{EA}{l} = 300000 = 30,0 . 10^4 \text{ kN/m}$

Stab 3-4: $\frac{EA}{l} = 420000 = 42,0 . 10^4 \text{ kN/m}$

Es folgt die stabweise Berechnung der globalen Elementsteifigkeitsmatrizen nach Gleichung (87.1) oder (87.2). Für die Achsendrehwinkel benötigen wir gemäß Abschnitt 7 die positive Richtung der lokalen $\bar{x}$-Achse. Nach Vereinbarung verläuft diese stets parallel zur Stabachse von der kleineren zur größeren Knotennummer der jeweiligen Stabendknoten.

Stab 1-2: $\underline{k}$ nach Gleichung (87.2)

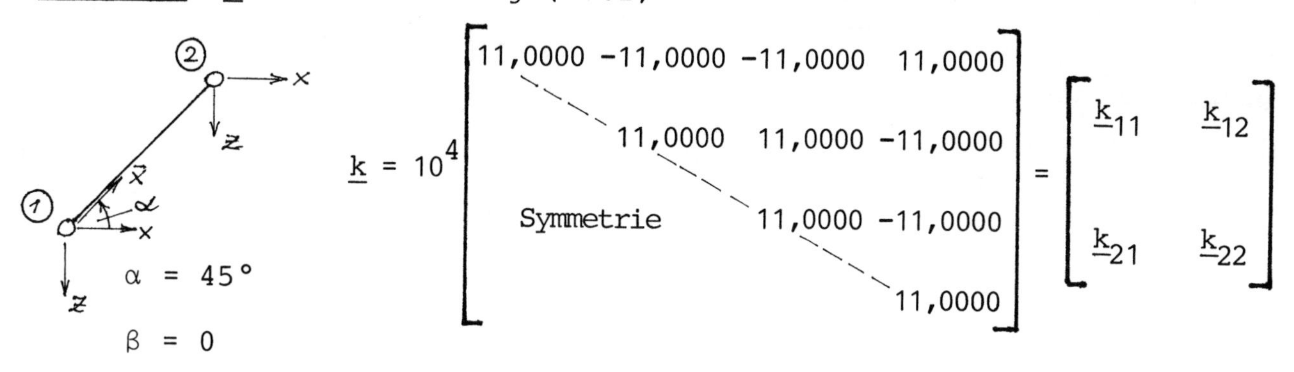

$\alpha = 45°$

$\beta = 0$

$$\underline{k} = 10^4 \begin{bmatrix} 11,0000 & -11,0000 & -11,0000 & 11,0000 \\ & 11,0000 & 11,0000 & -11,0000 \\ & \text{Symmetrie} & 11,0000 & -11,0000 \\ & & & 11,0000 \end{bmatrix} = \begin{bmatrix} \underline{k}_{11} & \underline{k}_{12} \\ \underline{k}_{21} & \underline{k}_{22} \end{bmatrix}$$

Stab 1-3: $\underline{k}$ nach Gleichung (87.2)

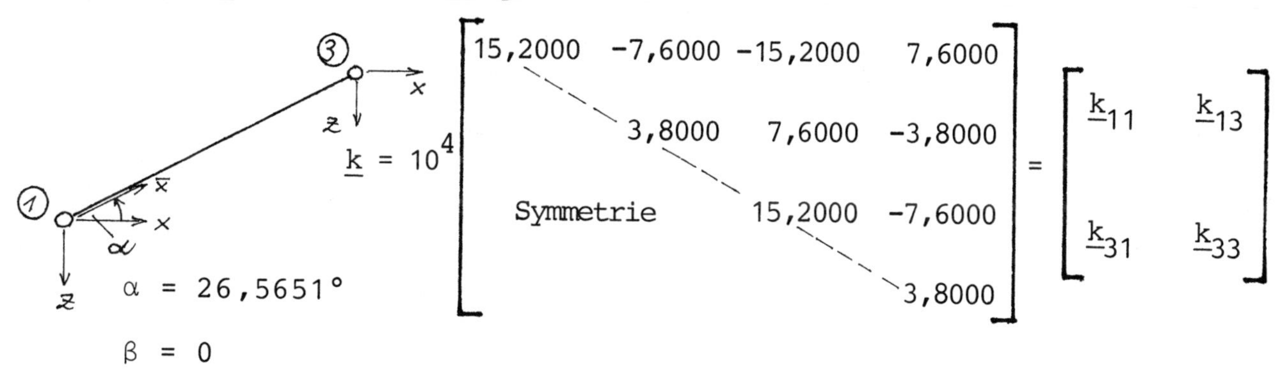

$\alpha = 26,5651°$

$\beta = 0$

$$\underline{k} = 10^4 \begin{bmatrix} 15,2000 & -7,6000 & -15,2000 & 7,6000 \\ & 3,8000 & 7,6000 & -3,8000 \\ & \text{Symmetrie} & 15,2000 & -7,6000 \\ & & & 3,8000 \end{bmatrix} = \begin{bmatrix} \underline{k}_{11} & \underline{k}_{13} \\ \underline{k}_{31} & \underline{k}_{33} \end{bmatrix}$$

Stab 1-4: $\underline{\tilde{k}}$ nach Gleichung (87.1)

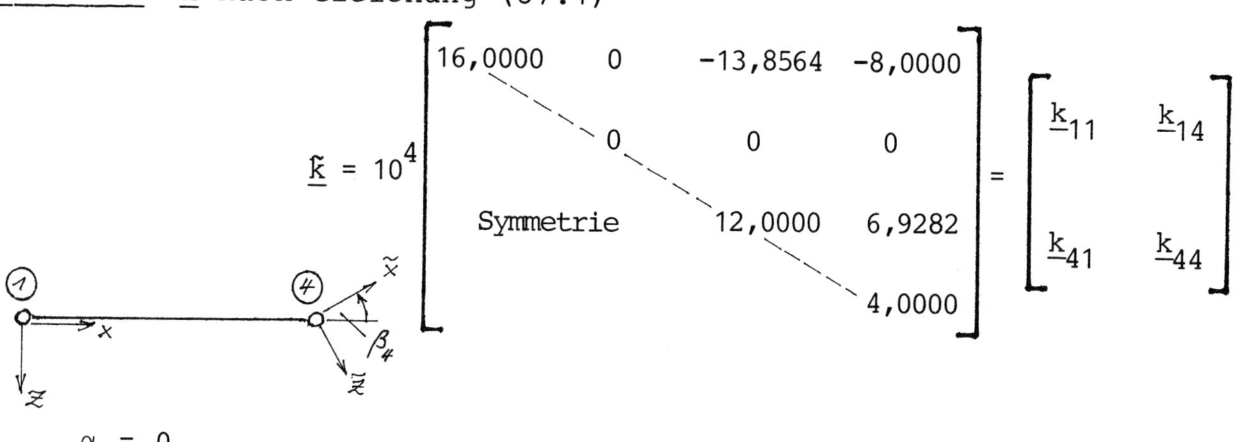

$$\underline{\tilde{k}} = 10^4 \begin{bmatrix} 16,0000 & 0 & -13,8564 & -8,0000 \\ & 0 & 0 & 0 \\ & \text{Symmetrie} & 12,0000 & 6,9282 \\ & & & 4,0000 \end{bmatrix} = \begin{bmatrix} \underline{k}_{11} & \underline{k}_{14} \\ \underline{k}_{41} & \underline{k}_{44} \end{bmatrix}$$

$\alpha = 0$

$\beta_1 = 0$	$\gamma_1 = \alpha - \beta_1 = 0$

$\sin\gamma_1 = s_{\gamma 1} = 0$

$\cos\gamma_1 = c_{\gamma 1} = 1,0$

$\beta_4 = 30°$	$\gamma_4 = \alpha - \beta_4 = 0 - 30 = -30°$

$\sin\gamma_4 = s_{\gamma 4} = -0,5000$

$\cos\gamma_4 = c_{\gamma 4} = 0,8660$

Stab 2-3: $\underline{k}$ nach Gleichung (87.2)

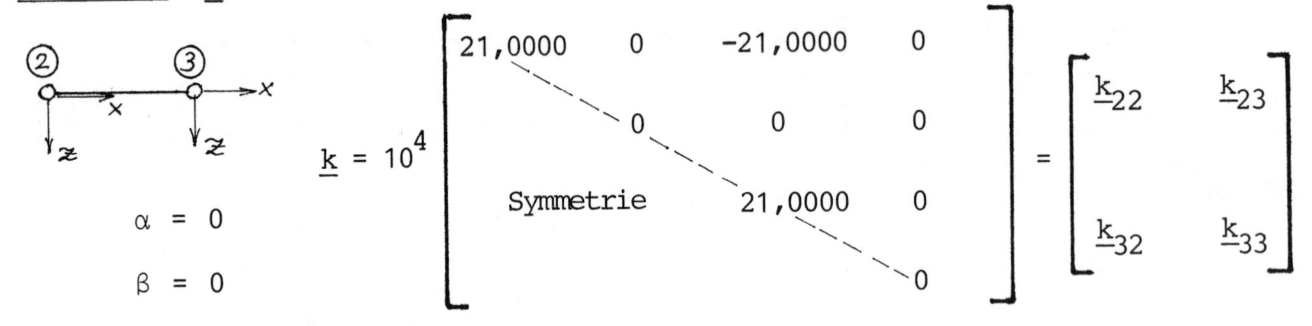

$\alpha = 0$

$\beta = 0$

$$\underline{k} = 10^4 \begin{bmatrix} 21{,}0000 & 0 & -21{,}0000 & 0 \\ & 0 & 0 & 0 \\ \text{Symmetrie} & & 21{,}0000 & 0 \\ & & & 0 \end{bmatrix} = \begin{bmatrix} \underline{k}_{22} & \underline{k}_{23} \\ \underline{k}_{32} & \underline{k}_{33} \end{bmatrix}$$

Stab 2-4: $\underline{\tilde{k}}$ nach Gleichung (87.1)

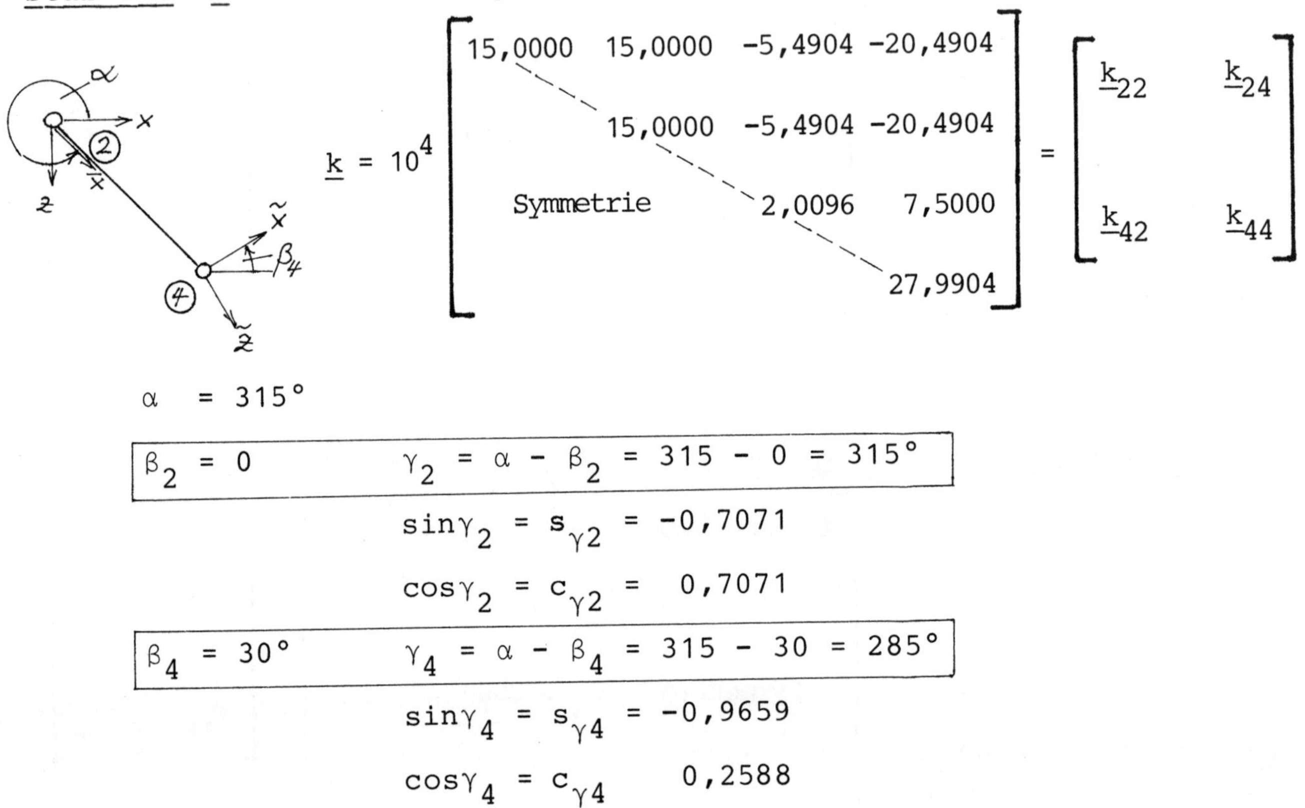

$$\underline{k} = 10^4 \begin{bmatrix} 15{,}0000 & 15{,}0000 & -5{,}4904 & -20{,}4904 \\ & 15{,}0000 & -5{,}4904 & -20{,}4904 \\ \text{Symmetrie} & & 2{,}0096 & 7{,}5000 \\ & & & 27{,}9904 \end{bmatrix} = \begin{bmatrix} \underline{k}_{22} & \underline{k}_{24} \\ \underline{k}_{42} & \underline{k}_{44} \end{bmatrix}$$

$\alpha = 315°$

$\beta_2 = 0$	$\gamma_2 = \alpha - \beta_2 = 315 - 0 = 315°$

$\sin\gamma_2 = s_{\gamma 2} = -0{,}7071$

$\cos\gamma_2 = c_{\gamma 2} = 0{,}7071$

$\beta_4 = 30°$	$\gamma_4 = \alpha - \beta_4 = 315 - 30 = 285°$

$\sin\gamma_4 = s_{\gamma 4} = -0{,}9659$

$\cos\gamma_4 = c_{\gamma 4} \quad 0{,}2588$

Stab 3-4: $\underline{\tilde{k}}$ nach Gleichung (87.1)

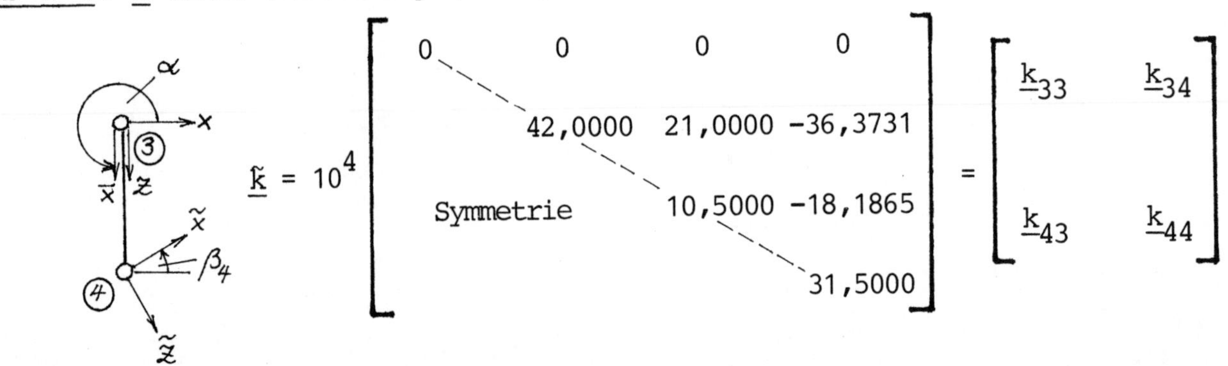

$$\underline{\tilde{k}} = 10^4 \begin{bmatrix} 0 & 0 & 0 & 0 \\ & 42{,}0000 & 21{,}0000 & -36{,}3731 \\ \text{Symmetrie} & & 10{,}5000 & -18{,}1865 \\ & & & 31{,}5000 \end{bmatrix} = \begin{bmatrix} \underline{k}_{33} & \underline{k}_{34} \\ \underline{k}_{43} & \underline{k}_{44} \end{bmatrix}$$

Fortsetzung Stab 3-4:

$\alpha = 270°$

$\beta_3 = 0$	$\gamma_3 = \alpha - \beta_3 = 270°$

$\sin\gamma_3 = s_{\gamma 3} = -1{,}0$

$\cos\gamma_3 = c_{\gamma 3} = \ \ 0$

$\beta_4 = 30°$	$\gamma_4 = \alpha - \beta_4 = 270 - 30 = 240°$

$\sin\gamma_4 = s_{\gamma 4} = -0{,}8660$

$\cos\gamma_4 = c_{\gamma 4} = -0{,}5000$

Der Zusammenbau der Elementsteifigkeitsmatrizen zur Gesamtsteifigkeitsmatrix erfolgt mit Hilfe der Untermatrizen. Es wird zunächst für jeden Stab die Lage seiner Untermatrizen in der Gesamtsteifigkeitsmatrix angegeben.

Stab 1-2:

$\underline{k}_{11}$	$\underline{k}_{12}$		
$\underline{k}_{21}$	$\underline{k}_{22}$		

Stab 1-3:

$\underline{k}_{11}$		$\underline{k}_{13}$	
$\underline{k}_{31}$		$\underline{k}_{33}$	

Stab 1-4:

$\underline{k}_{11}$			$\underline{k}_{14}$
$\underline{k}_{41}$			$\underline{k}_{44}$

Stab 2-3:

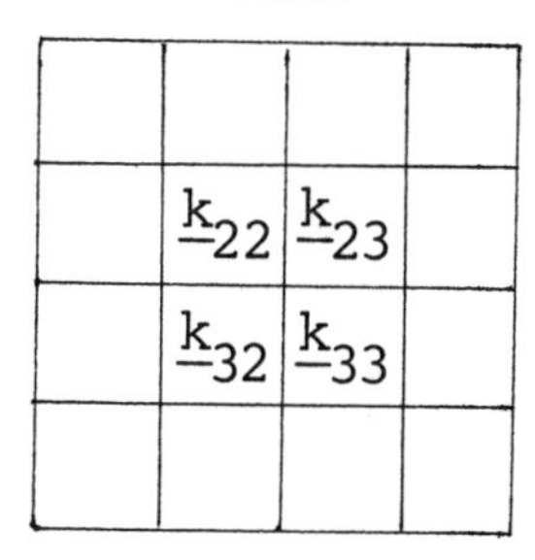

	$\underline{k}_{22}$	$\underline{k}_{23}$	
	$\underline{k}_{32}$	$\underline{k}_{33}$	

Stab 2-4:

	$\underline{k}_{22}$		$\underline{k}_{24}$
	$\underline{k}_{42}$		$\underline{k}_{44}$

Stab 3-4:

		$\underline{k}_{33}$	$\underline{k}_{34}$
		$\underline{k}_{43}$	$\underline{k}_{44}$

$\underline{K} =$

$\Sigma\underline{k}_{11}$	$\underline{k}_{12}$	$\underline{k}_{13}$	$\underline{k}_{14}$
$\underline{k}_{21}$	$\Sigma\underline{k}_{22}$	$\underline{k}_{23}$	$\underline{k}_{24}$
$\underline{k}_{31}$	$\underline{k}_{32}$	$\Sigma\underline{k}_{33}$	$\underline{k}_{34}$
$\underline{k}_{41}$	$\underline{k}_{42}$	$\underline{k}_{43}$	$\Sigma\underline{k}_{44}$

$$\underline{K} = 10^4 \begin{bmatrix} \begin{array}{r}11{,}0000\\15{,}2000\\\underline{16{,}0000}\end{array} & \begin{array}{r}-11{,}0000\\-7{,}6000\\\underline{0}\end{array} & -11{,}0000 & 11{,}0000 & -15{,}2000 & 7{,}6000 & -13{,}8564 & -8{,}0000 \\ \begin{array}{r}-11{,}0000\\-7{,}6000\\\underline{0}\end{array} & \begin{array}{r}11{,}0000\\3{,}8000\\\underline{0}\end{array} & 11{,}0000 & -11{,}0000 & 7{,}6000 & -3{,}8000 & 0 & 0 \\ -11{,}0000 & 11{,}0000 & \begin{array}{r}11{,}0000\\21{,}0000\\\underline{15{,}0000}\end{array} & \begin{array}{r}-11{,}0000\\0\\\underline{15{,}0000}\end{array} & -21{,}0000 & 0 & -5{,}4904 & -20{,}4904 \\ 11{,}0000 & -11{,}0000 & \begin{array}{r}-11{,}0000\\0\\\underline{15{,}0000}\end{array} & \begin{array}{r}11{,}0000\\0\\\underline{15{,}0000}\end{array} & 0 & 0 & -5{,}4904 & -20{,}4904 \\ -15{,}2000 & 7{,}6000 & -21{,}0000 & 0 & \begin{array}{r}15{,}2000\\21{,}0000\\\underline{0}\end{array} & \begin{array}{r}-7{,}6000\\0\\\underline{0}\end{array} & 0 & 0 \\ 7{,}6000 & -3{,}8000 & 0 & 0 & \begin{array}{r}-7{,}6000\\0\\\underline{0}\end{array} & \begin{array}{r}3{,}8000\\0\\\underline{42{,}0000}\end{array} & 21{,}0000 & -36{,}3731 \\ -13{,}8564 & 0 & -5{,}4904 & -5{,}4904 & 0 & 21{,}0000 & \begin{array}{r}12{,}0000\\2{,}0096\\\underline{10{,}5000}\end{array} & \begin{array}{r}6{,}9282\\7{,}5000\\\underline{-18{,}1865}\end{array} \\ -8{,}0000 & 0 & -20{,}4904 & -20{,}4904 & 0 & -36{,}3731 & \begin{array}{r}6{,}9282\\7{,}5000\\\underline{-18{,}1865}\end{array} & \begin{array}{r}4{,}0000\\27{,}9904\\\underline{31{,}5000}\end{array} \end{bmatrix}$$

Aufstellung der Steifigkeitsbeziehung am Gesamttragwerk auf Seite 103

$$\underline{K}.\underline{V} = \underline{F}^0 + \underline{A}$$

10^{-4}

0	0	1,2624	2,3002	1,6039	4,1511	-2,7586	0

$$10^{4} \cdot \begin{bmatrix} 42{,}2000 & -18{,}6000 & -11{,}0000 & 11{,}0000 & -15{,}2000 & 7{,}6000 & -13{,}8564 & -8{,}0000 \\ -18{,}6000 & 14{,}8000 & 11{,}0000 & -11{,}0000 & 7{,}6000 & -3{,}8000 & 0 & 0 \\ -11{,}0000 & 11{,}0000 & 47{,}0000 & 4{,}0000 & -21{,}0000 & 0 & -5{,}4904 & -20{,}4904 \\ 11{,}0000 & -11{,}0000 & 4{,}0000 & 26{,}0000 & 0 & 0 & -5{,}4904 & -20{,}4904 \\ -15{,}2000 & 7{,}6000 & -21{,}0000 & 0 & 36{,}2000 & -7{,}6000 & 0 & 0 \\ 7{,}6000 & -3{,}8000 & 0 & 0 & -7{,}6000 & 45{,}8000 & 21{,}0000 & -36{,}3731 \\ -13{,}8564 & 0 & -5{,}4904 & -5{,}4904 & 0 & 21{,}0000 & 24{,}5096 & -3{,}7583 \\ -8{,}0000 & 0 & -20{,}4904 & -20{,}4904 & 0 & -36{,}3731 & -3{,}7583 & 63{,}4904 \end{bmatrix} \cdot \begin{bmatrix} 0 \\ 0 \\ v_{x2} \\ v_{z2} \\ v_{x3} \\ v_{z3} \\ v_{\tilde{x}4} \\ 0 \end{bmatrix} = \begin{bmatrix} 0 \\ 0 \\ 50{,}00 \\ 80{,}00 \\ 0 \\ 120{,}00 \\ 0 \\ 0 \end{bmatrix} + \begin{bmatrix} A_{x1} \\ A_{z1} \\ 0 \\ 0 \\ 0 \\ 0 \\ 0 \\ A_{\tilde{z}4} \end{bmatrix}$$

Randbedingungen: $v_{x1} = v_{z1} = v_{\tilde{z}4} = 0$

Zur Berechnung der unbekannten Knotenverformungen werden die Zeilen und Spalten 1, 2 und 8 gestrichen. Das zugehörige Gleichungssystem ist auf Seite 104 angegeben.

Gleichungssystem zur Berechnung der unbekannten Knotenverformungen

$$10^4 \begin{bmatrix} 47,0000 & 4,0000 & -21,0000 & 0 & -5,4904 \\ 4,0000 & 26,0000 & 0 & 0 & -5,4904 \\ -21,0000 & 0 & 36,2000 & -7,6000 & 0 \\ 0 & 0 & -7,6000 & 45,8000 & 21,0000 \\ -5,4904 & -5,4904 & 0 & 21,0000 & 24,5096 \end{bmatrix} \cdot \begin{bmatrix} v_{x2} \\ v_{z2} \\ v_{x3} \\ v_{z3} \\ v_{\tilde{x}4} \end{bmatrix} = \begin{bmatrix} 50,00 \\ 80,00 \\ 0 \\ 120,00 \\ 0 \end{bmatrix}$$

$v_{x2} = 1,2624.10^{-4}$; $v_{x3} = 1,6039.10^{-4}$; $v_{\tilde{x}4} = -\ 2,7586.10^{-4}$

$v_{z2} = 2,3002.10^{-4}$; $v_{z3} = 4,1511.10^{-4}$;

Stützreaktionen nach Einsetzen der Knotenverformungen in die entsprechende Zeile auf Seite 103 (vgl. auch Seite 65)

$A_{x1} = 56,81$ $A_{z1} = -\ 15,00$ $A_{\tilde{z}4} = -\ 213,62$

Abschließend führen wir die Berechnung der Stabkräfte durch. Nach Gleichung (25.1) ist

$$S = \frac{EA}{l}(v_{\bar{x}j} - v_{\bar{x}i})$$

Wir benötigen somit die lokalen Knotenverformungen $v_{\bar{x}}$, die wir nach Vergleich mit Abschnitt 7.1.1 wie folgt erhalten:

$\underline{v}_{\alpha} = \underline{R}_{(\alpha-\beta)} \cdot \underline{v}_{\beta}$ oder allgemein $\underline{\bar{v}} = \underline{R}.\underline{\tilde{v}}$ nach (81.4)

Stab 1-2:

$$\begin{bmatrix} v_{\bar{x}1} \\ v_{\bar{z}1} \\ v_{\bar{x}2} \\ v_{\bar{z}2} \end{bmatrix} = 10^{-4} \begin{bmatrix} 0,7071 & -0,7071 & & \\ 0,7071 & 0,7071 & & \\ 0 & 0 & 0,7071 & -0,7071 \\ 0 & 0 & 0,7071 & 0,7071 \end{bmatrix} \cdot \begin{bmatrix} 0 \\ 0 \\ 1,2624 \\ 2,3002 \end{bmatrix} = 10^{-4} \begin{bmatrix} 0 \\ 0 \\ -0,7338 \\ 2,5191 \end{bmatrix}$$

$S_{1-2} = 22,0(-0,7338 - 0) = -\ 16,14$

Stab 1-3:

$$\begin{bmatrix} v_{\bar{x}1} \\ v_{\bar{z}1} \\ v_{\bar{x}3} \\ v_{\bar{z}3} \end{bmatrix} = 10^{-4} \begin{bmatrix} 0,8944 & -0,4472 & 0 & 0 \\ 0,4472 & 0,8944 & 0 & 0 \\ 0 & 0 & 0,8944 & -0,4472 \\ 0 & 0 & 0,4472 & 0,8944 \end{bmatrix} \cdot \begin{bmatrix} 0 \\ 0 \\ 1,6039 \\ 4,1511 \end{bmatrix} = 10^{-4} \begin{bmatrix} 0 \\ 0 \\ -0,4218 \\ 4,4300 \end{bmatrix}$$

$S_{1-3} = 19,0(-0,4218 - 0) = - 8,01$ kN

Stab 1-4:

$$\begin{bmatrix} v_{\bar{x}1} \\ v_{\bar{z}1} \\ v_{\bar{x}4} \\ v_{\bar{z}4} \end{bmatrix} = 10^{-4} \begin{bmatrix} 1,0000 & 0 & 0 & 0 \\ 0 & 1,0000 & 0 & 0 \\ 0 & 0 & 0,8660 & 0,5000 \\ 0 & 0 & -0,5000 & 0,8660 \end{bmatrix} \cdot \begin{bmatrix} 0 \\ 0 \\ -2,7586 \\ 0 \end{bmatrix} = 10^{-4} \begin{bmatrix} 0 \\ 0 \\ -2,3889 \\ 1,3793 \end{bmatrix}$$

$S_{1-4} = 16,0(-2,3889 - 0) = - 38,22$ kN

Stab 2-3:

$$\begin{bmatrix} v_{\bar{x}2} \\ v_{\bar{z}2} \\ v_{\bar{x}3} \\ v_{\bar{z}3} \end{bmatrix} = 10^{-4} \begin{bmatrix} 1,0000 & 0 & 0 & 0 \\ 0 & 1,0000 & 0 & 0 \\ 0 & 0 & 1,0000 & 0 \\ 0 & 0 & 0 & 1,0000 \end{bmatrix} \cdot \begin{bmatrix} 1,2624 \\ 2,3002 \\ 1,6039 \\ 4,1511 \end{bmatrix} = 10^{-4} \begin{bmatrix} 1,2624 \\ 2,3002 \\ 1,6039 \\ 4,1511 \end{bmatrix}$$

$S_{2-3} = 21,0(1,6039 - 1,2624) = 7,17$ kN

Stab 2-4:

$$\begin{bmatrix} v_{\bar{x}2} \\ v_{\bar{z}2} \\ v_{\bar{x}4} \\ v_{\bar{z}4} \end{bmatrix} = 10^{-4} \begin{bmatrix} 0,7071 & 0,7071 & 0 & 0 \\ -0,7071 & 0,7071 & 0 & 0 \\ 0 & & 0,2588 & 0,9659 \\ 0 & & -0,9659 & 0,2588 \end{bmatrix} \cdot \begin{bmatrix} 1,2624 \\ 2,3002 \\ -2,7586 \\ 0 \end{bmatrix} = 10^{-4} \begin{bmatrix} 2,5191 \\ 0,7338 \\ -0,7139 \\ 2,6645 \end{bmatrix}$$

Fortsetzung Stab 2-4:

$$S_{2-4} = 30{,}0(-0{,}7139 - 2{,}5191) = -\ 96{,}99 \text{ kN}$$

Stab 3-4:

$$\begin{bmatrix} v_{\bar{x}3} \\ v_{\bar{z}3} \\ v_{\bar{x}4} \\ v_{\bar{z}4} \end{bmatrix} = 10^{-4} \begin{bmatrix} 0 & 1{,}0000 & 0 & 0 \\ -1{,}0000 & 0 & 0 & 0 \\ 0 & 0 & -0{,}5000 & 0{,}8660 \\ 0 & 0 & -0{,}8660 & -0{,}5000 \end{bmatrix} \cdot \begin{bmatrix} 1{,}6039 \\ 4{,}1511 \\ -2{,}7586 \\ 0 \end{bmatrix} = 10^{-4} \begin{bmatrix} 4{,}1511 \\ -1{,}6039 \\ 1{,}3793 \\ 2{,}3889 \end{bmatrix}$$

$$S_{3-4} = 42{,}0(1{,}3793 - 4{,}1511) = -\ 116{,}42 \text{ kN}$$

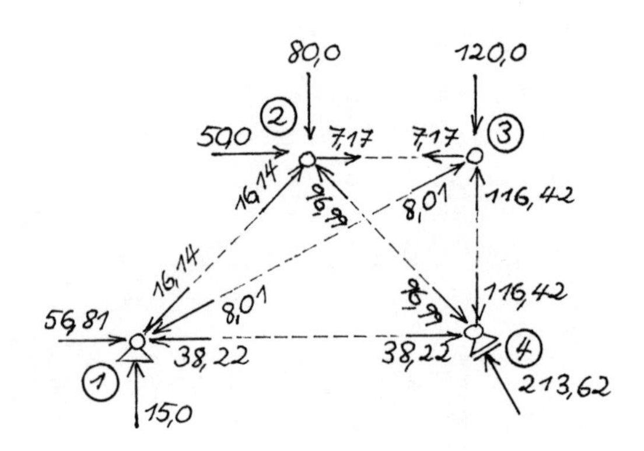

9.2 Ebenes Rahmentragwerk mit verschiedenartig gelagerten Stabenden

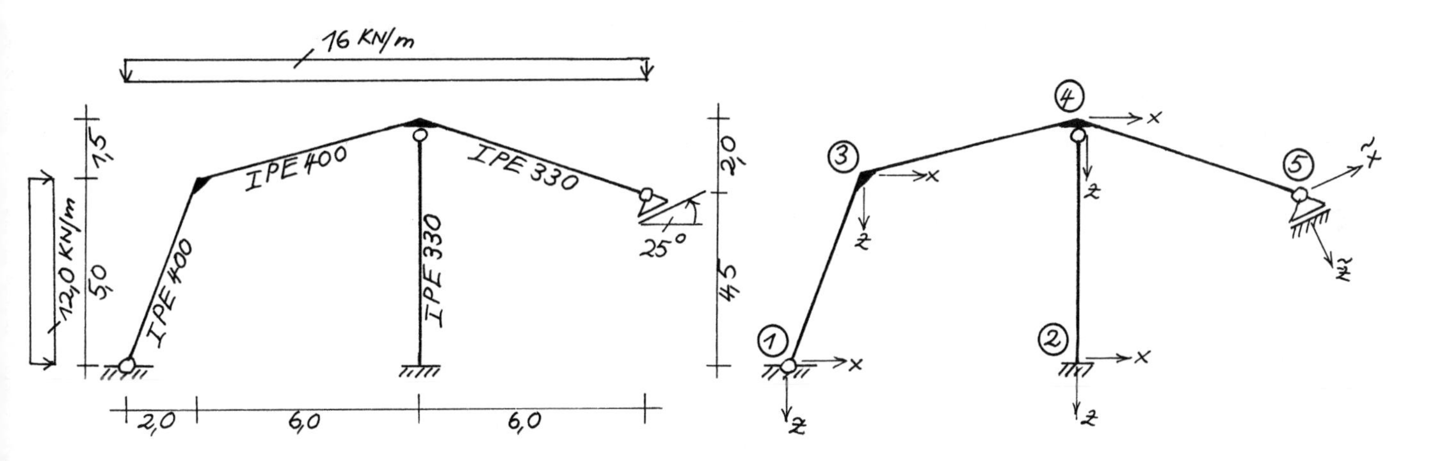

Gesucht sind Stützgrößen und Stabendschnittgrößen des gegebenen Rahmens. Die nebenstehende Skizze zeigt die globalen Knotenachsen mit einer gebundenen Achsenrichtung parallel zur Auflagerverschieblichkeit im Knoten ⑤.

$E = 2,1.10^8\ \text{kN/m}^2$

Wir stellen fest, daß lediglich der Stab 3-4 an beiden Enden biegesteife Knoten aufweist, womit seine Elementsteifigkeitsmatrix ohne Modifizierung nach (85.2) und (85.3) berechnet werden kann. Bei den übrigen Stäben fallen die zu modifizierenden, d.h. nicht eingespannten Stabenden zum Teil mit Auflagerknoten zusammen; so z.B. beim Stab 1-3 der Knoten ① und beim Stab 4-5 der Knoten ⑤. Unter bestimmten Voraussetzungen kann hier die in Abschnitt 8.1 beschriebene Modifizierung umgangen werden, worauf wir beim jeweiligen Stabelement eingehen wollen.

Im Falle des Stabes 2-4 dagegen befindet sich das zu modifizierende Stabende am Knoten ④, d.h. an keinem Auflagerknoten. Hier ist in jedem Falle eine Modifizierung erforderlich.

Stab 1-3: IPE 400

$l = 5,3852\ \text{m}$

$$\frac{2EI_y}{l^3} = 10^4.0,0622$$

$$\frac{EA}{l} = 10^4.32,9516$$

Die Elementsteifigkeitsmatrix wird zunächst <u>ohne Berücksichtigung des Momentengelenks in ①</u> berechnet, d.h. für beidseitige Einspannung. Da alle Knotenachsen horizontal-vertikal ausgerichtet sind, kommen hierfür die Matrizen (86.2) und (86.3) in Betracht.

$\underline{k} = \underline{k}_{(M)} + \underline{k}_{(N)}$

Stabneigung $\alpha = 68{,}1986°$

$\sin\alpha = s = 0{,}9285$

$\cos\alpha = c = 0{,}3714$

Oberer Zahlenwert $= \underline{k}_{(M)}$ nach (86.2)

Unterer Zahlenwert $= \underline{k}_{(N)}$ nach (86.3)

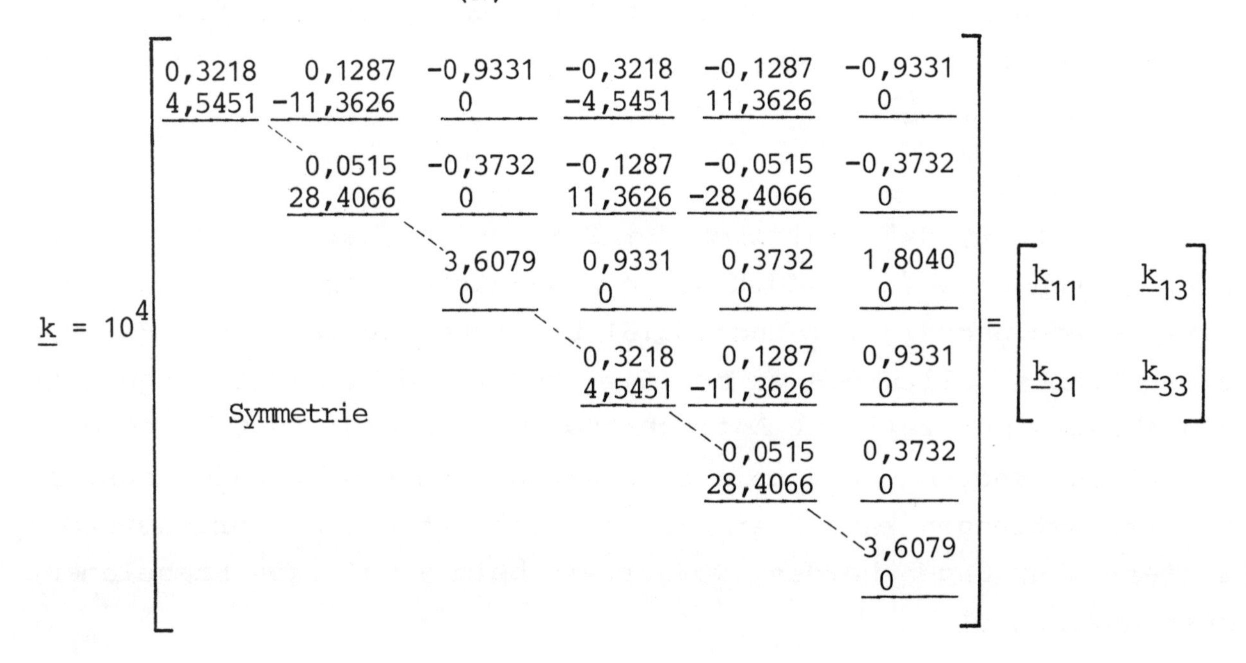

$$\underline{k} = 10^4 \begin{bmatrix} \substack{0{,}3218 \\ 4{,}5451} & \substack{0{,}1287 \\ -11{,}3626} & \substack{-0{,}9331 \\ 0} & \substack{-0{,}3218 \\ -4{,}5451} & \substack{-0{,}1287 \\ 11{,}3626} & \substack{-0{,}9331 \\ 0} \\ & \substack{0{,}0515 \\ 28{,}4066} & \substack{-0{,}3732 \\ 0} & \substack{-0{,}1287 \\ 11{,}3626} & \substack{-0{,}0515 \\ -28{,}4066} & \substack{-0{,}3732 \\ 0} \\ & & \substack{3{,}6079 \\ 0} & \substack{0{,}9331 \\ 0} & \substack{0{,}3732 \\ 0} & \substack{1{,}8040 \\ 0} \\ & & & \substack{0{,}3218 \\ 4{,}5451} & \substack{0{,}1287 \\ -11{,}3626} & \substack{0{,}9331 \\ 0} \\ & \text{Symmetrie} & & & \substack{0{,}0515 \\ 28{,}4066} & \substack{0{,}3732 \\ 0} \\ & & & & & \substack{3{,}6079 \\ 0} \end{bmatrix} = \begin{bmatrix} \underline{k}_{11} & \underline{k}_{13} \\ \underline{k}_{31} & \underline{k}_{33} \end{bmatrix}$$

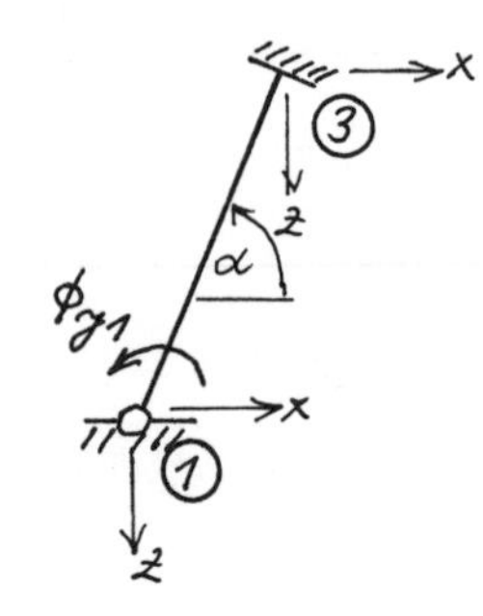

Der nebenstehend skizzierte Sollzustand des Stabes 1-3 mit einem Momentengelenk am Auflagerknoten ① läßt sich wie folgt erreichen:

<u>Die Stabendverdrehung am Knoten ① wird als fiktive Knotenverdrehung ϕ_{y1} aufgefaßt und geht damit als Verformungsunbekannte in die weitere Rechnung ein.</u>

Eine solche Vorgehensweise ist immer dann möglich, wenn ein einziges Stabende an einem Auflagerknoten angeschlossen ist.

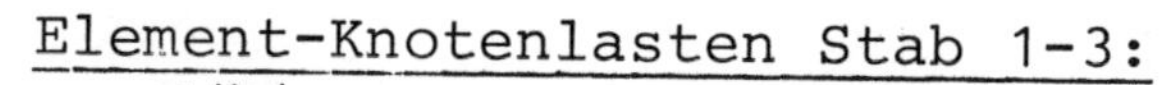

Element-Knotenlasten Stab 1-3:

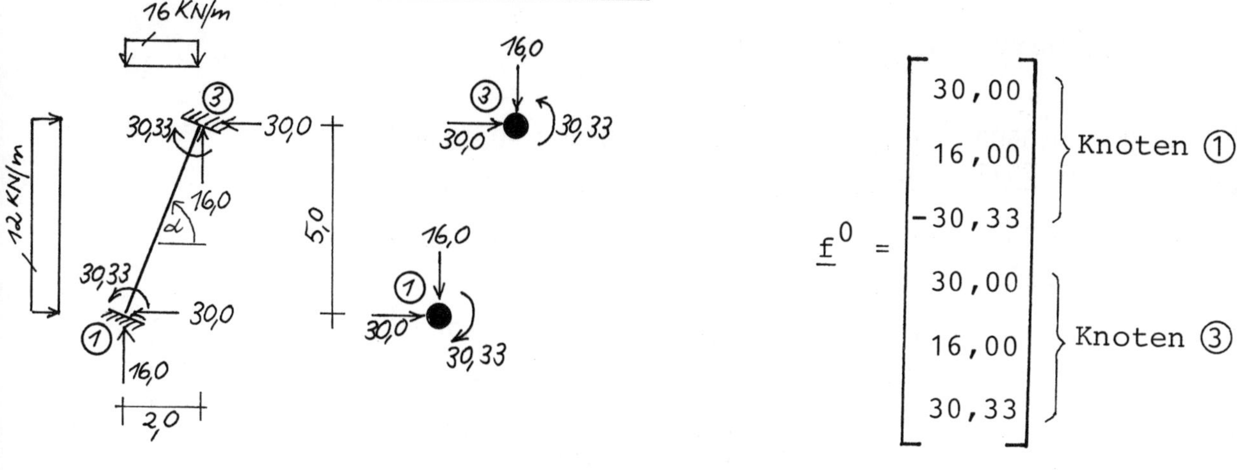

$$\underline{f}^0 = \begin{bmatrix} 30,00 \\ 16,00 \\ -30,33 \\ 30,00 \\ 16,00 \\ 30,33 \end{bmatrix} \begin{matrix} \\ \text{Knoten ①} \\ \\ \\ \text{Knoten ③} \\ \\ \end{matrix}$$

Bei der auf Seite 108 beschriebenen Vorgehensweise werden auch die Element-Knotenlasten ohne Modifizierung berechnet, d.h. für beidseitige Einspannung der Stabenden.

Stab 3-4: IPE 400

$l = 6{,}1847$ m

$$\frac{2EI_y}{l^3} = 10^4 . 0{,}0411$$

$$\frac{EA}{l} = 10^4 . 28{,}6920$$

Elementsteifigkeitsmatrix nach (86.2) und (86.3)

$$\underline{k} = \underline{k}_{(M)} + \underline{k}_{(N)}$$

Stabneigung $\alpha = 14{,}0362°$

$\sin\alpha = s = 0{,}2425$

$\cos\alpha = c = 0{,}9701$

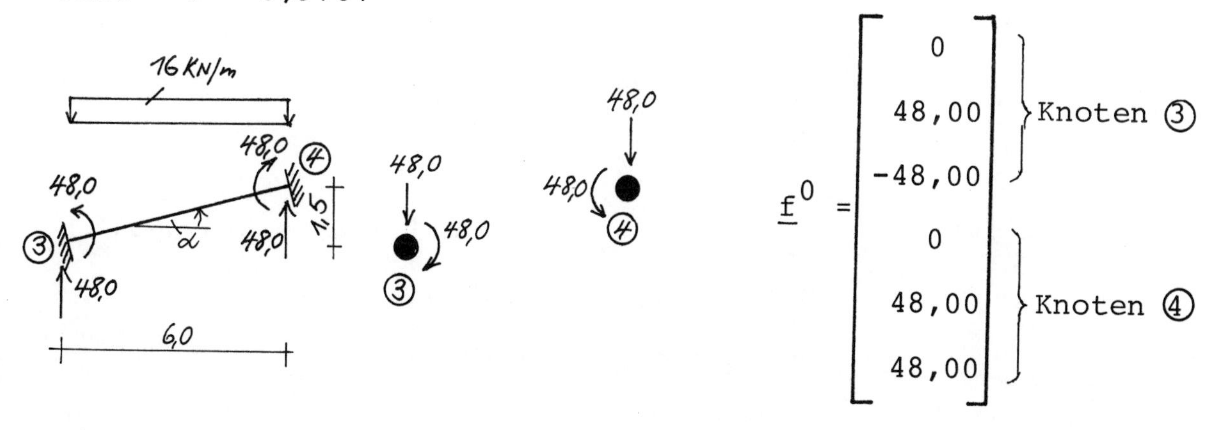

$$\underline{f}^0 = \begin{bmatrix} 0 \\ 48,00 \\ -48,00 \\ 0 \\ 48,00 \\ 48,00 \end{bmatrix} \begin{matrix} \\ \text{Knoten ③} \\ \\ \\ \text{Knoten ④} \\ \\ \end{matrix}$$

Oberer Zahlenwert $= \underline{k}_{(M)}$ nach (86.2)

Unterer Zahlenwert $= \underline{k}_{(N)}$ nach (86.3)

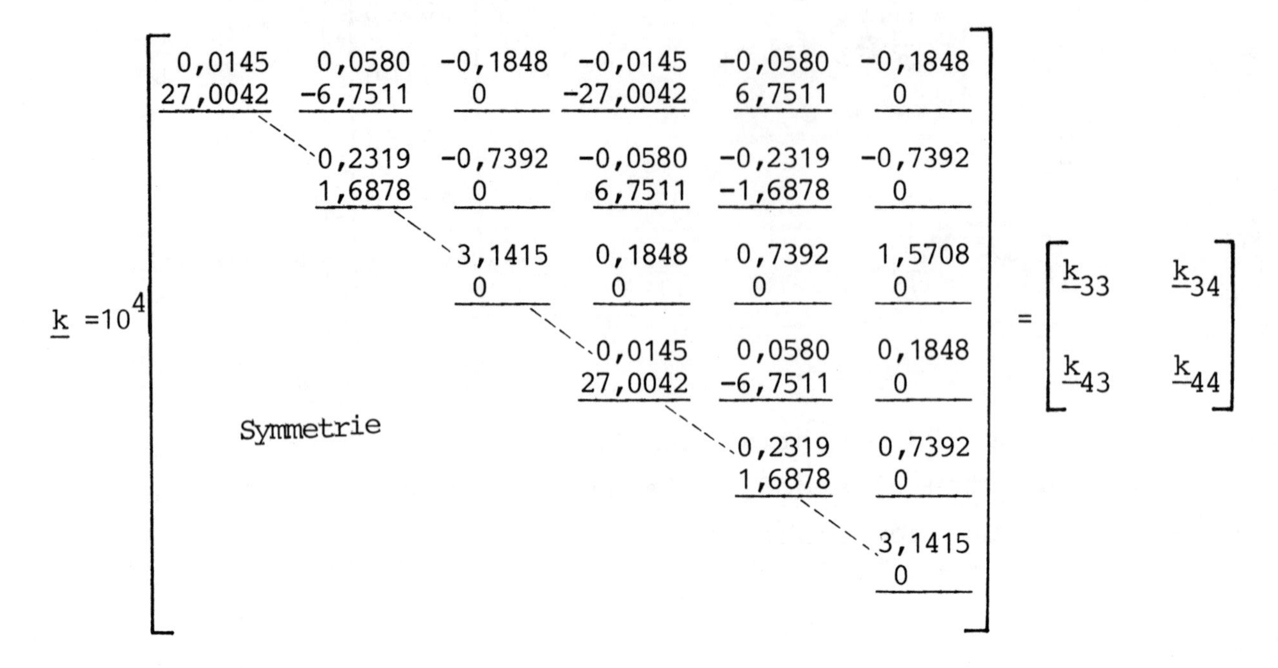

$$\underline{k} = 10^4 \begin{bmatrix} \begin{matrix}0,0145\\ \underline{27,0042}\end{matrix} & \begin{matrix}0,0580\\ \underline{-6,7511}\end{matrix} & \begin{matrix}-0,1848\\ \underline{0}\end{matrix} & \begin{matrix}-0,0145\\ \underline{-27,0042}\end{matrix} & \begin{matrix}-0,0580\\ \underline{6,7511}\end{matrix} & \begin{matrix}-0,1848\\ \underline{0}\end{matrix} \\ & \begin{matrix}0,2319\\ \underline{1,6878}\end{matrix} & \begin{matrix}-0,7392\\ \underline{0}\end{matrix} & \begin{matrix}-0,0580\\ \underline{6,7511}\end{matrix} & \begin{matrix}-0,2319\\ \underline{-1,6878}\end{matrix} & \begin{matrix}-0,7392\\ \underline{0}\end{matrix} \\ & & \begin{matrix}3,1415\\ \underline{0}\end{matrix} & \begin{matrix}0,1848\\ \underline{0}\end{matrix} & \begin{matrix}0,7392\\ \underline{0}\end{matrix} & \begin{matrix}1,5708\\ \underline{0}\end{matrix} \\ & & & \begin{matrix}0,0145\\ \underline{27,0042}\end{matrix} & \begin{matrix}0,0580\\ \underline{-6,7511}\end{matrix} & \begin{matrix}0,1848\\ \underline{0}\end{matrix} \\ & \text{Symmetrie} & & & \begin{matrix}0,2319\\ \underline{1,6878}\end{matrix} & \begin{matrix}0,7392\\ \underline{0}\end{matrix} \\ & & & & & \begin{matrix}3,1415\\ \underline{0}\end{matrix} \end{bmatrix} = \begin{bmatrix} \underline{k}_{33} & \underline{k}_{34} \\ \underline{k}_{43} & \underline{k}_{44} \end{bmatrix}$$

Stab 4-5: IPE 330

$l = 6,3246$ m

$$\frac{2EI_y}{l^3} = 10^4 . 0,0195$$

$$\frac{EA}{l} = 10^4 . 20,7857$$

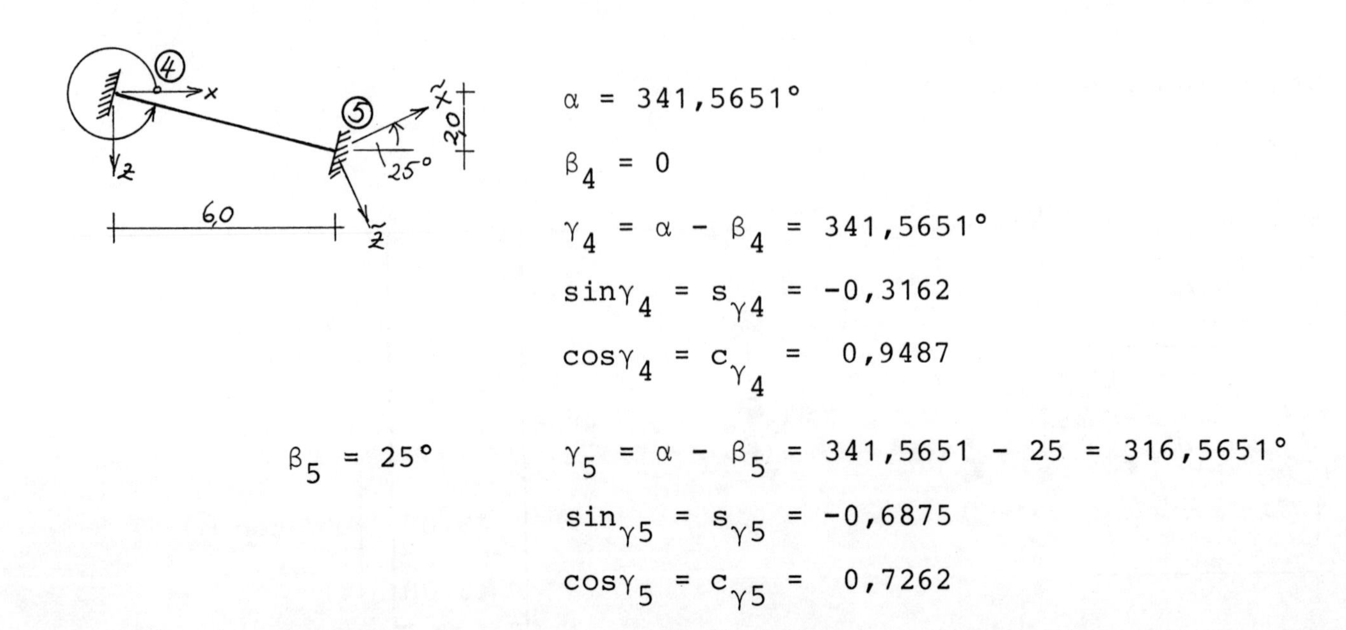

$\alpha = 341,5651°$

$\beta_4 = 0$

$\gamma_4 = \alpha - \beta_4 = 341,5651°$

$\sin\gamma_4 = s_{\gamma 4} = -0,3162$

$\cos\gamma_4 = c_{\gamma_4} = 0,9487$

$\beta_5 = 25°$

$\gamma_5 = \alpha - \beta_5 = 341,5651 - 25 = 316,5651°$

$\sin_{\gamma 5} = s_{\gamma 5} = -0,6875$

$\cos\gamma_5 = c_{\gamma 5} = 0,7262$

Die Elementsteifigkeitsmatrix wird zunächst gemäß Skizze auf Seite 110, d.h. für beidseitige Einspannung, berechnet. Da die Knotenachsen im Knoten ⑤ nicht mehr horizontal-vertikal ausgerichtet sind, werden die Matrizen (85.2) und (85.3) herangezogen.

$\underline{\tilde{k}} = \underline{\tilde{k}}_{(M)} + \underline{\tilde{k}}_{(N)}$

Oberer Zahlenwert $= \underline{\tilde{k}}_{(M)}$ nach (85.2)

Unterer Zahlenwert $= \underline{\tilde{k}}_{(N)}$ nach (85.3)

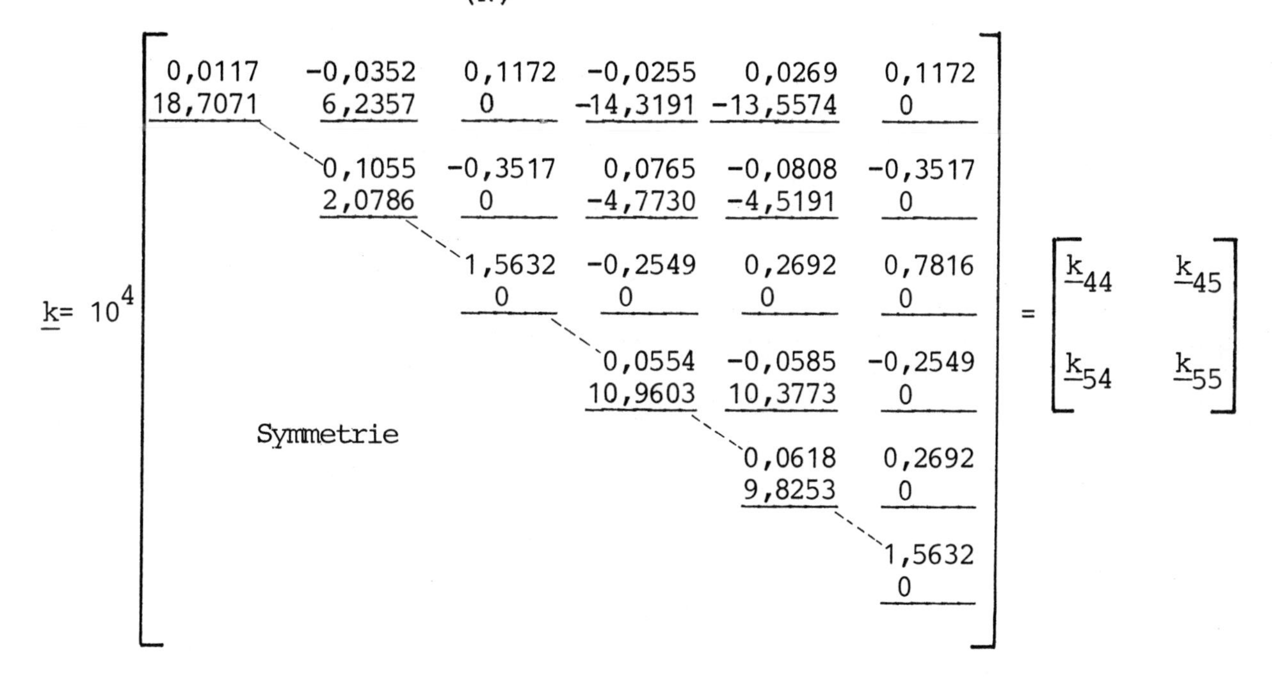

$\underline{k} = 10^4 \cdot [\ldots] = \begin{bmatrix} \underline{k}_{44} & \underline{k}_{45} \\ \underline{k}_{54} & \underline{k}_{55} \end{bmatrix}$

	1	2	3	4	5	6
1	0,0117 18,7071	-0,0352 6,2357	0,1172 0	-0,0255 -14,3191	0,0269 -13,5574	0,1172 0
2		0,1055 2,0786	-0,3517 0	0,0765 -4,7730	-0,0808 -4,5191	-0,3517 0
3			1,5632 0	-0,2549 0	0,2692 0	0,7816 0
4	Symmetrie			0,0554 10,9603	-0,0585 10,3773	-0,2549 0
5					0,0618 9,8253	0,2692 0
6						1,5632 0

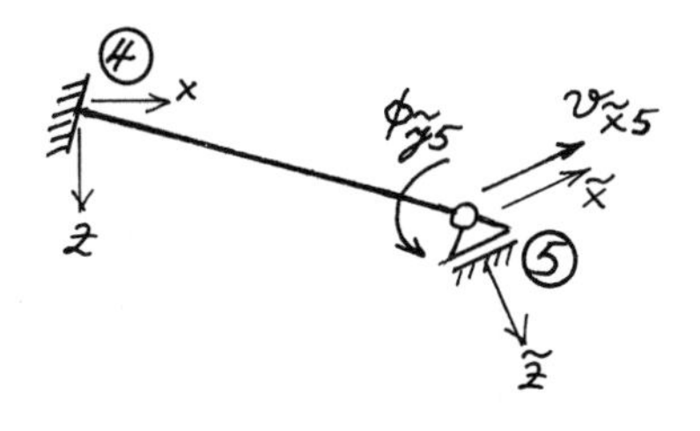

Der in der nebenstehenden Skizze angegebene Sollzustand des Stabes 4-5 weist am Stabende ⑤ sowohl eine Schrägverschieblichkeit als auch eine freie Verdrehbarkeit auf. Ebenfalls ist dieses Stabende an einem Auflagerknoten angeschlossen. Unter dieser Voraussetzung läßt sich der Sollzustand wie folgt erreichen:

Die Schrägverschieblichkeit wird als fiktive Knotenverschiebung $v_{\tilde{x}5}$, die freie Stabendverdrehung als fiktive Knotendrehung $\phi_{\tilde{y}5}$ aufgefaßt. Beide Größen gehen als Verformungsunbekannte in die weitere Rechnung ein.

Die Element-Knotenlasten des Stabes 4-5 werden ebenfalls für beidseitige Einspannung ermittelt. Es sei vorausgesetzt, daß die Spaltenmatrix f^0 der Knotenlasten für beidseitige Einspannung und ebenfalls horizontal-vertikale Knotenachsen an beiden Stabenden zur Verfügung steht.

Die Knotenlasten $\underline{\tilde{f}}^0$ der globalen Achsenlage erhält man dann mit der folgenden Matrizen-Beziehung:

$$\begin{bmatrix} f_{\tilde{x}4} \\ f_{\tilde{z}4} \\ m_{\tilde{y}4} \\ f_{\tilde{x}5} \\ f_{\tilde{z}5} \\ m_{\tilde{y}5} \end{bmatrix} = \begin{bmatrix} \cos\beta_4 & -\sin\beta_4 & 0 & 0 & 0 & 0 \\ \sin\beta_4 & \cos\beta_4 & 0 & 0 & 0 & 0 \\ 0 & 0 & 1 & 0 & 0 & 0 \\ 0 & 0 & 0 & \cos\beta_5 & -\sin\beta_5 & 0 \\ 0 & 0 & 0 & \sin\beta_5 & \cos\beta_5 & 0 \\ 0 & 0 & 0 & 0 & 0 & 1 \end{bmatrix} \cdot \begin{bmatrix} f_{x4} \\ f_{z4} \\ m_{y4} \\ f_{x5} \\ f_{z5} \\ m_{y5} \end{bmatrix} \qquad (112.1)$$

$$\begin{bmatrix} f_{\tilde{x}4} \\ f_{\tilde{z}4} \\ m_{\tilde{y}4} \\ f_{\tilde{x}5} \\ f_{\tilde{z}5} \\ m_{\tilde{y}5} \end{bmatrix} = \begin{bmatrix} 1 & 0 & 0 & 0 & 0 & 0 \\ 0 & 1 & 0 & 0 & 0 & 0 \\ 0 & 0 & 1 & 0 & 0 & 0 \\ 0 & 0 & 0 & 0,9063 & -0,4226 & 0 \\ 0 & 0 & 0 & 0,4226 & 0,9063 & 0 \\ 0 & 0 & 0 & 0 & 0 & 1 \end{bmatrix} \cdot \begin{bmatrix} 0 \\ 48,00 \\ -48,00 \\ 0 \\ 48,00 \\ 48,00 \end{bmatrix} = \begin{bmatrix} 0 \\ 48,00 \\ -48,00 \\ -20,28 \\ 43,50 \\ 48,00 \end{bmatrix}$$

Stab 2-4: IPE 330

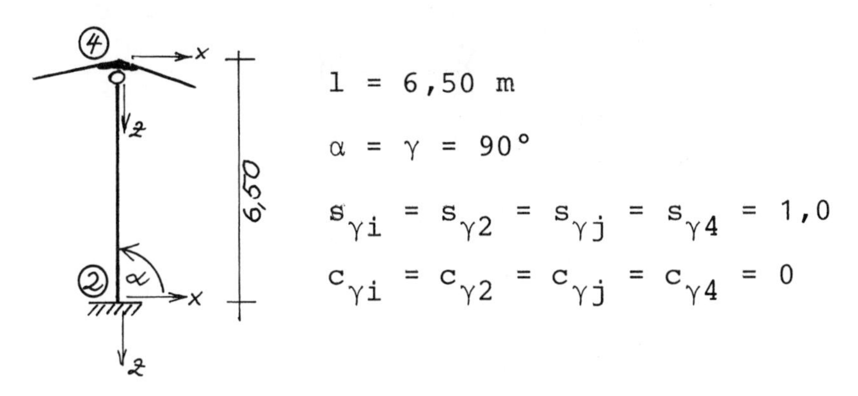

$l = 6{,}50$ m

$\alpha = \gamma = 90°$

$s_{\gamma i} = s_{\gamma 2} = s_{\gamma j} = s_{\gamma 4} = 1{,}0$

$c_{\gamma i} = c_{\gamma 2} = c_{\gamma j} = c_{\gamma 4} = 0$

Die Modifizierung des Momentengelenks wird nach 8.4, Seite 96 vorgenommen.
Aus der Volleinspannung am Stabanfang ② (=i) und dem Momentengelenk am Stabende ④ (=j) folgt:

$c_{\phi 2} = \infty$

$k_{\phi 2} = \frac{1}{2}$

$c_{\phi 4} = 0$

$k_{\phi 4} = 0$

Damit entfällt die Matrix $\underline{\tilde{k}}_{\phi 4} = \underline{\tilde{k}}_{\phi j}$ nach (96.2).

$$k_{\phi 2} \cdot \frac{6EI_y}{l^3(1-k_{\phi 2}k_{\phi 4})} = 10^4 . 0{,}0270$$

$$\frac{EA}{l} = 10^4 . 20{,}2246$$

Oberer Zahlenwert $= \underline{\tilde{k}}_{\phi 2}$ nach (96.1)

Unterer Zahlenwert $= \underline{k}_{(N)}$

$\underline{k} = 10^4$ (oberer Wert / unterer Wert):

0,0270 / 0	0 / 0	-0,1755 / 0	-0,0270 / 0	0 / 0	0 / 0
	0 / 20,2246	0 / 0	0 / 0	0 / -20,2246	0 / 0
		1,1408 / 0	0,1755 / 0	0 / 0	0 / 0
Symmetrie			0,0270 / 0	0 / 0	0 / 0
				0 / 20,2246	0 / 0
					0 / 0

$$= \begin{bmatrix} \underline{k}_{22} & \underline{k}_{24} \\ \underline{k}_{42} & \underline{k}_{44} \end{bmatrix}$$

Spaltenmatrix $\underline{F}^0$ der Gesamt-Knotenlasten

$$
\underline{F}^0 = \begin{bmatrix}
30{,}00 & & \\
16{,}00 & & \\
-30{,}33 & & \\
0 & & \\
0 & & \\
0 & & \\
30{,}00 & 0 & \\
16{,}00 & +\ 48{,}00 & \\
30{,}33 & -\ 48{,}00 & \\
 & 0 & 0 \\
 & 48{,}00 & +\ 48{,}00 \\
 & 48{,}00 & -\ 48{,}00 \\
 & & -\ 20{,}28 \\
 & & 43{,}50 \\
 & & 48{,}00
\end{bmatrix}
=
\begin{bmatrix}
30{,}00 \\ 16{,}00 \\ -30{,}33 \\ 0 \\ 0 \\ 0 \\ 30{,}00 \\ 64{,}00 \\ -17{,}67 \\ 0 \\ 96{,}00 \\ 0 \\ -20{,}28 \\ 43{,}50 \\ 48{,}00
\end{bmatrix}
\begin{matrix}
\left.\begin{matrix} \\ \\ \\ \end{matrix}\right\} \text{Knoten ①} \\
\left.\begin{matrix} \\ \\ \\ \end{matrix}\right\} \text{Knoten ②} \\
\left.\begin{matrix} \\ \\ \\ \end{matrix}\right\} \text{Knoten ③} \\
\left.\begin{matrix} \\ \\ \\ \end{matrix}\right\} \text{Knoten ④} \\
\left.\begin{matrix} \\ \\ \\ \end{matrix}\right\} \text{Knoten ⑤}
\end{matrix}
$$

Die Addition der Untermatrizen mit übereinstimmender Indizierung erfolgt an den Knoten ③ und ④

$$
\Sigma\underline{k}_{33} = \underline{K}_{33} = \begin{bmatrix}
\begin{matrix} 4{,}8969 \\ \underline{27{,}0187} \end{matrix} & \begin{matrix} -11{,}2339 \\ \underline{-6{,}6931} \end{matrix} & \begin{matrix} 0{,}9331 \\ \underline{-0{,}1848} \end{matrix} \\[1em]
\begin{matrix} -11{,}2339 \\ \underline{-0{,}1848} \end{matrix} & \begin{matrix} 28{,}4581 \\ \underline{1{,}9197} \end{matrix} & \begin{matrix} 0{,}3732 \\ \underline{-0{,}7392} \end{matrix} \\[1em]
\begin{matrix} 0{,}9331 \\ \underline{-0{,}1848} \end{matrix} & \begin{matrix} 0{,}3732 \\ \underline{-0{,}7392} \end{matrix} & \begin{matrix} 3{,}6079 \\ \underline{3{,}1415} \end{matrix}
\end{bmatrix}
$$

$$
\Sigma\underline{k}_{44} = \underline{K}_{44} = \begin{bmatrix}
\begin{matrix} 27{,}0187 \\ 18{,}7188 \\ \underline{0{,}0270} \end{matrix} & \begin{matrix} -6{,}6931 \\ 6{,}2005 \\ \underline{0} \end{matrix} & \begin{matrix} 0{,}1848 \\ 0{,}1172 \\ \underline{0} \end{matrix} \\[1em]
\begin{matrix} -6{,}6931 \\ 6{,}2005 \\ \underline{0} \end{matrix} & \begin{matrix} 1{,}9197 \\ 2{,}1841 \\ \underline{20{,}2246} \end{matrix} & \begin{matrix} 0{,}7392 \\ -0{,}3517 \\ \underline{0} \end{matrix} \\[1em]
\begin{matrix} 0{,}1848 \\ 0{,}1172 \\ \underline{0} \end{matrix} & \begin{matrix} 0{,}7392 \\ -0{,}3517 \\ \underline{0} \end{matrix} & \begin{matrix} 3{,}1415 \\ 1{,}5632 \\ \underline{0} \end{matrix}
\end{bmatrix}
$$

Damit kann die Steifigkeitsbeziehung $\underline{K}.\underline{V} = \underline{F}$ am Gesamttragwerk aufgestellt werden (vgl. Seite 115)

$$10^{-4}\cdot\begin{bmatrix} 0 & 0 & -111{,}8926 & 0 & 0 & 0 & 389{,}9337 & 157{,}2384 & -27{,}2513 & 351{,}3637 & 6{,}1718 & 40{,}9865 & 460{,}6802 & 0 & 60{,}3782 \end{bmatrix}$$

$$\underbrace{10^{4}\cdot\begin{bmatrix}
4{,}8669 & -11{,}2339 & -0{,}9331 & & & & -4{,}8669 & 11{,}2339 & -0{,}9331 & & & & & & \\
-11{,}2339 & 28{,}4581 & -0{,}3732 & & & & 11{,}2339 & -28{,}4581 & -0{,}3732 & & & & & & \\
-0{,}9331 & -0{,}3732 & 3{,}6079 & & & & 0{,}9331 & 0{,}3732 & 1{,}8040 & & & & & & \\
 & & & 0{,}0270 & 0 & -0{,}1755 & & & & -0{,}0270 & 0 & 0 & & & \\
 & & & 0 & 20{,}2246 & 0 & & & & 0 & -20{,}2246 & 0 & & & \\
 & & & -0{,}1755 & 0 & 1{,}1408 & & & & 0{,}1755 & 0 & 0 & & & \\
-4{,}8669 & 11{,}2339 & 0{,}9331 & & & & 31{,}8856 & -17{,}9270 & 0{,}7483 & -27{,}0187 & 6{,}6931 & -0{,}1848 & & & \\
11{,}2339 & -28{,}4581 & 0{,}3732 & & & & -17{,}9270 & 30{,}3778 & -0{,}3660 & 6{,}6931 & -1{,}9197 & -0{,}7392 & & & \\
-0{,}9331 & -0{,}3732 & 1{,}8040 & & & & 0{,}7483 & -0{,}3660 & 6{,}7494 & 0{,}1848 & 0{,}7392 & 1{,}5708 & & & \\
 & & & -0{,}0270 & 0 & 0{,}1755 & -27{,}0187 & 6{,}6931 & 0{,}1848 & 45{,}7645 & -0{,}4926 & 0{,}3020 & -14{,}3446 & -13{,}5305 & 0{,}1172 \\
 & & & 0 & -20{,}2246 & 0 & 6{,}6931 & -1{,}9197 & 0{,}7392 & -0{,}4926 & 24{,}3284 & 0{,}3875 & -4{,}6965 & -4{,}5999 & -0{,}3517 \\
 & & & 0 & 0 & 0 & -0{,}1848 & -0{,}7392 & 1{,}5708 & 0{,}3020 & 0{,}3875 & 4{,}7047 & -0{,}2549 & 0{,}2692 & 0{,}7816 \\
 & & & & & & & & & -14{,}3446 & -4{,}6965 & -0{,}2549 & 11{,}0157 & 10{,}3188 & -0{,}2549 \\
 & & & & & & & & & -13{,}5305 & -4{,}5999 & 0{,}2692 & 10{,}3188 & 9{,}8871 & 0{,}2692 \\
 & & & & & & & & & 0{,}1172 & -0{,}3517 & 0{,}7816 & -0{,}2549 & 0{,}2692 & 1{,}5632
\end{bmatrix}}_{\underline{K}}
\cdot
\underbrace{\begin{bmatrix} v_{x1} \\ v_{z1} \\ \phi_{y1} \\ v_{x2} \\ v_{z2} \\ \phi_{y2} \\ v_{x3} \\ v_{z3} \\ \phi_{y3} \\ v_{x4} \\ v_{z4} \\ \phi_{y4} \\ v_{\tilde{x}5} \\ v_{\tilde{z}5} \\ \phi_{\tilde{y}5} \end{bmatrix}}_{\underline{V}}
=
\underbrace{\begin{bmatrix} 30{,}00 \\ 16{,}00 \\ -30{,}33 \\ 0 \\ 0 \\ 0 \\ 30{,}00 \\ 64{,}00 \\ -17{,}67 \\ 0 \\ 96{,}00 \\ 0 \\ -20{,}28 \\ 43{,}50 \\ 48{,}00 \end{bmatrix}}_{\underline{F}^{0}}
+
\underbrace{\begin{bmatrix} A_{x1} \\ A_{z1} \\ 0 \\ A_{x2} \\ A_{z2} \\ M_{y2} \\ 0 \\ 0 \\ 0 \\ 0 \\ 0 \\ 0 \\ 0 \\ A_{\tilde{z}5} \\ 0 \end{bmatrix}}_{\underline{A}}$$

Randbedingungen des Tragwerks von Seite 107: $v_{x1} = v_{z1} = v_{x2} = v_{z2} = \phi_{y2} = v_{\tilde{y}5} = 0$

Damit können innerhalb $\underline{K}.\underline{V} = \underline{F}$ die Zeilen und Spalten 1, 2, 4, 5, 6 und 14 gestrichen werden, um das folgende Gleichungssystem zur Berechnung der Verformungsunbekannten zu erhalten:

$$10^4 \cdot \begin{bmatrix} 3{,}6079 & 0{,}9331 & 0{,}3732 & 1{,}8040 & & & & & \\ 0{,}9331 & 31{,}8856 & -17{,}9270 & 0{,}7483 & -27{,}0187 & 6{,}6931 & -0{,}1848 & & \\ 0{,}3732 & -17{,}9270 & 30{,}3778 & -0{,}3660 & 6{,}6931 & -1{,}9197 & -0{,}7392 & & \\ 1{,}8040 & 0{,}7483 & -0{,}3660 & 6{,}7494 & 0{,}1848 & 0{,}7392 & 1{,}5708 & & \\ & -27{,}0187 & 6{,}6931 & 0{,}1848 & 45{,}7645 & -0{,}4926 & 0{,}3020 & -14{,}3446 & 0{,}1172 \\ & 6{,}6931 & -1{,}9197 & 0{,}7392 & -0{,}4926 & 24{,}3284 & 0{,}3875 & -4{,}6965 & -0{,}3517 \\ & -0{,}1848 & -0{,}7392 & 1{,}5708 & 0{,}3020 & 0{,}3875 & 4{,}7047 & -0{,}2549 & 0{,}7816 \\ & & & & -14{,}3446 & -4{,}6965 & -0{,}2549 & 11{,}0157 & -0{,}2549 \\ & & & & 0{,}1172 & -0{,}3517 & 0{,}7816 & -0{,}2549 & 1{,}5632 \end{bmatrix} \begin{bmatrix} \phi_{y1} \\ v_{x3} \\ v_{z3} \\ \phi_{y3} \\ v_{x4} \\ v_{z4} \\ \phi_{y4} \\ v_{\tilde{x}5} \\ \phi_{\tilde{y}5} \end{bmatrix} = \begin{bmatrix} -30{,}33 \\ 30{,}00 \\ 64{,}00 \\ -17{,}67 \\ 0 \\ 96{,}00 \\ 0 \\ -20{,}28 \\ 48{,}00 \end{bmatrix}$$

Man erhält daraus die Unbekannten

$\phi_{y1} = -111{,}8926.10^{-4}$ $\quad \phi_{y3} = -27{,}2513.10^{-4}$ $\quad \phi_{y4} = 40{,}9865.10^{-4}$

$v_{x3} = 389{,}9337.10^{-4}$ $\quad v_{x4} = 351{,}3637.10^{-4}$ $\quad v_{\tilde{x}5} = 460{,}6802.10^{-4}$

$v_{z3} = 157{,}2384.10^{-4}$ $\quad v_{z4} = 6{,}1718.10^{-4}$ $\quad \phi_{\tilde{y}5} = 60{,}3782.10^{-4}$

Nach Einsetzen der Verformungsunbekannten in die entsprechenden Gleichungen innerhalb $\underline{K}.\underline{V} = \underline{F}$ auf Seite 115 gewinnt man die folgenden Stützgrößen:

$A_{x1} = -31{,}53$

$A_{x2} = -9{,}49$

$A_{\tilde{z}5} = -45{,}06$

$A_{z1} = -58{,}30$

$A_{z2} = -124{,}82$

$M_{y2} = 61{,}66$

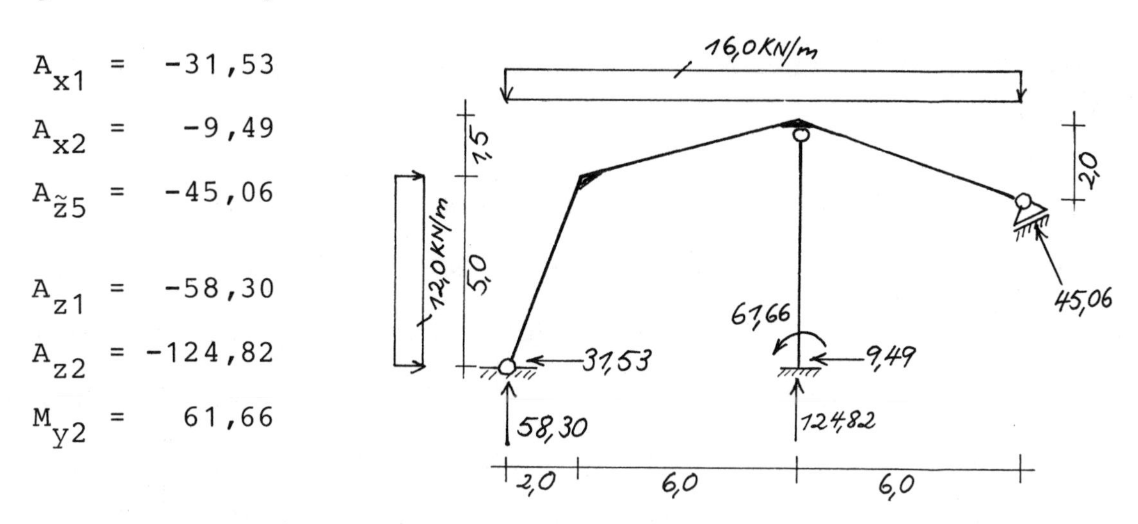

Eine vollständige Gleichgewichtskontrolle $\Sigma H=0$, $\Sigma V=0$ <u>und</u> $\Sigma M=0$ bestätigt die Richtigkeit der gewonnenen Ergebnisse.

Im folgenden sollen die Stabendschnittgrößen für den Elementstab 3-4 berechnet werden, wozu die Matrizengleichung (55.1) zur Verfügung steht.

Zunächst werden die globalen Knotenverformungen des Stabelements in die lokalen Verformungen transformiert.

$$\underbrace{\begin{bmatrix} v_{\bar{x}3} \\ v_{\bar{z}3} \\ \phi_{\bar{y}3} \\ v_{\bar{x}4} \\ v_{\bar{z}4} \\ \phi_{\bar{y}4} \end{bmatrix}}_{\underline{\overline{v}}} = \underbrace{\begin{bmatrix} 0{,}9701 & -0{,}2425 & 0 & 0 & 0 & 0 \\ 0{,}2425 & 0{,}9701 & 0 & 0 & 0 & 0 \\ 0 & 0 & 1 & 0 & 0 & 0 \\ 0 & 0 & 0 & 0{,}9701 & -0{,}2425 & 0 \\ 0 & 0 & 0 & 0{,}2425 & 0{,}9701 & 0 \\ 0 & 0 & 0 & 0 & 0 & 1 \end{bmatrix}}_{\underline{R}_\alpha} \underbrace{\begin{bmatrix} 389{,}9337 \\ 157{,}2384 \\ -27{,}2513 \\ 351{,}3637 \\ 6{,}1718 \\ 40{,}9865 \end{bmatrix}}_{\underline{v}} .10^{-4} = \begin{bmatrix} 340{,}1444 \\ 247{,}0959 \\ -27{,}2513 \\ 339{,}3613 \\ 91{,}1930 \\ 40{,}9865 \end{bmatrix} .10^{-4}$$

Ebenso lassen sich die globalen Element-Knotenlasten $\underline{f}^0$ in die lokalen Achsenrichtungen transformieren. Benötigt wird hierzu auch die vorstehende Transformationsmatrix $\underline{R}_\alpha$. Die Rechnung wird hier nicht wiedergegeben.

Die Gleichung (55.1) lautet:

$$\underline{S}_E = \underline{a}_s(\underline{\bar{k}}.\underline{\bar{v}} - \underline{\bar{f}}^0)$$

Der Klammerausdruck mit der lokalen Elementsteifigkeitsmatrix $\underline{\bar{k}}$ nach (34.2) wird

$$\underbrace{\begin{bmatrix} 28,6920 & 0 & 0 & -28,6920 & 0 & 0 \\ 0 & 0,2464 & -0,7619 & 0 & -0,2464 & -0,7619 \\ 0 & -0,7619 & 3,1415 & 0 & 0,7619 & 1,5708 \\ -28,6920 & 0 & 0 & 28,6920 & 0 & 0 \\ 0 & -0,2464 & 0,7619 & 0 & 0,2464 & 0,7619 \\ 0 & -0,7619 & 1,5708 & 0 & 0,7619 & 3,1415 \end{bmatrix}}_{\underline{\bar{k}}} . \underbrace{\begin{bmatrix} 340,1444 \\ 247,0959 \\ -27,2513 \\ 339,3613 \\ 91,1930 \\ 40,9865 \end{bmatrix}}_{\underline{\bar{v}}} - \underbrace{\begin{bmatrix} -11,64 \\ 46,56 \\ -48,00 \\ -11,64 \\ 46,56 \\ 48,00 \end{bmatrix}}_{\underline{\bar{f}}^0} = \begin{bmatrix} 33,99 \\ -18,61 \\ -92,01 \\ -10,74 \\ -74,51 \\ -80,83 \end{bmatrix}$$

Sofern man vereinbarungsgemäß die Laufrichtung vom Anfangsknoten ③ bis zum Endknoten ④ annimmt und dabei den Bezugsrand an den unteren Querschnittsrand legt, werden durch $\underline{a}_s$ die zugehörigen Vorzeichen der Schnittgrößen geregelt:

$$\underbrace{\begin{bmatrix} N_{34} \\ Q_{34} \\ M_{34} \\ N_{43} \\ Q_{43} \\ M_{43} \end{bmatrix}}_{\underline{S}_E} = \underbrace{\begin{bmatrix} -1 & 0 & 0 & 0 & 0 & 0 \\ 0 & -1 & 0 & 0 & 0 & 0 \\ 0 & 0 & -1 & 0 & 0 & 0 \\ 0 & 0 & 0 & 1 & 0 & 0 \\ 0 & 0 & 0 & 0 & 1 & 0 \\ 0 & 0 & 0 & 0 & 0 & 1 \end{bmatrix}}_{\underline{a}_s} \begin{bmatrix} 33,99 \\ -18,61 \\ -92,01 \\ -10,74 \\ -74,51 \\ -80,83 \end{bmatrix} = \begin{bmatrix} -33,99 \\ 18,61 \\ 92,01 \\ -10,74 \\ -74,51 \\ -80,83 \end{bmatrix}$$

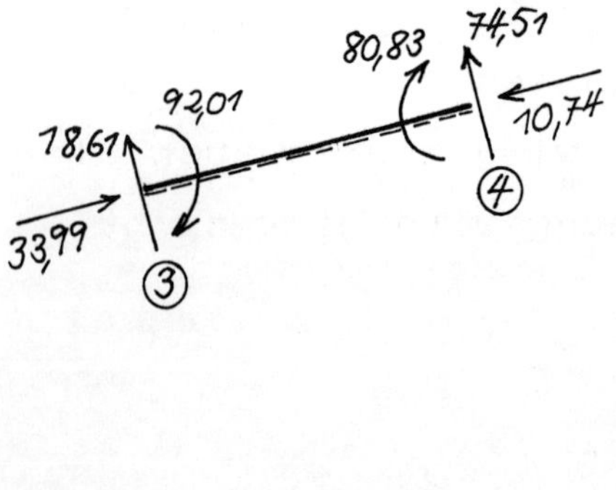

Das auf Seite 107 dargestellte Gesamttragwerk soll dahingehend variiert werden, daß der Stab 2-4 am Stabende ④ ein Querkraftgelenk statt eines Momentengelenks erhält. Wie die nachfolgenden Skizzen zeigen, entsprechen alle übrigen Vorgaben der Seite 107.

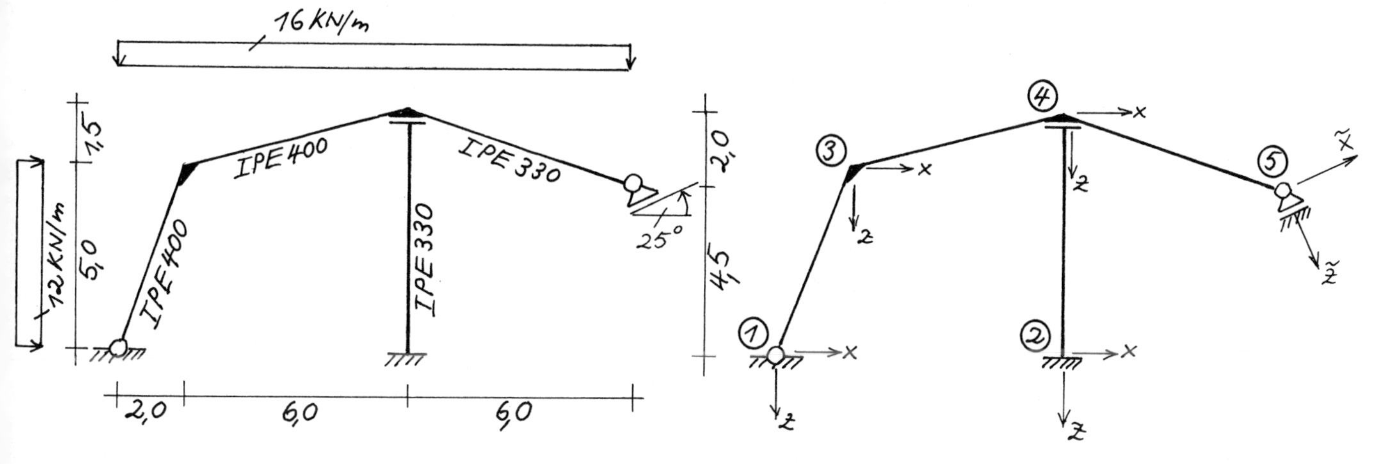

Wir berechnen zunächst die Elementsteifigkeitsmatrix des Stabes 2-4 für beidseitige Einspannung und Stabneigung $\alpha = 90°$ nach (86.2) und (86.3)

$$\underline{k} = 10^4 \begin{bmatrix} 0{,}1080 & 0 & -0{,}3510 & -0{,}1080 & 0 & -0{,}3510 \\ 0 & 20{,}2246 & 0 & 0 & -20{,}2246 & 0 \\ -0{,}3510 & 0 & 1{,}5210 & 0{,}3510 & 0 & 0{,}7605 \\ -0{,}1080 & 0 & 0{,}3510 & 0{,}1080 & 0 & 0{,}3510 \\ 0 & -20{,}2246 & 0 & 0 & 20{,}2246 & 0 \\ -0{,}3510 & 0 & 0{,}7605 & 0{,}3510 & 0 & 1{,}5210 \end{bmatrix} \underbrace{\begin{bmatrix} v_{x2} \\ v_{z2} \\ \phi_{y2} \\ v_{x4} \\ v_{z4} \\ \phi_{y4} \end{bmatrix}}_{\underline{v}}$$

Die Verschiebungsrichtung der Stabenden innerhalb des Querkraftgelenks stimmt mit der x-Achse des Knotens ④ überein. Dabei steht die entsprechende Knotenverformung v_{x4} an vierter Stelle innerhalb der Spaltenmatrix $\underline{v}$ der Elementverformungen.

Wir erkennen folgendes:

Die in der vierten Zeile und Spalte der Elementsteifigkeitsmatrix $\underline{k}$ stehenden Querkraft-Stützgrößen müssen nach der Modifizierung zu Null werden.

Zur Anwendung der Modifizierungsvorschrift nach Abschnitt 8.1 sind die vierte Zeile und Spalte von $\underline{k}$ durch Umrahmung hervorgehoben.

Modifizierungsmatrix $\underline{k}'_m$ für Elementstab 2-4 mit Querkraftgelenk am Stabende ④

$$\underline{k}'_m = \begin{bmatrix} 1 & 0 & 0 & 0 & 0 & 0 \\ 0 & 1 & 0 & 0 & 0 & 0 \\ 0 & 0 & 1 & 0 & 0 & 0 \\ 0 & 0 & 0 & 1 & 0 & 0 \\ 0 & 0 & 0 & 0 & 1 & 0 \\ 0 & 0 & 0 & 0 & 0 & 1 \end{bmatrix} - \frac{1}{0{,}1080} \begin{bmatrix} 0 & 0 & 0 & -0{,}1080 & 0 & 0 \\ 0 & 0 & 0 & 0 & 0 & 0 \\ 0 & 0 & 0 & 0{,}3510 & 0 & 0 \\ 0 & 0 & 0 & 0{,}1080 & 0 & 0 \\ 0 & 0 & 0 & 0 & 0 & 0 \\ 0 & 0 & 0 & 0{,}3510 & 0 & 0 \end{bmatrix} = \begin{bmatrix} 1 & 0 & 0 & 1 & 0 & 0 \\ 0 & 1 & 0 & 0 & 0 & 0 \\ 0 & 0 & 1 & -3{,}25 & 0 & 0 \\ 0 & 0 & 0 & 0 & 0 & 0 \\ 0 & 0 & 0 & 0 & 1 & 0 \\ 0 & 0 & 0 & -3{,}25 & 0 & 1 \end{bmatrix}$$

Modifizierte Elementsteifigkeitsmatrix $\underline{k}' = \underline{k}'_m \cdot \underline{k}$

$$\underline{k}' = 10^4 \underbrace{\begin{bmatrix} 1 & 0 & 0 & 1 & 0 & 0 \\ 0 & 1 & 0 & 0 & 0 & 0 \\ 0 & 0 & 1 & -3{,}25 & 0 & 0 \\ 0 & 0 & 0 & 0 & 0 & 0 \\ 0 & 0 & 0 & 0 & 1 & 0 \\ 0 & 0 & 0 & -3{,}25 & 0 & 1 \end{bmatrix}}_{\underline{k}'_m} \cdot \underbrace{\begin{bmatrix} 0{,}1080 & 0 & -0{,}3510 & -0{,}1080 & 0 & -0{,}3510 \\ 0 & 20{,}2246 & 0 & 0 & -20{,}2246 & 0 \\ -0{,}3510 & 0 & 1{,}5210 & 0{,}3510 & 0 & 0{,}7605 \\ -0{,}1080 & 0 & 0{,}3510 & 0{,}1080 & 0 & 0{,}3510 \\ 0 & -20{,}2246 & 0 & 0 & 20{,}2246 & 0 \\ -0{,}3510 & 0 & 0{,}7605 & 0{,}3510 & 0 & 1{,}5210 \end{bmatrix}}_{\underline{k}} = 10^4 \underbrace{\begin{bmatrix} 0 & 0 & 0 & 0 & 0 & 0 \\ 0 & 20{,}2246 & 0 & 0 & -20{,}2246 & 0 \\ 0 & 0 & 0{,}3803 & 0 & 0 & -0{,}3803 \\ 0 & 0 & 0 & 0 & 0 & 0 \\ 0 & -20{,}2246 & 0 & 0 & 20{,}2246 & 0 \\ 0 & 0 & -0{,}3803 & 0 & 0 & 0{,}3803 \end{bmatrix}}_{\underline{k}'}$$

Die Untermatrizen der modifizierten Elementsteifigkeitsmatrix $\underline{k}'$ des Stabes 2-4 werden in die Gesamtsteifigkeitsmatrix $\underline{K}$ an entsprechender Stelle eingefügt, während die Spaltenmatrix $\underline{F}^0$ der Gesamtlasten unverändert bleibt. Unter Beibehaltung der Randbedingungen wie auf Seite 116 können die Verformungsunbekannten berechnet werden. Die zugehörige Rechnung wird hier nicht wiedergegeben.

Als Verformungsunbekannte erhält man:

$\phi_{y1} = -131{,}1707 . 10^{-4}$ $\qquad$ $v_{x4} = 415{,}8998 . 10^{-4}$

$v_{x3} = 460{,}9557 . 10^{-4}$ $\qquad$ $v_{z4} = 6{,}6151 . 10^{-4}$

$v_{z3} = 185{,}2489 . 10^{-4}$ $\qquad$ $\phi_{y4} = 45{,}0971 . 10^{-4}$

$\phi_{y3} = -31{,}2260 . 10^{-4}$ $\qquad$ $v_{\tilde{x}5} = 545{,}1646 . 10^{-4}$

$\phi_{\tilde{y}5} = 67{,}3603 . 10^{-4}$

Die zugehörigen Stützgrößen nehmen folgende Werte an:

$A_{x1} = -40{,}83$

$A_{x2} = 0$

$A_{\tilde{z}5} = -45{,}54$

$A_{z1} = -48{,}89$

$A_{z2} = -133{,}79$

$M_{y2} = -17{,}15$

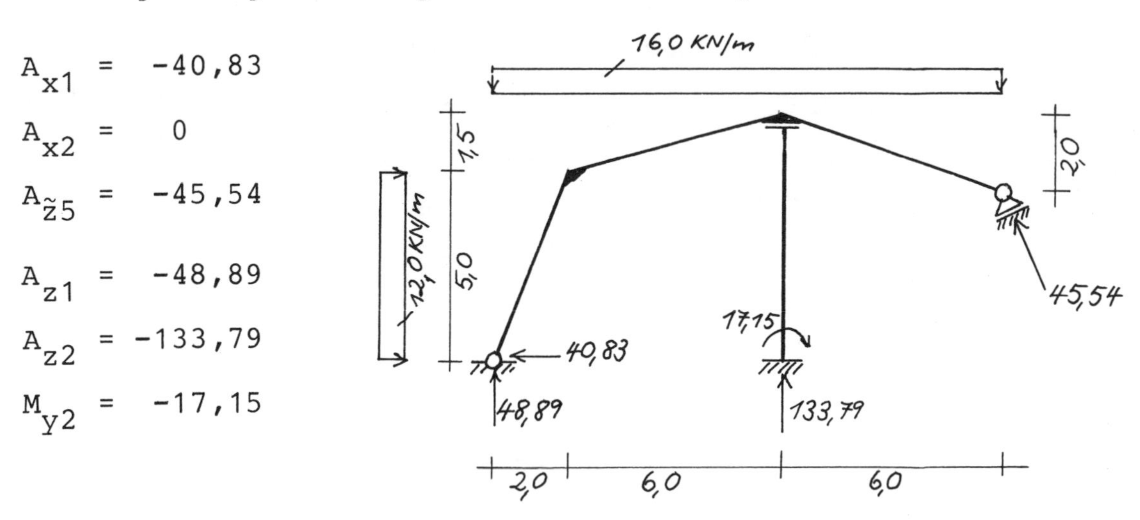

Anmerkung:

Sofern die Verschiebungsrichtung des Querkraftgelenks nicht mit einer Achse des Anschlußknotens übereinstimmt, muß die zuvor modifizierte Elementsteifigkeitsmatrix $\underline{k}'$ anschließend in die Richtung der Knotenachsen transformiert werden.

10 Die Übertragungsmatrizen im Rahmen der Finite-Elemente-Methode

10.1 Übertragungsmatrizen am Einfeldträger nach Theorie I. Ordnung

Die nachfolgende Entwicklung der Übertragungsmatrizen soll sich in die Finite-Elemente-Methode einordnen und beschränkt sich daher auf den Einfeldträger. Weitere Anwendungen der Übertragungsmatrizen, so z.B. bei Rahmen und Durchlaufträgern, gehören nicht zum Thema dieses Buches.

Bild 122.1 zeigt einen Einfeldträger mit beliebiger ebener Belastung. Der gesamte Träger ist als Stabelement im Sinne der Finite-Elemente-Methode aufzufassen. Aus diesem Grunde ist die Biegesteifigkeit EI_y über die Elementlänge konstant.

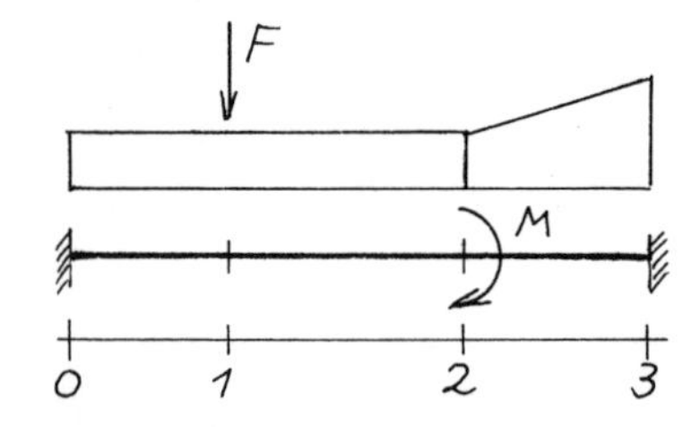

Bild 122.1
Einfeldträger als finites Stabelement mit beliebiger Belastung und über die Elementlänge konstanter Biegesteifigkeit EI_y

Der Einfeldträger wird in drei Rechenabschnitte unterteilt. Die Anzahl der Rechenabschnitte ist von einer Änderung der Belastung sowie gegebenenfalls auch von einer sich ändernden Steifigkeit abhängig. Bei der Unterteilung fallen nur Anfangs- und Endpunkt mit den Knoten des finiten Stabelementes zusammen.

Für den Ansatz von Einzellasten F und Einzelmomenten M, die wir zusammengefaßt als Singulärlasten bezeichnen, wird zwecks einfacherer Zahlenrechnung folgende Regel vereinbart:

Einzellasten F und Einzelmomente M werden stets an das Ende eines Rechenabschnitts gesetzt. Damit wird jeder Angriffspunkt von F oder M zum Unterteilungspunkt zweier aufeinanderfolgender Rechenabschnitte.

Aus einem Einfeldträger (oder Stabelement) denken wir uns einen beliebig belasteten Rechenabschnitt r-s nach Bild 122.2 herausgeschnitten. Für die nachfolgende Entwicklung benutzen wir vorübergehend die Veränderliche "x" mit x = 0 im Anfangspunkt "r".

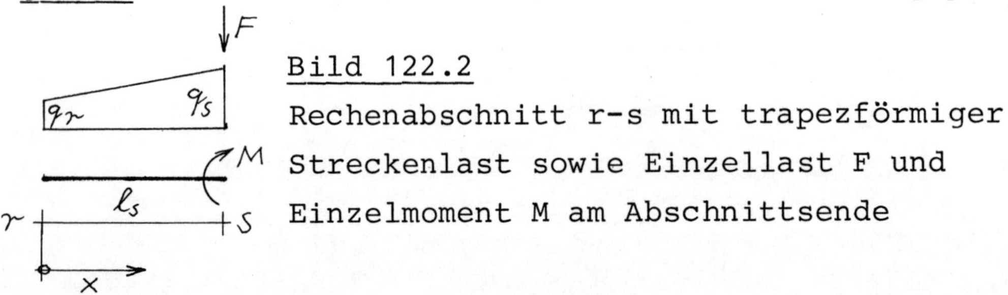

Bild 122.2
Rechenabschnitt r-s mit trapezförmiger Streckenlast sowie Einzellast F und Einzelmoment M am Abschnittsende

Für jeden Unterteilungspunkt formulieren wir einen Zustandsvektor $\underline{Z}$. Dies ist eine Spaltenmatrix mit allen Einzelkomponenten der in diesem Punkt wirksamen Verformungen und Schnittgrößen.

Da wir nur den Bereich der ebenen Biegung betrachten, können wir der Einfachheit halber auf die Indizierung der zugehörigen Achsenrichtungen verzichten.

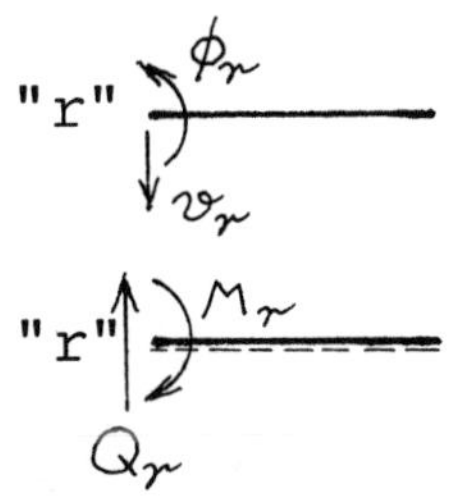

"r" ϕ_r v_r

"r" M_r Q_r

Bild 123.1
Positiv definierte
Einzelkomponenten v_r, ϕ_r, M_r, Q_r

Die Verdrehung ϕ_r wurde entgegen der in der Fachliteratur sonst üblichen Regelung der Finite-Elemente-Methode angepaßt. Unter Bezug auf Bild 123.1 heißt es daher:

$$\phi_r = - v'_r \tag{123.1}$$

Der übersichtlicheren Zahlenrechnung wegen werden die Verformungen in EI_y facher Größe angesetzt.

Die Zustandsvektoren für den Abschnittsanfang "r" sowie das Abschnittsende "s" lauten:

$$\underline{Z}_r = \begin{bmatrix} EI_y v_r \\ EI_y \phi_r \\ M_r \\ Q_r \\ 1 \end{bmatrix} \tag{123.2}$$

$$\underline{Z}_s = \begin{bmatrix} EI_y v_s \\ EI_y \phi_s \\ M_s \\ Q_s \\ 1 \end{bmatrix} \tag{123.3}$$

Jeder Zustandsvektor $\underline{Z}$ besteht aus vier Einzelkomponenten sowie einem Platzhalter "1", der die Aufnahme von Singulärlasten F oder M gestattet.

Mit den Randordinaten q_r und q_s der Trapezlast nach Bild 122.2 legen wir folgende Lastgröße fest:

$$\triangle q_s = q_s - q_r \qquad (124.1)$$

Dabei kann $\triangle q_s$ sowohl positiv als auch negativ sein.

Wir führen die bekannte Differentialgleichung ein (vgl. Bild 122.2):

$$EI_y v^{IV} = q(x) = q_r + \frac{\triangle q_s}{l_s}.x \qquad (124.2)$$

Ihre Lösung enthält vier Integrationskonstanten, die wir durch die Einzelkomponenten des Zustandsvektors $\underline{Z}_r$ nach (123.2) ausdrücken. Unter Beachtung von (123.1) heißt es:

$$EI_y v = EI_y v_r - EI_y \phi_r.x - M_r.\frac{x^2}{2} - Q_r.\frac{x^3}{6} + q_r.\frac{x^4}{24} + \frac{\triangle q_s}{l_s}.\frac{x^5}{120} \qquad (124.3)$$

Aus (124.3) erhält man nacheinander:

$$EI_y v' = -EI_y \phi = -EI_y \phi_r - M_r.x - Q_r.\frac{x^2}{2} + q_r.\frac{x^3}{6} + \frac{\triangle q_s}{l_s}.\frac{x^4}{24} \qquad (124.4)$$

$$EI_y v'' = -M = -M_r - Q_r.x + q_r.\frac{x^2}{2} + \frac{\triangle q_s}{l_s}.\frac{x^3}{6} \qquad (124.5)$$

$$EI_y v''' = -Q = -Q_r + q_r.x + \frac{\triangle q_s}{l_s}.\frac{x^2}{2} \qquad (124.6)$$

In den Gleichungen (124.3) bis (124.6) ersetzen wir "x" durch "l_s" und gewinnen damit die Einzelkomponenten des Zustandsvektors $\underline{Z}_s$.

Der gesamte Gleichungskomplex wird auf Seite 125 in Matrizenform angegeben. Da wir nach Bild 122.2 das Abschnittsende einbeziehen, sind als Lastanteile sowohl das Einzelmoment M als auch die Einzellast F in die Matrix mit aufzunehmen.

$$\underbrace{\begin{bmatrix} EI_y v_s \\ EI_y \phi_s \\ M_s \\ Q_s \\ 1 \end{bmatrix}}_{\underline{Z}_s} = \underbrace{\begin{bmatrix} 1 & -l_s & -\frac{l_s^2}{2} & -\frac{l_s^3}{6} & \{q_r \cdot \frac{l_s^4}{24} + \Delta q_s \cdot \frac{l_s^4}{120}\} \\ & 1 & l_s & \frac{l_s^2}{2} & \{-q_r \cdot \frac{l_s^3}{6} - \Delta q_s \cdot \frac{l_s^3}{24}\} \\ & & 1 & l_s & \{-q_r \cdot \frac{l_s^2}{2} - \Delta q_s \cdot \frac{l_s^2}{6} + M\} \\ & & & 1 & \{-q_r \cdot l_s - \Delta q_s \cdot \frac{l_s}{2} - F\} \\ & & & & 1 \end{bmatrix}}_{\underline{U}_s} \underbrace{\begin{bmatrix} EI_y v_r \\ EI_y \phi_r \\ M_r \\ Q_r \\ 1 \end{bmatrix}}_{\underline{Z}_r} \qquad (125.1)$$

In Matrizen-Kurzform lautet das Gleichungssystem (125.1)

$$\underline{Z}_s = \underline{U}_s \cdot \underline{Z}_r$$

<u>Die dreieckförmig besetzte Matrix $\underline{U}_s$ wird als Feldmatrix bezeichnet. Sie verknüpft die beiden Zustandsvektoren $\underline{Z}_r$ und $\underline{Z}_s$ am Abschnittsanfang und Abschnittsende miteinander.</u>

Innerhalb der Feldmatrix $\underline{U}_s$ wurde die von der Belastung abhängige Spalte nochmals besonders gekennzeichnet. Die Bezeichnung der Einzelkomponenten dieser Lastspalte soll wie in der Fachliteratur üblich erfolgen und wird nachstehend wiedergegeben:

$$\begin{bmatrix} EI_y v_s^* \\ EI_y \phi_s^* \\ M_s^* \\ Q_s^* \\ 1 \end{bmatrix} = \begin{bmatrix} q_r \cdot \frac{l_s^4}{24} + \Delta q_s \cdot \frac{l_s^4}{120} \\ -q_r \cdot \frac{l_s^3}{6} - \Delta q_s \cdot \frac{l_s^3}{24} \\ -q_r \cdot \frac{l_s^2}{2} - \Delta q_s \cdot \frac{l_s^2}{6} + M \\ -q_r \cdot l_s - \Delta q_s \cdot \frac{l_s}{2} - F \\ 1 \end{bmatrix} \qquad (125.2)$$

Für die drei Rechenabschnitte des Einfeldträgers nach Bild 122.1 können wir mit der Kurzform von (125.1) schreiben:

$$\underline{Z}_1 = \underline{U}_1 \cdot \underline{Z}_0 \qquad (126.1)$$

$$\underline{Z}_2 = \underline{U}_2 \cdot \underline{Z}_1 = \underline{U}_2 \cdot U_1 \cdot \underline{Z}_0 \qquad (126.2)$$

$$\underline{Z}_3 = \underline{U}_3 \cdot \underline{Z}_2 = \underline{U}_3 \cdot \underline{U}_2 \cdot \underline{U}_1 \cdot \underline{Z}_0 \qquad (126.3)$$

Die drei Matrizenprodukte lassen sich nach dem Multiplikationsschema von Falk berechnen (vgl. auch Bild 19.1). Das Schema ist in Bild 126.1 nochmals wiedergegeben.

	$\underline{Z}_0$
$\underline{U}_1$	$\underline{Z}_1 = \underline{U}_1 \cdot \underline{Z}_0$
$\underline{U}_2$	$\underline{Z}_2 = \underline{U}_2 \cdot \underline{Z}_1$
$\underline{U}_3$	$\underline{Z}_3 = \underline{U}_3 \cdot \underline{Z}_2$

Bild 126.1
Fortlaufende Matrizenmultiplikation mittels Falk-Schema für die Matrizenprodukte (126.1) bis (126.3)

Von besonderer Bedeutung ist der Zustandsvektor $\underline{Z}_0$ am linksseitigen Trägerauflager, da mit ihm die fortlaufende Matrizenmultiplikation eröffnet wird.

Um jede Einzelkomponente von $\underline{Z}_0$ getrennt von den übrigen zu erhalten, verwenden wir folgende Schreibweise:

$$\underline{Z}_0 = \begin{bmatrix} EI_y v_0 \\ EI_y \phi_0 \\ M_0 \\ Q_0 \\ 1 \end{bmatrix} = \begin{bmatrix} 1 \\ 0 \\ 0 \\ 0 \\ 0 \end{bmatrix} EI_y v_0 + \begin{bmatrix} 0 \\ 1 \\ 0 \\ 0 \\ 0 \end{bmatrix} EI_y \phi_0 + \begin{bmatrix} 0 \\ 0 \\ 1 \\ 0 \\ 0 \end{bmatrix} M_0 + \begin{bmatrix} 0 \\ 0 \\ 0 \\ 1 \\ 0 \end{bmatrix} Q_0 + \begin{bmatrix} 0 \\ 0 \\ 0 \\ 0 \\ 1 \end{bmatrix} 1 \qquad (126.4)$$

Es sollen zwei wichtige Lagerungsarten des Einfeldträgers am linksseitigen Trägerauflager, d.h. im Punkt "0", betrachtet werden.

a) Eingespanntes Stabende nach Bild 127.1

"0"

Bild 127.1

Eingespanntes Stabende im Punkt "0"

$EI_y v_0 = EI_y \phi_0 = 0$

Unbekannte: M_0, Q_0

$\underline{z}_0$ in Splitting-Schreibweise

$$\underline{z}_0 = \begin{bmatrix} 0 \\ 0 \\ 1 \\ 0 \\ 0 \end{bmatrix} M_0 + \begin{bmatrix} 0 \\ 0 \\ 0 \\ 1 \\ 0 \end{bmatrix} Q_0 + \begin{bmatrix} 0 \\ 0 \\ 0 \\ 0 \\ 1 \end{bmatrix} 1 \qquad (127.1)$$

$\underline{z}_0$ im Falk-Schema

M_0	Q_0	1
0	0	0
0	0	0
1	0	0
0	1	0
0	0	1

b) Frei drehbar gelagertes Stabende

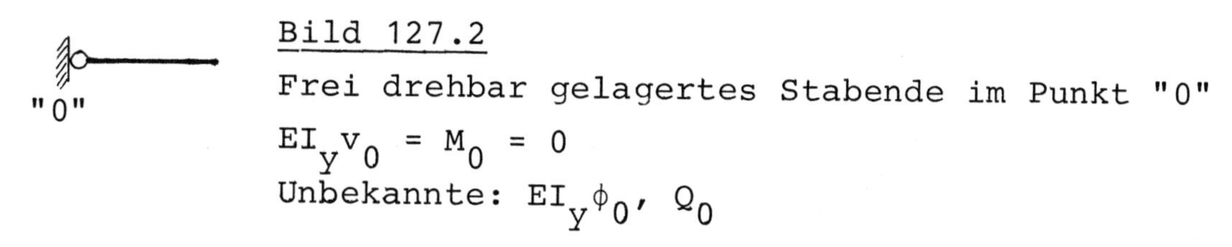

"0"

Bild 127.2

Frei drehbar gelagertes Stabende im Punkt "0"

$EI_y v_0 = M_0 = 0$

Unbekannte: $EI_y \phi_0$, Q_0

$\underline{z}_0$ in Splitting-Schreibweise

$$\underline{z}_0 = \begin{bmatrix} 0 \\ 1 \\ 0 \\ 0 \\ 0 \end{bmatrix} EI_y \phi_0 + \begin{bmatrix} 0 \\ 0 \\ 0 \\ 1 \\ 0 \end{bmatrix} Q_0 + \begin{bmatrix} 0 \\ 0 \\ 0 \\ 0 \\ 1 \end{bmatrix} 1 \qquad (127.2)$$

$\underline{z}_0$ im Falk-Schema

$EI_y \phi_0$	Q_0	1
0	0	0
1	0	0
0	0	0
0	1	0
0	0	1

Wir merken uns:

Jeder Zustandsvektor $\underline{z}_0$ enthält zwei unbekannte Einzelkomponenten, die von der Lagerung des Trägers im Punkt "0" abhängen. Diese beiden "Anfangsunbekannten" werden aus zwei Bedingungsgleichungen am rechten Trägerende bestimmt.

Wir kommen zurück auf das Matrizenprodukt in Gleichung (126.3). Dieses lautete:

$$\underline{Z}_3 = \underline{U}_3 \cdot \underline{U}_2 \cdot \underline{U}_1 \cdot \underline{Z}_0$$

Daraus folgt:

Der Zustandsvektor $\underline{Z}_3$ am Trägerende läßt sich durch die beiden Anfangsunbekannten des Zustandsvektors $\underline{Z}_0$ am Trägeranfang ausdrücken.

Am Einfeldträger nach Bild 122.1 lauten die beiden Bedingungsgleichungen zur Berechnung der beiden Anfangsunbekannten:

$$EI_y v_3 = 0$$

$$EI_y \phi_3 = 0$$

Das nachfolgende Zahlenbeispiel im Abschnitt 10.2 soll die voraufgegangene Entwicklung nochmals verdeutlichen.

10.2 Zahlenbeispiel: Übertragungsmatrizen nach Theorie I. Ordnung am Einfeldträger

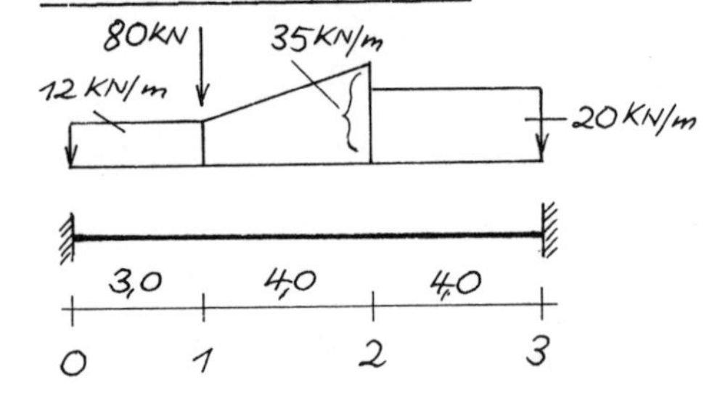

Es sind die Verformungen und Schnittgrößen des beidseitig eingespannten Einfeldträgers zu bestimmen.

In Abhängigkeit von der gegebenen Belastung erhält der Träger vier Unterteilungspunkte und damit drei Rechenabschnitte.

Für die beiden ersten Rechenabschnitte wird die Berechnung der Lastspalte gemäß Gleichung (125.2) gezeigt.

Rechenabschnitt 0-1:

$$EI_y v_1^* = 12,0 \cdot \frac{3,0^4}{24} = 40,50$$

$$EI_y \phi_1^* = -12,0 \cdot \frac{3,0^3}{6} = -54,00$$

$$M_1^* = -12,0 \cdot \frac{3,0^2}{2} = -54,00$$

$$Q_1^* = -12,0 \cdot 8,0 - 80,0 = -116,00$$

Die Einzellast von 80 kN wird laut Vereinbarung an das Ende des voraufgehenden Rechenabschnitts gesetzt.

Rechenabschnitt 1-2:

Nach (124.1) ist

$\Delta q_2 = 35{,}0 - 12{,}0 = 23{,}0$

Einzelkomponenten der Lastspalte nach (125.2)

$$EI_y v_2^* = 12{,}0 \cdot \frac{4{,}0^4}{24} + 23{,}0 \cdot \frac{4{,}0^4}{120} = 177{,}07$$

$$EI_y \phi_2^* = -12{,}0 \cdot \frac{4{,}0^3}{6} - 23{,}0 \cdot \frac{4{,}0^3}{24} = -189{,}33$$

$$M_2^* = -12{,}0 \cdot \frac{4{,}0^2}{2} - 23{,}0 \cdot \frac{4{,}0^2}{6} = -157{,}33$$

$$Q_2^* = -12{,}0 \cdot 4{,}0 - 23{,}0 \cdot \frac{4{,}0}{2} = -94{,}00$$

Das linksseitige Trägerende ist eingespannt. Damit stimmt der Zustandsvektor $\underline{Z}_0$ mit (127.1) überein.

Die beiden Anfangsunbekannten sind das Moment M_0 sowie die Querkraft Q_0. Beide werden im Rechenschema auf Seite 130 an den Kopf der zugehörigen Matrizenspalte geschrieben und sind dann im Anschluß an ihre Berechnung mit den darunterliegenden Spaltenwerten zu multiplizieren.

Die Matrizenmultiplikation entspricht dem in Bild 126.1 dargestellten Falk-Schema. Dabei sind nacheinander zu berechnen:

a) Feldmatrizen $\underline{U}_1$ bis $\underline{U}_3$ unter Verwendung der in (125.1) angegebenen allgemeinen Formulierung.

b) Eintragung des Zustandsvektors $\underline{Z}_0$ nach (127.1) in das Rechenschema wie beschrieben.

c) Durchführung der fortlaufenden Matrizenmultiplikation gemäß den Gleichungen (126.1) bis (126.3)

d) Berechnung der beiden Anfangsunbekannten M_0 und Q_0 aus den Randbedingungen im Punkt "3" am rechtsseitigen Trägerende:
$EI_y v_3 = EI_y \phi_3 = 0$

e) Berechnung der Einzelkomponenten aller Zustandsvektoren $\underline{Z}_0$ bis $\underline{Z}_3$ durch Multiplikation der Spaltenwerte mit den nun zahlenmäßig bekannten Anfangsunbekannten und Eintragung in die Ergebnisspalte auf Seite 130.

						M_0	Q_0	1	Ergebnis	
						0	0	0	0	$EI_y v_0$
						0	0	0	0	$EI_y \phi_0$
						1	0 ($\underline{Z}_0$)	0	-318,63	M_0
						0	1	0	156,81	Q_0
						0	0	1	1	
$\underline{U}_1$	1	-3,0	-4,5	-4,5	40,50	-4,5	-4,5	40,50	768,69	$EI_y v_1$
		1	3,0	4,5	-54,00	3,0	4,5	-54,00	-304,25	$EI_y \phi_1$
			1	3,0	-54,00	1	3,0	-54,00	97,80	M_1
				1	-116,00	0	1	-116,00	40,81	$Q_{1,re}$
					1	0	0	1	1	
$\underline{U}_2$	1	-4,0	-8,0	-10,6667	177,07	-24,50	-57,1667	2102,91	945,03	$EI_y v_2$
		1	4,0	8,0	-189,33	7,0	24,50	-1387,33	224,11	$EI_y \phi_2$
			1	4,0	-157,33	1	7,0	-675,33	103,71	M_2
				1	-94,00	0	1	-210,00	-53,19	Q_2
					1	0	0	1	1	
$\underline{U}_3$	1	-4,0	-8,0	-10,6667	213,33	-60,50	-221,8334	15508,21	0	$EI_y v_3$
		1	4,0	8,0	-213,33	11,00	60,50	-5981,98	0	$EI_y \phi_3$
			1	4,0	-160,00	1	11,00	-1675,33	-269,05	M_3
				1	-80,00	0	1	-290,00	-133,19	Q_3
					1	0	0	1	1	

Bedingungsgleichungen zur Berechnung der Anfangsunbekannten M_0 und Q_0

$EI_y v_3 = 0$: $\boxed{-60{,}50 \cdot M_0 - 221{,}8334 \cdot Q_0 + 15508{,}21 = 0}$ $M_0 = -318{,}63$

$EI_y \phi_3 = 0$: $\boxed{11{,}00 \cdot M_0 + 60{,}50 \cdot Q_0 - 5981{,}98 = 0}$ $Q_0 = 156{,}81$

Die Berechnung der Ergebnisspalte auf Seite 130 durch Multiplikation mit den Anfangsunbekannten M_0 = -318,63 und Q_0= 156,81 soll am Beispiel folgender Einzelkomponenten gezeigt werden:

$$EI_y v_2 = -24{,}5(-318{,}63) - 57{,}1667.156{,}81 + 2102{,}91 = 945{,}03$$

$$EI_y \phi_2 = 7{,}0(-318{,}63) + 24{,}50.156{,}81 - 1387{,}33 = 224{,}11$$

Mit den Stützreaktionen an den Stabenden lassen sich die Element-Knotenlasten bestimmen, sofern wir den Einfeldträger als finites Stabelement auffassen.

10.3 Die Feldmatrix $\underline{U}_s$ nach Theorie I. Ordnung in der Vergleichsformulierung

Es soll die in Gleichung (125.1) enthaltene Feldmatrix $\underline{U}_s$ nach Theorie I. Ordnung mit der im Abschnitt 10.4 nach Theorie II. Ordnung entwickelten verglichen werden. Zu diesem Zweck schreiben wir $\underline{U}_s$ in Abhängigkeit von den Konstanten ν_1 bis ν_5 wie folgt:

$$\underline{U}_s^I = \begin{bmatrix} 1 & -\frac{l_s}{\nu_1} & -\frac{l_s^2}{\nu_2} & -\frac{l_s^3}{\nu_3} & \{q_r \cdot \frac{l_s^4}{\nu_4} + \Delta q_s \cdot \frac{l_s^4}{\nu_5}\} \\ & 1 & \frac{l_s}{\nu_1} & \frac{l_s^2}{\nu_2} & \{-q_r \cdot \frac{l_s^3}{\nu_3} - \Delta q_s \cdot \frac{l_s^3}{\nu_4}\} \\ & & 1 & \frac{l_s}{\nu_1} & \{-q_r \cdot \frac{l_s^2}{\nu_2} - \Delta q_s \cdot \frac{l_s^2}{\nu_3} + M\} \\ & & & 1 & \{-q_r \cdot \frac{l_s}{\nu_1} - \Delta q_s \cdot \frac{l_s}{\nu_2} - F\} \\ & & & & 1 \end{bmatrix} \qquad (131.1)$$

Nach Vergleich mit $\underline{U}_s$ aus (125.1) ist:

$\nu_1 = 1! = 1$

$\nu_2 = 2! = 2$

$\nu_3 = 3! = 6$

$\nu_4 = 4! = 24$

$\nu_5 = 5! = 120$

10.4 Übertragungsmatrizen am Einfeldträger nach Theorie II. Ordnung

Bild 132.1 zeigt einen beliebig belasteten Rechenabschnitt r-s, der sich von dem in Bild 122.2 skizzierten wie folgt unterscheidet:

a) Über die gesamte Abschnittslänge l_s wirkt eine konstante Druckkraft N_s

b) In den Momentenverlauf M(x) wird die Druckkraft N_s am Hebelarm v(x) der Biegeverformung mit einbezogen

Die positiv definierten Vorzeichen der Verformungen und Schnittgrößen entsprechen Bild 123.1.

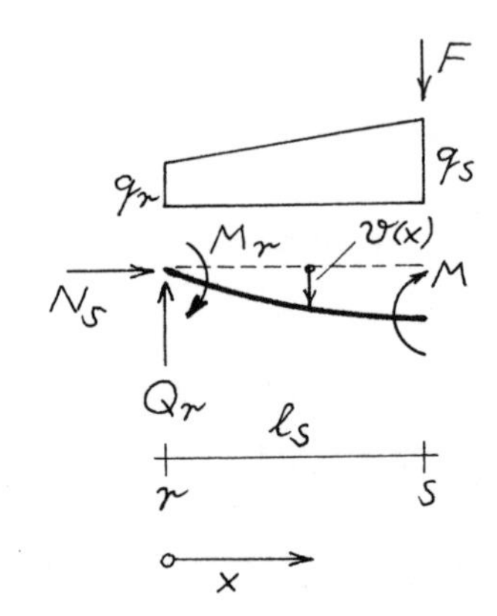

Bild 132.1

Beliebig belasteter Rechenabschnitt r-s nach Theorie II. Ordnung mit Zusatzmoment aus konstanter Druckkraft N_s am Hebelarm der Biegeverformung v(x)

Wir merken uns:

Im Zusammenhang mit der Theorie II. Ordnung werden ausschließlich Druckkräfte berücksichtigt, da nur diese eine Vergrößerung der Momente bewirken. Dabei sind alle Druckkräfte stets mit ihrem Betragswert einzusetzen.

Die vollständigen Zustandsvektoren für den Abschnittsanfang "r" sowie das Abschnittsende "s" lauten:

$$\underline{Z}_r = \begin{bmatrix} EI_y v_r \\ EI_y \phi_r \\ M_r^{II} \\ Q_r \\ 1 \end{bmatrix} \qquad (132.1)$$

$$\underline{Z}_s = \begin{bmatrix} EI_y v_s \\ EI_y \phi_s \\ M_s^{II} \\ Q_s \\ 1 \end{bmatrix} \qquad (133.1)$$

Bild 132.1, Bild 123.1 sowie die Gleichungen (123.1) und (124.1) ergeben:

$$EI_y v'' = -M(x)^{II} = -M_r^{II} - Q_r.x + q_r.\frac{x^2}{2} + \frac{\Delta q_s}{l_s}.\frac{x^3}{6} - N_s.v \qquad (133.2)$$

$$EI_y v''' = -Q(x)^{II} = -Q_r + q_r.x + \frac{\Delta q_s}{l_s}.\frac{x^2}{2} - N_s.v' \qquad (133.3)$$

Mit x = 0 in (133.3) erhalten wir unter Beachtung von (123.1)

$$-Q_r^{II} = -Q_r + N_s.\phi_r \qquad (133.4)$$

In den Zustandsvektoren (132.1) und (133.1) verwenden wir die Querkraft Q_r bzw. Q_s rechtwinklig zur unverformten Stabachse, da nur hiermit eine praktikable Gleichgewichtsformulierung möglich ist.

Durch zweimalige Differentiation folgt aus (133.2) die Differentialgleichung

$$EI_y v^{IV} + N_s.v'' = q_r + \frac{\Delta q_s}{l_s}.x \qquad (133.5)$$

Zu ihrer Lösung führen wir folgenden abschnittsweise konstanten Parameter ε_s ein:

$$\varepsilon_s = l_s\sqrt{\frac{N_s}{EI_y}} \qquad (133.6)$$

Vereinbarungsgemäß wird die Druckkraft N_s stets mit ihrem Betragswert eingesetzt. Der positive Zahlenwert von ε_s entspricht einem Winkel im Bogenmaß des Einheitskreises.

Zur Vereinfachung der Schreibweise setzen wir vorübergehend:

$\varepsilon_s = \varepsilon$

$l_s = l$

Mit (133.6) wird (133.5):

$$v^{IV} + \frac{\varepsilon^2}{l^2}.v'' = \frac{q_r}{EI_y} + \frac{\Delta q_s}{l.EI_y}.x \qquad (134.1)$$

Die vollständige Lösung von (134.1) lautet:

$$v = A + B\cdot x + C\cdot\cos(\varepsilon.\frac{x}{l}) + D\cdot\sin(\varepsilon.\frac{x}{l}) + q_r.\frac{l^2}{2\varepsilon^2}.\frac{x^2}{EI_y}$$

$$+\Delta q_s.\frac{l}{6\varepsilon^2}.\frac{x^3}{EI_y} \qquad (134.2)$$

Die vier Integrationskonstanten sollen durch die vier Einzelkomponenten des Zustandsvektors $\underline{Z}_r$ nach (132.1) ausgedrückt werden. Aus (134.2) erhalten wir

$$v(0) = v_r = A + C \qquad (134.3)$$

$$v'(0) = -\phi_r = B + D.\frac{\varepsilon}{l} \qquad (134.4)$$

$$EI_y v''(0) = -M_r^{II} = -EI_y.C.\frac{\varepsilon^2}{l^2} + q_r.\frac{l^2}{\varepsilon^2} \qquad (134.5)$$

$$EI_y v'''(0) = -Q_r^{II} = -Q_r + N_s.\phi_r = -EI_y.D.\frac{\varepsilon^3}{l^3} + \Delta q_s.\frac{l}{\varepsilon^2} \qquad (134.6)$$

Daraus die Integrationskonstanten:

$$A = v_r - \frac{l^2}{\varepsilon^2.EI_y}.M_r^{II} - q_r.\frac{l^4}{\varepsilon^4.EI_y} \qquad (134.7)$$

$$B = -\frac{l^2}{\varepsilon^2.EI_y}.Q_r - \Delta q_s.\frac{l^3}{\varepsilon^4.EI_y} \qquad (134.8)$$

$$C = \frac{l^2}{\varepsilon^2.EI_y}.M_r^{II} + q_r.\frac{l^4}{\varepsilon^4.EI_y} \qquad (134.9)$$

$$D = -\frac{N_s}{EI_y}.\frac{l^3}{\varepsilon^3}.\phi_r + \frac{l^3}{\varepsilon^3.EI_y}.Q_r + \Delta q_s.\frac{l^4}{\varepsilon^5.EI_y} \qquad (134.10)$$

Mit (133.6) wird

$$D = - \frac{1}{\varepsilon}.\phi_r + \frac{l^3}{\varepsilon^3.EI_y}.Q_r + \Delta q_s.\frac{l^4}{\varepsilon^5.EI_y} \tag{135.1}$$

Durch Einsetzen der Integrationskonstanten erhält man aus (134.2)

$$EI_y v = EI_y v_r - \frac{l}{\varepsilon}.\sin(\varepsilon.\frac{x}{l})EI_y\phi_r - \frac{l^2}{\varepsilon^2}\left[1 - \cos(\varepsilon.\frac{x}{l})\right] M_r^{II}$$

$$- \frac{l^2}{\varepsilon^2}\left[x - \frac{l}{\varepsilon}.\sin(\varepsilon.\frac{x}{l})\right] Q_r + q_r.\frac{l^4}{2\varepsilon^4}\{\frac{\varepsilon^2}{l^2}.x^2 - 2\left[1 - \cos(\varepsilon.\frac{x}{l})\right]\}$$

$$+ \Delta q_s.\frac{l^4}{6\varepsilon^5}\{\frac{\varepsilon^3}{l^3}.x^3 - 6\left[\varepsilon.\frac{x}{l} - \sin(\varepsilon.\frac{x}{l})\right]\} \tag{135.2}$$

In (135.2) ersetzen wir "x" durch "l" und gewinnen

$$EI_y v_s = EI_y v_r - \frac{l}{\varepsilon}.\sin\varepsilon.EI_y\phi_r - \frac{l^2}{\varepsilon^2}(1 - \cos\varepsilon).M_r^{II} - \frac{l^3}{\varepsilon^3}(\varepsilon - \sin\varepsilon).Q_r$$

$$+ q_r.\frac{l^4}{2\varepsilon^4}\left[\varepsilon^2 - 2(1 - \cos\varepsilon)\right] + \Delta q_s.\frac{l^4}{6\varepsilon^5}\left[\varepsilon^3 - 6(\varepsilon - \sin\varepsilon)\right] \tag{135.3}$$

In (135.3) sind folgende wiederkehrenden Funktionen enthalten:

$$\nu_{1\varepsilon} = \frac{\varepsilon}{\sin\varepsilon} \tag{135.4}$$

$$\nu_{2\varepsilon} = \frac{\varepsilon^2}{1-\cos\varepsilon} \tag{135.5}$$

$$\nu_{3\varepsilon} = \frac{\varepsilon^3}{\varepsilon-\sin\varepsilon} \tag{135.6}$$

$$\nu_{4\varepsilon} = \frac{2\varepsilon^4}{\varepsilon^2-2(1-\cos\varepsilon)} \tag{135.7}$$

$$\nu_{5\varepsilon} = \frac{6\varepsilon^5}{\varepsilon^3-6(\varepsilon-\sin\varepsilon)} \tag{135.8}$$

Vorstehende von ε abhängige Funktionen $\nu_{1\varepsilon}$ bis $\nu_{5\varepsilon}$ sind zahlenmäßig nur wenig größer als die entsprechenden Konstanten ν_1 bis ν_5 auf Seite 131 und gehen mit dem Grenzübergang "ε" gegen "Null" in diese über. Der Beweis kann leicht mit Hilfe der Differentiationsregel von L'Hospital geführt werden. Für die praktische Rechnung ergibt sich damit eine gute Kontrollmöglichkeit.

Durch mehrmalige Differentiation von (135.2) und Ersetzen von "x" durch "l_s" werden die weiteren Einzelkomponenten von $\underline{Z}_s$ gewonnen.

$$\begin{bmatrix} EI_y v_s \\ EI_y \phi_s \\ M_s \\ Q_s \\ 1 \end{bmatrix} = \underbrace{\begin{bmatrix} 1 & -\frac{l_s}{\nu_{1\varepsilon}} & -\frac{l_s^2}{\nu_{2\varepsilon}} & -\frac{l_s^3}{\nu_{3\varepsilon}} & \{q_r\cdot\frac{l_s^4}{\nu_{4\varepsilon}} + q_s\cdot\frac{l_s^4}{\nu_{5\varepsilon}}\} \\ & \cos\varepsilon_s & \frac{l_s}{\nu_{1\varepsilon}} & \frac{l_s^2}{\nu_{2\varepsilon}} & \{-q_r\cdot\frac{l_s^3}{\nu_{3\varepsilon}} - q_s\cdot\frac{l_s^3}{\nu_{4\varepsilon}}\} \\ & -\frac{\varepsilon_s}{l_s}\sin\varepsilon_s & \cos\varepsilon_s & \frac{l_s}{\nu_{1\varepsilon}} & \{-q_r\cdot\frac{l_s^2}{\nu_{2\varepsilon}} - q_s\cdot\frac{l_s^2}{\nu_{3\varepsilon}} + M\} \\ & & & 1 & \{-q_r\cdot l_s - q_s\cdot\frac{l_s}{2} - F\} \\ & & & & 1 \end{bmatrix}}_{\underline{U}_s^{II}} \begin{bmatrix} EI_y v_r \\ EI_y \phi_r \\ M_r \\ Q_r \\ 1 \end{bmatrix} \tag{136.1}$$

ε_s nach (133.6)

$\nu_{1\varepsilon}$ bis $\nu_{5\varepsilon}$ nach (135.4) bis (135.8)

Die Einzelkomponenten der Lastspalte werden nachstehend nochmals zusammengefaßt:

$$\begin{bmatrix} EI_y v_s^{II*} \\ EI_y \phi_s^{II*} \\ M_s^{II*} \\ Q_s^* \\ 1 \end{bmatrix} = \begin{bmatrix} q_r\cdot\frac{l_s^4}{\nu_{4\varepsilon}} + q_s\cdot\frac{l_s^4}{\nu_{5\varepsilon}} \\ -q_r\cdot\frac{l_s^3}{\nu_{3\varepsilon}} - q_s\cdot\frac{l_s^3}{\nu_{4\varepsilon}} \\ -q_r\cdot\frac{l_s^2}{\nu_{2\varepsilon}} - q_s\cdot\frac{l_s^2}{\nu_{3\varepsilon}} + M \\ -q_r\cdot l_s - q_s\cdot\frac{l_s}{2} - F \\ 1 \end{bmatrix} \tag{136.2}$$

Mit der Formulierung der Feldmatrix $\underline{U}_s^I$ nach (131.1) ist ein unmittelbarer Vergleich mit $\underline{U}_s^{II}$ aus (136.1) möglich.

10.5 Zahlenbeispiel: Übertragungsmatrizen nach Theorie II. Ordnung am Einfeldträger

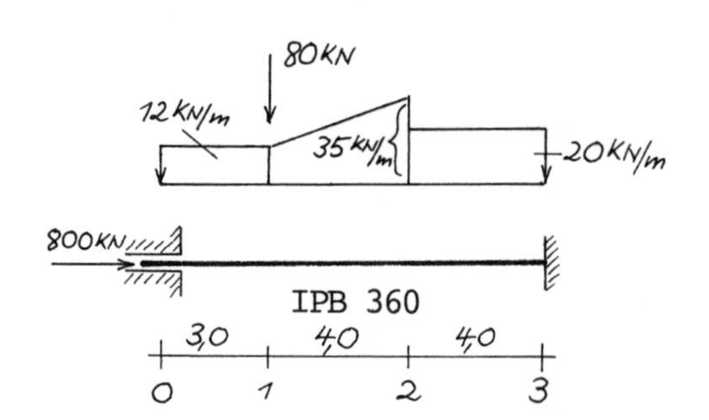

Der skizzierte Einfeldträger entspricht in bezug auf Belastung und Stützweite demjenigen in Abschnitt 10.2. Er erhält zusätzlich eine konstante Druckkraft von N_s = 800 kN.

Als Trägerprofil wurde ein IPB 360 gewählt.

Es genügt, für die beiden ersten Rechenabschnitte die Berechnung der Funktionen $\nu_{1\varepsilon}$ bis $\nu_{5\varepsilon}$ nach (135.4) bis (135.8) zu zeigen.

Rechenabschnitt 0-1:

Aus (133.6) gewinnen wir:

$\varepsilon_1 = 3{,}0 \cdot \sqrt{\frac{800}{2{,}1 \cdot 43190}} = 0{,}2818$ (Winkel im Bogenmaß des Einheitskreises)

$\sin\varepsilon_1 = 0{,}2780 \qquad \cos\varepsilon_1 = 0{,}9606$

$\nu_{1\varepsilon} = 1{,}0134$ aus (135.4)

$\nu_{2\varepsilon} = 2{,}0133$ aus (135.5)

$\nu_{3\varepsilon} = 6{,}0239$ aus (135.6)

$\nu_{4\varepsilon} = 24{,}0636$ aus (135.7)

$\nu_{5\varepsilon} = 120{,}2276$ aus (135.8)

Rechenabschnitt 1-2: (wie Rechenabschnitt 2-3)

$\varepsilon_2 = 4{,}0 \cdot \sqrt{\frac{800}{2{,}1 \cdot 43190}} = 0{,}3757$

$\sin\varepsilon_2 = 0{,}3669 \qquad \cos\varepsilon_2 = 0{,}9303$

$\nu_{1\varepsilon} = 1{,}0239$

$\nu_{2\varepsilon} = 2{,}0237$

$\nu_{3\varepsilon} = 6{,}0425$

$\nu_{4\varepsilon} = 24{,}1131$

$\nu_{5\varepsilon} = 120{,}4038$

						M_0	Q_0	1	Ergebnis	
						0	0	0	0	$EI_y v_0$
						0	0	0	0	$EI_y \phi_0$
						1	0	$\underline{Z}_0$ 0	-324,45	M_0
						0	1	0	156,86	Q_0
						0	0	1	1	
$\underline{U}_1^{II}$	1	-2,9603	-4,4703	-4,4821	40,39	-4,4703	-4,4821	40,39	787,72	$EI_y v_1$
		0,9606	2,9603	4,4703	-53,79	2,9603	4,4703	-53,79	-313,05	$EI_y \phi_1$
		-0,0261	0,9606	2,9603	-53,64	0,9606	2,9603	-53,64	99,05	M_1
				1	-116,00	0	1	-116,00	40,86	$Q_{1,re}$
					1	0	0	1	1	
$\underline{U}_2^{II}$	1	-3,9066	-7,9063	-10,5916	176,30	-23,6298	-55,9424	2079,55	971,11	$EI_y v_2$
		0,9303	3,9066	7,9063	-188,15	6,5066	23,6297	-1364,87	230,62	$EI_y \phi_2$
		-0,0345	0,9303	3,9063	-155,78	0,7915	6,5063	-656,99	106,79	M_2
				1	-94,00	0	1	-210,00	-53,14	Q_2
					1	0	0	1	1	
$\underline{U}_3^{II}$	1	-3,9066	-7,9063	-10,5916	212,33	-55,3063	-210,2865	15042,48	0	$EI_y v_3$
		0,9303	3,9066	7,9063	-211,83	9,1452	55,3065	-5708,49	0	$EI_y \phi_3$
		-0,0345	0,9303	3,9063	-158,13	0,5119	9,1442	-1542,63	-274,36	M_3
				1	-80,00	0	1	-290,00	-133,14	Q_3
					1	0	0	1	1	

Bedingungsgleichungen zur Berechnung der Anfangsunbekannten M_0 und Q_0

$EI_y v_3 = 0$: $-55,3063 . M_0 - 210,2865 . Q_0 + 15042,48 = 0$ $\quad M_0 = -324,45$

$EI_y \phi_3 = 0$: $9,1452 . M_0 + 55,3065 . Q_0 - 5708,49 = 0$ $\quad Q_0 = 156,86$

Die auf Seite 138 nach Theorie II. Ordnung durchgeführte Berechnung der Matrizenprodukte entspricht im Ablauf derjenigen nach Theorie I. Ordnung auf Seite 130. Es können insbesondere die Momentenwerte unmittelbar miteinander verglichen werden.

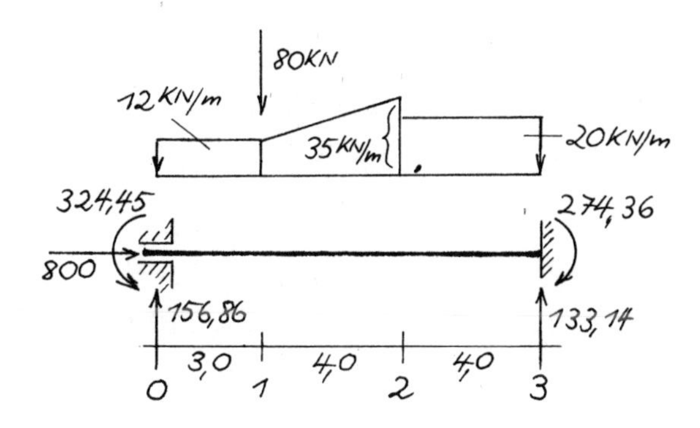

Die Momentenwerte in den Zwischenpunkten "1" und "2" lassen sich unter Einbezug der Druckkraft am Hebelarm der Biegeverformung leicht kontrollieren.

$$M_1^{II} = -324{,}45 + 156{,}86 . 3{,}0 - 12 . \frac{3{,}0^2}{2} + \frac{800 . 787{,}72}{2{,}1 . 43190} = 99{,}08$$

$$M_2^{II} = -324{,}45 + 156{,}86 . 7{,}0 - 12 . \frac{7{,}0^2}{2} - 23 . \frac{4{,}0^2}{6} + \frac{800 . 971{,}11}{2{,}1 . 43190} = 106{,}80$$

11 Einachsige Biegung mit Längskraft nach Theorie II. Ordnung

11.1 Die geometrische Elementsteifigkeitsmatrix $\Delta\underline{k}$ als Zusatzmatrix nach linearisierter Theorie II. Ordnung

Will man mittels Finite-Elemente-Methode die Schnittgrößen eines Tragwerks nach Theorie II. Ordnung berechnen, so wird zu der bisher entwickelten linearen Elementsteifigkeitsmatrix $\underline{k}$ eine nichtlineare Zusatzmatrix $\Delta\underline{k}$ addiert. Für die praktische Rechnung lassen sich alle Glieder von $\Delta\underline{k}$ in sehr guter Näherung linearisieren. Statt der in der Fachliteratur üblichen Anwendung des Satzes von Castigliano wollen wir die Entwicklung mit Übertragungsmatrizen gemäß Abschnitt 10.4 zeigen. Dabei können wir uns zunächst auf die reine Biegeverformung beschränken.

Bild 140.1 zeigt den beidseitig eingespannten Elementstab i-j mit einer über die Elementlänge l konstanten Druckkraft N. Dazu legen wir fest:

Die Druckkraft N muß vor Beginn der Rechnung bekannt sein. Sie wird im Regelfall aus einer voraufgegangenen Näherungsrechnung geschätzt und später mit dem Endergebnis verglichen.

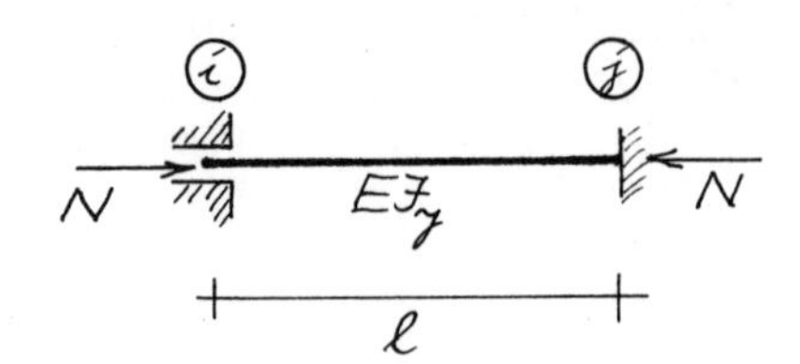

Bild 140.1
Beidseitig eingespanntes Stabelement i-j mit konstanter Druckkraft N und konstanter Biegesteifigkeit EI_y

Die lokalen Elementverformungen bei einachsiger Biegung ohne Längskraft lauten nach (29.2):

$$\underline{\overline{v}} = \begin{bmatrix} v_{\overline{z}i} \\ \phi_{\overline{y}i} \\ v_{\overline{z}j} \\ \phi_{\overline{y}j} \end{bmatrix}$$

Ergänzend sei folgendes angemerkt:

Im Rahmen dieses Buches werden keine Zugkräfte nach Theorie II. Ordnung behandelt, da diese im allgemeinen abmindernd auf die Momente wirken.

Die Stützreaktionen infolge nacheinander aufgebrachter Einheitsverformungen $\underline{v}$ lassen sich mit Hilfe der Matrizengleichung (136.1) berechnen. Der Abschnittsanfang "r" wird zum Stabanfangsknoten ⓘ und das Abschnittsende "s" zum Stabendknoten ⓙ des Stabelements. Weiterhin entfällt in (136.1) die gesamte Lastspalte.

Mit der Elementlänge l und der über die Elementlänge konstanten Druckkraft N wird nach Vergleich mit (133.6)

$$\varepsilon = l \cdot \sqrt{\frac{N}{EI_y}} \qquad (141.1)$$

Der elementspezifische Lösungsparameter ε dient zur Berechnung der Funktionen $\nu_{1\varepsilon}$ bis $\nu_{3\varepsilon}$ gemäß (135.4) bis (135.6). Wir geben sie im Zusammenhang nachstehend nochmals an:

$$\nu_{1\varepsilon} = \frac{\varepsilon}{\sin\varepsilon}$$

$$\nu_{2\varepsilon} = \frac{\varepsilon^2}{1-\cos\varepsilon}$$

$$\nu_{3\varepsilon} = \frac{\varepsilon^3}{\varepsilon-\sin\varepsilon}$$

Einheitsverformung $v_{\bar{z}i} = 1$

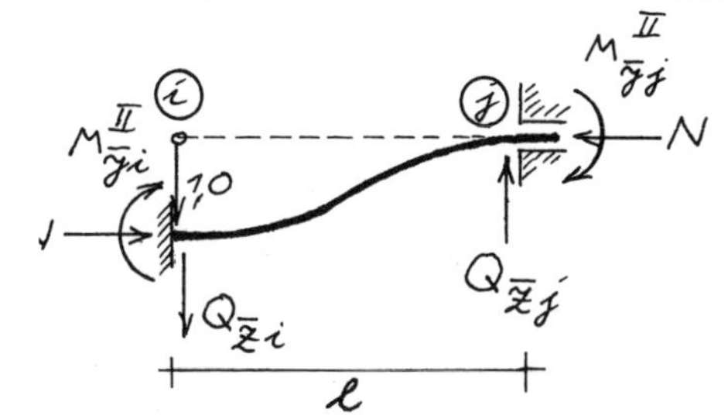

Bild 141.1
Einheitsverformung $v_{\bar{z}i} = 1$ am beidseitig eingespannten Elementstab i-j mit konstanter Druckkraft N

Die aus (136.1) entwickelte Matrizengleichung lautet:

$$\begin{bmatrix} 0 \\ 0 \\ M_{\bar{y}j}^{II} \\ Q_{\bar{z}j} \end{bmatrix} = \begin{bmatrix} 1 & -\frac{l}{\nu_{1\varepsilon}} & -\frac{l^2}{\nu_{2\varepsilon}} & -\frac{l^3}{\nu_{3\varepsilon}} \\ & \cos\varepsilon & \frac{l}{\nu_{1\varepsilon}} & \frac{l^2}{\nu_{2\varepsilon}} \\ & -\frac{\varepsilon}{l}\cdot\sin\varepsilon & \cos\varepsilon & \frac{l}{\nu_{1\varepsilon}} \\ & & & 1 \end{bmatrix} \cdot \begin{bmatrix} EI_y \cdot 1,0 \\ 0 \\ M_{\bar{y}i}^{II} \\ Q_{\bar{z}i} \end{bmatrix} \qquad (141.2)$$

Aus (141.2) errechnen wir die dem Betrag nach gleich großen Stützmomente $M_{\bar{y}i}^{II}$ und $M_{\bar{y}j}^{II}$.

$$M_{\bar{y}i}^{II} = \frac{EI_y}{l^2} \cdot \frac{\nu_{1\varepsilon} \cdot \nu_{2\varepsilon} \cdot \nu_{3\varepsilon}}{\nu_{1\varepsilon} \cdot \nu_{3\varepsilon} - \nu_{2\varepsilon}^2} \tag{142.1}$$

Nach Einsetzen der Funktionen $\nu_{1\varepsilon}$ bis $\nu_{3\varepsilon}$ wird

$$M_{\bar{y}i}^{II} = \frac{EI_y}{l^2} \cdot \varepsilon^2 \cdot \frac{1 - \cos\varepsilon}{2 - 2\cos\varepsilon - \varepsilon . \sin\varepsilon} \tag{142.2}$$

Zwecks Erhalt einer praktikablen Näherungsformel für $M_{\bar{y}i}^{II}$ verwenden wir für $\cos\varepsilon$ und $\sin\varepsilon$ die ersten vier Glieder der bekannten Reihenentwicklung

$$\cos\varepsilon = 1 - \frac{\varepsilon^2}{2!} + \frac{\varepsilon^4}{4!} - \frac{\varepsilon^6}{6!} \,\Big|\, + \; . \; . \; . \; . \; . \tag{142.3}$$

$$\sin\varepsilon = \varepsilon - \frac{\varepsilon^3}{3!} + \frac{\varepsilon^5}{5!} - \frac{\varepsilon^7}{7!} \,\Big|\, + \; . \; . \; . \; . \; . \tag{142.4}$$

(vgl. hierzu auch WIT 40, Seite 2.22)

Setzt man (142.3) und (142.4) in (142.2) ein, so ergibt sich nach kurzer Umformung:

$$M_{\bar{y}i}^{II} = \frac{EI_y}{l^2} \cdot \frac{2520 - 210.\varepsilon^2 + 7.\varepsilon^4}{420 - 28.\varepsilon^2 + \varepsilon^4} \tag{142.5}$$

Für (142.5) läßt sich schreiben:

$$M_{\bar{y}i}^{II} = \frac{EI_y}{l^2} \left[\frac{2520 - 168.\varepsilon^2 + 6.\varepsilon^4}{420 - 28.\varepsilon^2 + \varepsilon^4} - \frac{42.\varepsilon^2 \,|\, - \varepsilon^4}{420 \,|\, - 28.\varepsilon^2 + \varepsilon^4} \right] \tag{142.6}$$

Beim zweiten Ausdruck innerhalb der Klammer können sowohl im Zähler als auch im Nenner die verschwindend kleinen Anteile vernachlässigt werden, und man erhält

$$M_{\bar{y}i}^{II} = \frac{EI_y}{l^2} \left(6 - \frac{\varepsilon^2}{10}\right) \tag{142.7}$$

Mit (141.1) wird

$$M_{\bar{y}i}^{II} = \frac{6EI_y}{l^2} - \frac{N}{10} \tag{142.8}$$

Wir stellen fest:

Beide Momentenanteile von (142.8) weisen einen entgegengesetzt gerichteten Drehsinn auf. Durch die Druckkraft N am Hebelarm der biegeverformten Stabachse wird die Elementsteifigkeit vermindert.

In Bild 143.1 und 143.2 geben wir die Anteile der Stützreaktionen infolge $v_{\bar{z}i} = 1$ getrennt nach Biegung und Druckkraft an.

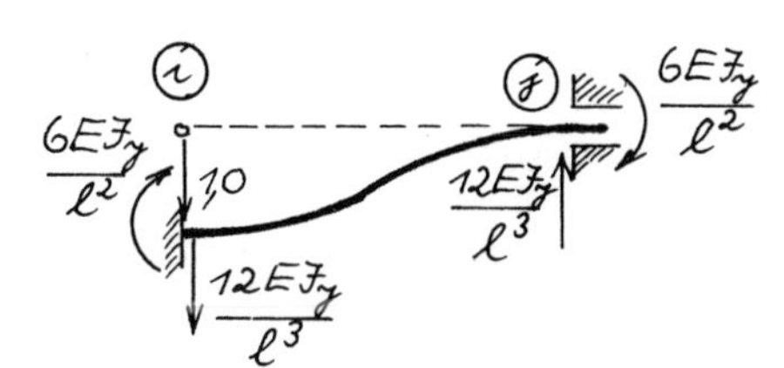

Bild 143.1
Stützreaktionen infolge $v_{\bar{z}i} = 1$ ohne Druckkraftanteil

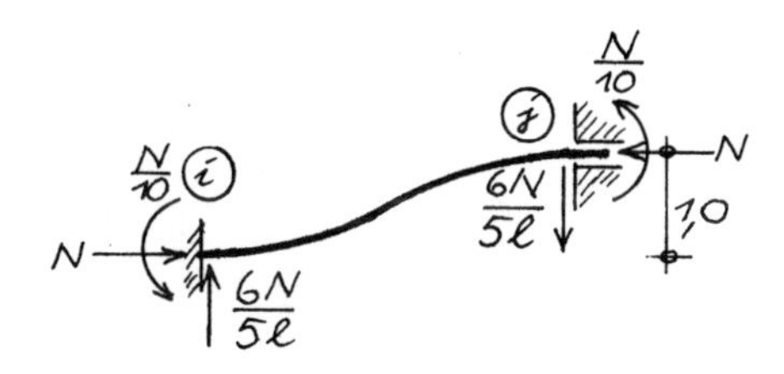

Bild 143.2
Anteil der Stützreaktionen aus der Druckkraft N

Aus Bild 143.2 geht folgendes hervor:

Das Momentengleichgewicht der Stützreaktionen aus der Druckkraft N ist nur im Zusammenhang mit dem belastenden Kräftepaar N.1,0 gegeben. Bei einer Gleichgewichtskontrolle der zugehörigen Spalte der Elementsteifigkeitsmatrix ist dies zu beachten.

Einheitsverformung $\phi_{\bar{y}i} = 1$

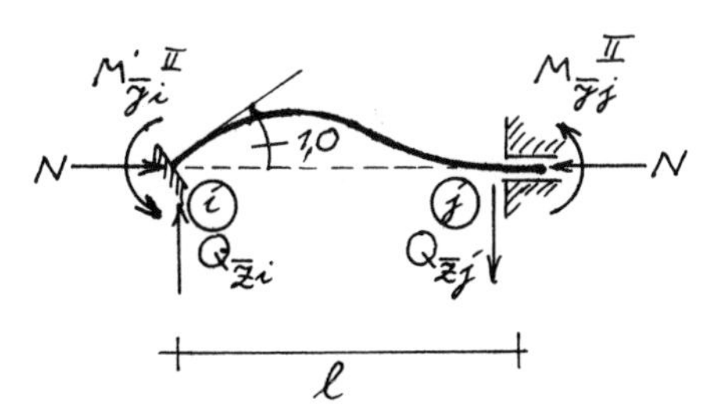

Bild 143.3
Einheitsverformung $\phi_{\bar{y}i} = 1$ am beidseitig eingespannten Elementstab i-j mit konstanter Druckkraft N

Aus (136.1) erhalten wir die zugehörige Matrizengleichung und bestimmen daraus die Momente $M_{\bar{y}i}^{II}$ und $M_{\bar{y}j}^{II}$.

$$\begin{bmatrix} 0 \\ 0 \\ M_{\bar{y}j}^{II} \\ Q_{\bar{z}j} \end{bmatrix} = \begin{bmatrix} 1 & -\frac{l}{\nu_{1\varepsilon}} & -\frac{l^2}{\nu_{2\varepsilon}} & -\frac{l^3}{\nu_{3\varepsilon}} \\ & \cos\varepsilon & \frac{l}{\nu_{1\varepsilon}} & \frac{l^2}{\nu_{2\varepsilon}} \\ & -\frac{\varepsilon}{l}.\sin\varepsilon & \cos\varepsilon & \frac{l}{\nu_{1\varepsilon}} \\ & & & 1 \end{bmatrix} . \begin{bmatrix} 0 \\ EI_y.1,0 \\ M_{\bar{y}i}^{II} \\ Q_{\bar{z}i} \end{bmatrix} \qquad (144.1)$$

Aus (144.1) erhalten wir mit den eingesetzten Funktionen $\nu_{1\varepsilon}$ bis $\nu_{3\varepsilon}$ für die beiden Stützmomente

$$M_{\bar{y}i}^{II} = -\frac{EI_y}{l}.\frac{\varepsilon.\sin\varepsilon - \varepsilon^2.\cos\varepsilon}{2 - 2\cos\varepsilon - \varepsilon.\sin\varepsilon} \qquad (144.2)$$

$$M_{\bar{y}j}^{II} = \frac{EI_y}{l}.\frac{\varepsilon^2 - \varepsilon.\sin\varepsilon}{2 - 2\cos\varepsilon - \varepsilon.\sin\varepsilon} \qquad (144.3)$$

Verwenden wir wieder die ersten vier Reihenglieder von (142.3) und (142.4), so wird nach Umformung und Vernachlässigung der verschwindend kleinen Anteile

$$M_{\bar{y}i}^{II} = -\frac{4EI_y}{l} + \frac{2N.l}{15} \qquad (144.5)$$

$$M_{\bar{y}j}^{II} = \frac{2EI_y}{l} + \frac{N.l}{30} \qquad (144.6)$$

In Bild 144.1 und 144.2 geben wir die Anteile der Stützreaktionen infolge $\phi_{\bar{y}i} = 1$ getrennt nach Biegung und Druckkraft an.

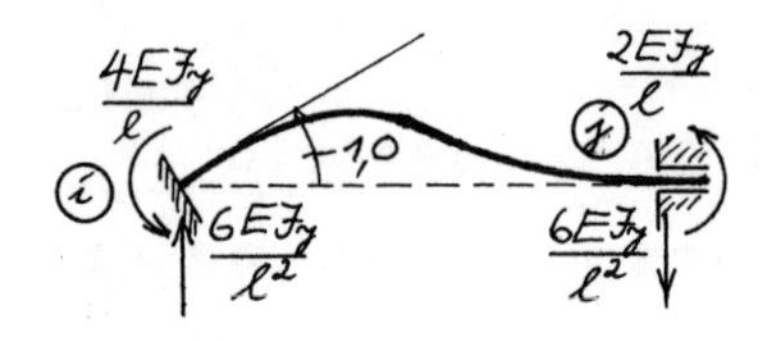

Bild 144.1

Stützreaktionen infolge $\phi_{\bar{y}i} = 1$ ohne Druckkraftanteil

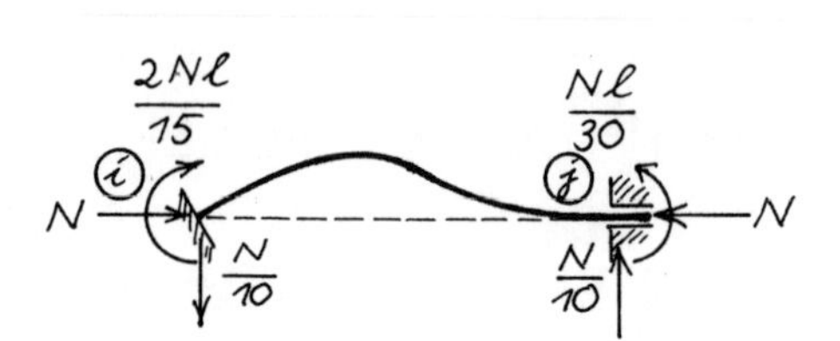

Bild 144.2

Anteil der Stützreaktionen aus der Druckkraft N

Es werden am Stabendknoten ⓙ ebenfalls nacheinander die Einheitsverformungen $v_{\bar{z}j} = 1$ und $\phi_{\bar{y}j} = 1$ aufgebracht und die zugehörigen Stützreaktionen bestimmt. Mit Rücksicht auf die gezeigte Entwicklung am Knoten ⓘ wird auf eine Wiedergabe des Rechnungsganges am Knoten ⓙ verzichtet, und die Elementsteifigkeitsmatrix kann nachstehend angegeben werden:

Lokale Elementsteifigkeitsmatrix für einachsige Biegung mit Längskraft nach Théorie II. Ordnung

$$\underline{\bar{k}}_{(\varepsilon)} = \underline{\bar{k}} + \Delta\underline{\bar{k}} \qquad (145.1)$$

$\underline{\bar{k}}$ = lineare Elementsteifigkeitsmatrix I. Ordnung nach (34.1)

$\Delta\underline{\bar{k}}$ = Zusatzmatrix nach linearisierter Theorie II. Ordnung

$$\underline{\bar{k}} = \begin{bmatrix} \frac{EA}{l} & 0 & 0 & -\frac{EA}{l} & 0 & 0 \\ 0 & \frac{12EI_y}{l^3} & -\frac{6EI_y}{l^2} & 0 & -\frac{12EI_y}{l^3} & -\frac{6EI_y}{l^2} \\ 0 & -\frac{6EI_y}{l^2} & \frac{4EI_y}{l} & 0 & \frac{6EI_y}{l^2} & \frac{2EI_y}{l} \\ -\frac{EA}{l} & 0 & 0 & \frac{EA}{l} & 0 & 0 \\ 0 & -\frac{12EI_y}{l^3} & \frac{6EI_y}{l^2} & 0 & \frac{12EI_y}{l^3} & \frac{6EI_y}{l^2} \\ 0 & -\frac{6EI_y}{l^2} & \frac{2EI_y}{l} & 0 & \frac{6EI_y}{l^2} & \frac{4EI_y}{l} \end{bmatrix} \qquad \text{wie (34.1)}$$

Die nachstehende Zusatzmatrix $\Delta\underline{k}$ kann aus den Stützreaktionen nach Bild 143.2 und Bild 144.2 leicht gebildet und für den Stabknoten ⓙ vervollständigt werden.

$$\triangle\underline{\bar{k}} = \begin{bmatrix} 0 & 0 & 0 & 0 & 0 & 0 \\ 0 & -\frac{6N}{5\cdot l} & \frac{N}{10} & 0 & \frac{6N}{5\cdot l} & \frac{N}{10} \\ 0 & \frac{N}{10} & -\frac{2Nl}{15} & 0 & -\frac{N}{10} & \frac{Nl}{30} \\ 0 & 0 & 0 & 0 & 0 & 0 \\ 0 & \frac{6N}{5\cdot l} & -\frac{N}{10} & 0 & -\frac{6N}{5\cdot l} & -\frac{N}{10} \\ 0 & \frac{N}{10} & \frac{Nl}{30} & 0 & -\frac{N}{10} & -\frac{2Nl}{15} \end{bmatrix} \qquad (146.1)$$

Für (146.1) können wir schreiben:

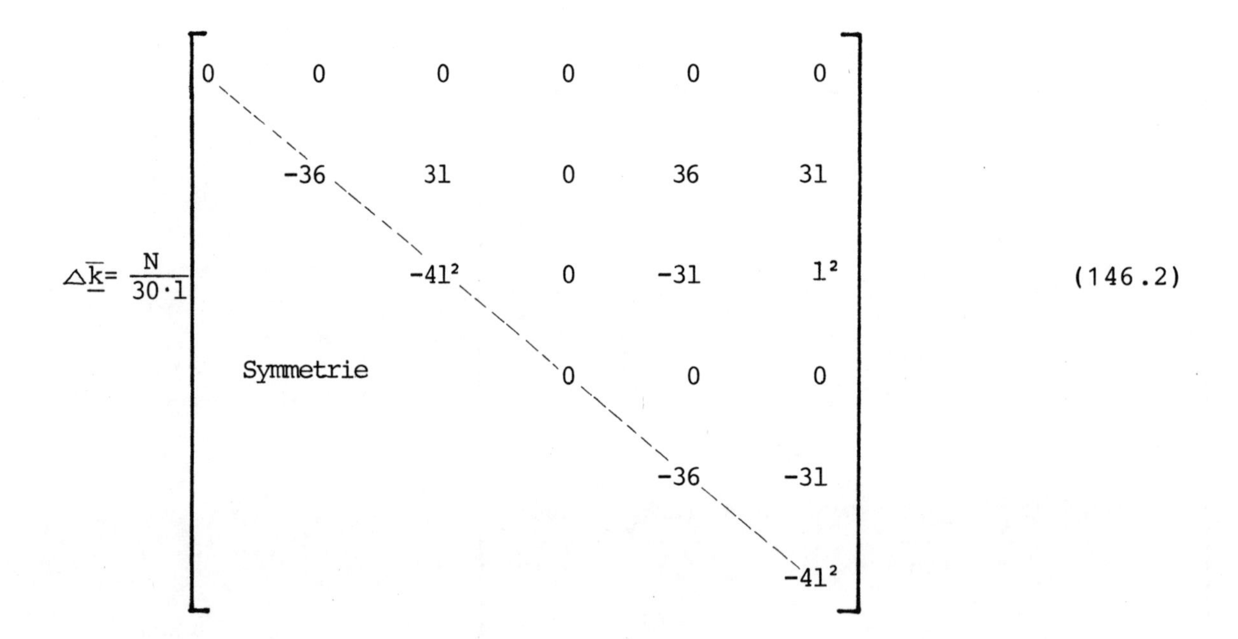

Druckkräfte N sind in (146.1) und (146.2) dem Betrag nach (ohne Vorzeichen) einzusetzen.

Für die Modifizierung der zweiteiligen Elementsteifigkeitsmatrix nach (145.1) stellen wir fest:

Sowohl $\underline{k}$ als auch $\triangle\underline{k}$ müssen grundsätzlich getrennt voneinander modifiziert werden. Das lineare, für $\underline{k}$ gültige Modifizierungsschema nach Abschnitt 8 ist für $\triangle\underline{k}$ nicht anwendbar.

11.2 Globale Zusatzmatrix $\Delta\tilde{\underline{k}}$ des ebenen Biegestabes bei einachsiger Biegung mit Längskraft

$$\Delta\tilde{\underline{k}} = \underline{R}^T . \Delta\bar{\underline{k}} . \underline{R} \quad \text{(Multiplikationsschema vgl. Bild 84.1)} \qquad (147.1)$$

$\underline{R}$ nach Abschnitt 7.1, Gleichung (81.5)

a) Beliebig gerichtete Knotenachsen

$$\Delta\tilde{\underline{k}} = \frac{N}{30 \cdot l} \begin{bmatrix} -36s_{\gamma i}^2 & -36s_{\gamma i}c_{\gamma i} & 3ls_{\gamma i} & 36s_{\gamma i}s_{\gamma j} & 36s_{\gamma i}c_{\gamma j} & 3ls_{\gamma i} \\ & -36c_{\gamma i}^2 & 3lc_{\gamma i} & 36c_{\gamma i}s_{\gamma j} & 36c_{\gamma i}c_{\gamma j} & 3lc_{\gamma i} \\ & & -4l^2 & -3ls_{\gamma j} & -3lc_{\gamma j} & l^2 \\ & \text{Symmetrie} & & -36s_{\gamma j}^2 & -36s_{\gamma j}c_{\gamma j} & -3ls_{\gamma j} \\ & & & & -36c_{\gamma j}^2 & -3lc_{\gamma j} \\ & & & & & -4l^2 \end{bmatrix} \qquad (147.2)$$

Die gesamte Elementsteifigkeitsmatrix wird dann mit (85.2) und (85.3)

$$\tilde{\underline{k}}_{(\varepsilon)} = \tilde{\underline{k}}_{(M)} + \tilde{\underline{k}}_{(N)} + \Delta\tilde{\underline{k}} \qquad (147.3)$$

b) Knotenachsen in horizontal-vertikaler Richtung

$$\Delta\underline{k} = \frac{N}{30 \cdot l} \begin{bmatrix} -36s^2 & -36sc & 3ls & 36s^2 & 36sc & 3ls \\ & -36c^2 & 3lc & 36sc & 36c^2 & 3lc \\ & & -4l^2 & -3ls & -3lc & l^2 \\ & \text{Symmetrie} & & -36s^2 & -36sc & -3ls \\ & & & & -36c^2 & -3lc \\ & & & & & -4l^2 \end{bmatrix} \qquad (147.4)$$

($s_{\gamma i}$, $c_{\gamma i}$, $s_{\gamma j}$, $c_{\gamma j}$, s, c vgl. Seite 85 und 86)

11.3 Zur Modifizierung der Zusatzmatrix $\Delta\underline{k}$

11.3.1 Allgemeingültige Überlegungen

Die Abschnitte 11.1 und 11.2 zeigten den Aufbau und die Entwicklung der Zusatzmatrix $\Delta\underline{k}$ nach Theorie II. Ordnung im Grundzustand beidseitig eingespannter Stabenden unter Zugrundelegung einachsiger Biegung mit Längskraft. Der Praktiker wird auch hier nach einer Möglichkeit zur Modifizierung der Stabanschlüsse suchen.

Das einfache Modifizierungsschema für die linearen Elementsteifigkeitsmatrizen, wie es im Abschnitt 8 gezeigt wurde, läßt sich hier trotz der linearisierten Näherungsform für $\Delta\underline{k}$ nicht verwenden.

Die Entwicklung einer speziellen Modifizierungsvorschrift für die Zusatzmatrizen $\Delta\underline{k}$ würde den vorgesehenen Umfang dieses Buches sprengen. Da in der Praxis die Momentengelenke gegenüber Querkraft- und Längskraftgelenken von erheblich größerer Bedeutung sind, sollen die zugehörigen modifizierten Zusatzmatrizen $\Delta\underline{k}'$ im lokalen und globalen Achsensystem bereitgestellt werden. Auch hierzu eignen sich die Übertragungsmatrizen nach Theorie II.Ordnung aus Abschnitt 10.4.

11.3.2 Momentengelenk am Stabende ⓙ

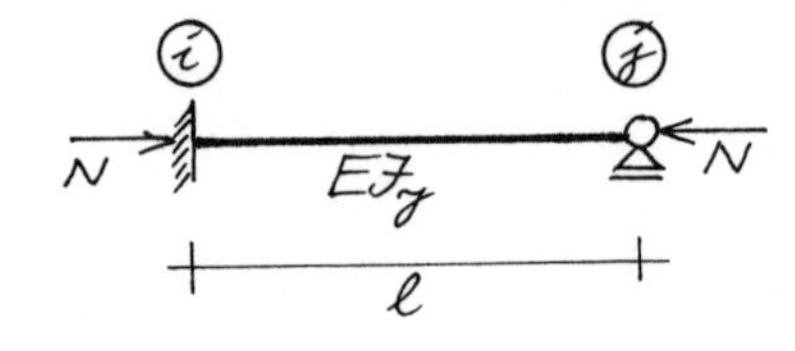

Bild 148.1
Stabelement i-j mit Momentengelenk in ⓙ sowie konstanter Druckkraft N und konstanter Biegesteifigkeit EI_y

Einheitsverformung $v_{\bar{z}i} = 1$

Aus (136.1) erhalten wir:

$$\begin{bmatrix} 0 \\ EI_y \phi_{\bar{y}j} \\ 0 \\ Q_{\bar{z}j} \end{bmatrix} = \begin{bmatrix} 1 & -\frac{l}{\nu_{1\varepsilon}} & -\frac{l^2}{\nu_{2\varepsilon}} & -\frac{l^3}{\nu_{3\varepsilon}} \\ & \cos\varepsilon & \frac{l}{\nu_{1\varepsilon}} & \frac{l^2}{\nu_{2\varepsilon}} \\ & -\frac{\varepsilon}{l}\sin\varepsilon & \cos\varepsilon & \frac{l}{\nu_{1\varepsilon}} \\ & & & 1 \end{bmatrix} \cdot \begin{bmatrix} EI_y \cdot 1,0 \\ 0 \\ M_{\bar{y}i}^{II} \\ Q_{\bar{z}i} \end{bmatrix} \qquad (148.1)$$

Aus (148.1) und $\nu_{1\varepsilon}$ bis $\nu_{3\varepsilon}$ errechnet man

$$M_{\bar{y}i}^{II} = \frac{EI_y}{l^2} \cdot \varepsilon^2 \cdot \frac{\sin\varepsilon}{\sin\varepsilon - \varepsilon \cdot \cos\varepsilon} \tag{149.1}$$

Nach Einsetzen der ersten vier Reihenglieder für $\sin\varepsilon$ und $\cos\varepsilon$ sowie Vernachlässigung der verschwindend kleinen Anteile wird

$$M_{\bar{y}i}^{II} = \frac{EI_y}{l^2}\left(3 - \frac{\varepsilon^2}{5}\right) \tag{149.2}$$

Mit (141.1) ist schließlich

$$M_{\bar{y}i}^{II} = \frac{3EI_y}{l^2} - \frac{N}{5} \tag{149.3}$$

Die zugehörigen Stützreaktionen werden in den Bildern 149.1 und 149.2 bei Trennung von Biegungs- und Druckkraftanteil angetragen.

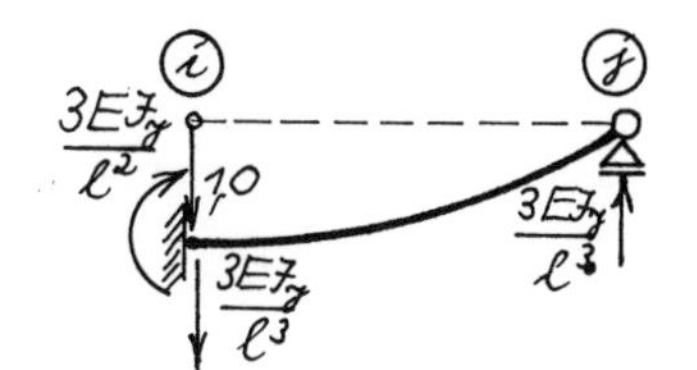

Bild 149.1
Stützreaktionen infolge $v_{\bar{z}i} = 1$ ohne Druckkraftanteil

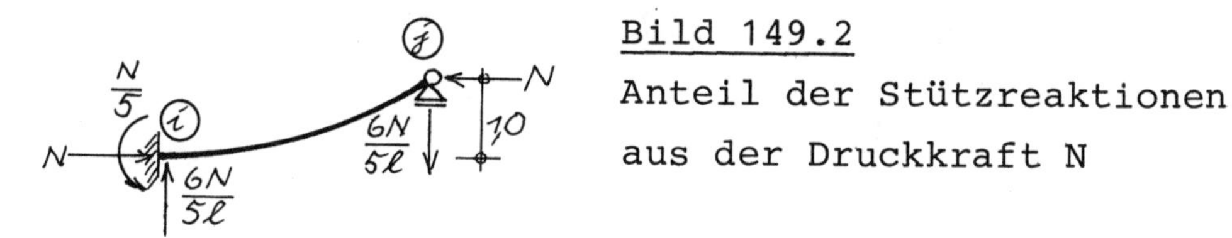

Bild 149.2
Anteil der Stützreaktionen aus der Druckkraft N

Einheitsverformung $\phi_{\bar{y}i} = 1$

Mit (136.1) wird:

$$\begin{bmatrix} 0 \\ EI_y \phi_{\bar{y}j} \\ 0 \\ Q_{\bar{z}j} \end{bmatrix} = \begin{bmatrix} 1 & -\frac{l}{\nu_{1\varepsilon}} & -\frac{l^2}{\nu_{2\varepsilon}} & -\frac{l^3}{\nu_{3\varepsilon}} \\ & \cos\varepsilon & \frac{l}{\nu_{1\varepsilon}} & \frac{l^2}{\nu_{2\varepsilon}} \\ & -\frac{\varepsilon}{l} \cdot \sin\varepsilon & \cos\varepsilon & \frac{l}{\nu_{1\varepsilon}} \\ & & & 1 \end{bmatrix} \cdot \begin{bmatrix} 0 \\ EI_y \cdot 1{,}0 \\ M_{\bar{y}i}^{II} \\ Q_{\bar{z}i} \end{bmatrix} \tag{149.4}$$

Aus (149.4) und $\nu_{1\varepsilon}$ bis $\nu_{3\varepsilon}$ wird

$$M_{yi}^{II} = - \frac{EI_y}{l} . \varepsilon^2 . \frac{\sin\varepsilon}{\sin\varepsilon - \varepsilon . \cos\varepsilon} \qquad (150.1)$$

Nach Vergleich mit (149.1) und (149.3) erhält man

$$M_{yi}^{II} = - \frac{3EI_y}{l} + \frac{Nl}{5} \qquad (150.2)$$

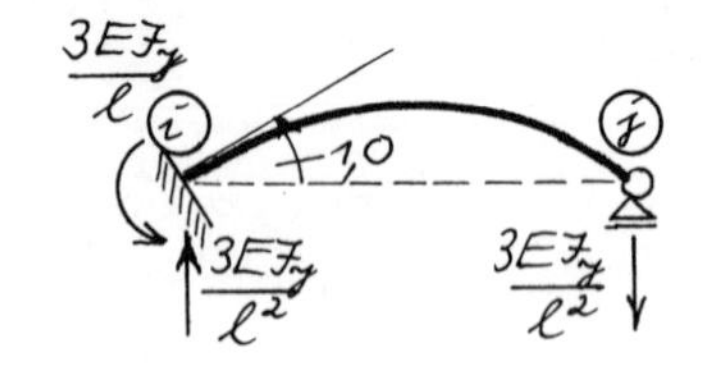

Bild 150.1

Stützreaktionen infolge $\phi_{yi} = 1$ ohne Druckkraftanteil

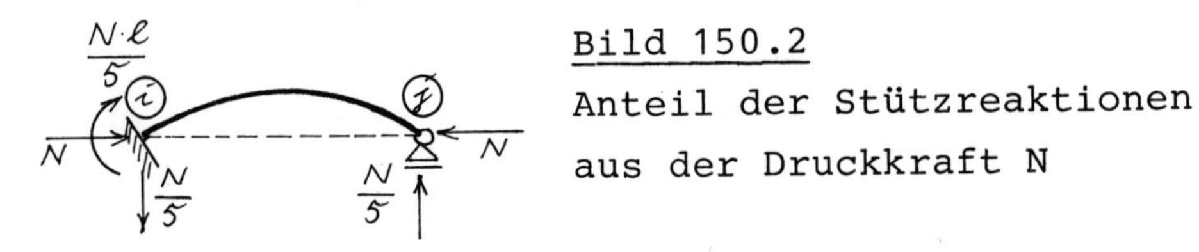

Bild 150.2

Anteil der Stützreaktionen aus der Druckkraft N

Lokale modifizierte Zusatzmatrix $\Delta\underline{\bar{k}}'$ für einachsige Biegung mit Längskraft bei Momentengelenk am Stabende (j)

(vgl. hierzu auch Bild 149.2 und 150.2)

$$\Delta\underline{\bar{k}}' = \frac{N}{30 \cdot l} \begin{bmatrix} 0 & 0 & 0 & 0 & 0 & 0 \\ & -36 & 6l & 0 & 36 & 0 \\ & & -6l^2 & 0 & -6l & 0 \\ & \text{Symmetrie} & & 0 & 0 & 0 \\ & & & & -36 & 0 \\ & & & & & 0 \end{bmatrix} \qquad (150.3)$$

Druckkräfte sind dem Betrag nach (ohne Vorzeichen) einzusetzen.

Die umrahmte Nullspalte und -zeile kennzeichnen die Lage des Momentengelenks.

Globale modifizierte Zusatzmatrix $\Delta\tilde{\underline{k}}'$ für einachsige Biegung mit Längskraft bei Momentengelenk am Stabende (j)

$$\Delta\tilde{\underline{k}}' = \underline{R}^T . \Delta\bar{\underline{k}} . \underline{R} \quad \text{(Multiplikationsschema vgl. Bild 84.1)} \tag{151.1}$$

$\underline{R}$ nach Abschnitt 7.1, Gleichung (81.5)

a) Beliebig gerichtete Knotenachsen

$$\Delta\tilde{\underline{k}}' = \frac{N}{30 \cdot l} \cdot \begin{bmatrix} -36s^2_{\gamma i} & -36s_{\gamma i}c_{\gamma i} & 6ls_{\gamma i} & 36s_{\gamma i}s_{\gamma j} & 36s_{\gamma i}c_{\gamma j} & 0 \\ & -36c^2_{\gamma i} & 6lc_{\gamma i} & 36c_{\gamma i}s_{\gamma j} & 36c_{\gamma i}c_{\gamma j} & 0 \\ & & -6l^2 & -6ls_{\gamma j} & -6lc_{\gamma j} & 0 \\ & \text{Symmetrie} & & -36s^2_{\gamma j} & -36s_{\gamma j}c_{\gamma j} & 0 \\ & & & & -36c^2_{\gamma j} & 0 \\ & & & & & 0 \end{bmatrix} \tag{151.2}$$

b) Knotenachsen in horizontal-vertikaler Richtung

$$\Delta\underline{k}' = \frac{N}{30 \cdot l} \cdot \begin{bmatrix} -36s^2 & -36sc & 6ls & 36s^2 & 36sc & 0 \\ & -36c^2 & 6lc & 36sc & 36c^2 & 0 \\ & & -6l^2 & -6ls & -6lc & 0 \\ & \text{Symmetrie} & & -36s^2 & -36sc & 0 \\ & & & & -36c^2 & 0 \\ & & & & & 0 \end{bmatrix} \tag{151.3}$$

Druckkräfte sind dem Betrag nach (ohne Vorzeichen) einzusetzen.

($s_{\gamma i}$, $c_{\gamma i}$, $s_{\gamma j}$, $c_{\gamma j}$, s, c vgl. Seite 85 und 86)

11.3.3 Momentengelenk am Stabanfang ⓘ

Lokale modifizierte Zusatzmatrix $\Delta\underline{\bar{k}}'$ für einachsige Biegung mit Längskraft bei Momentengelenk am Stabanfang ⓘ

$$\Delta\underline{\bar{k}}' = \frac{N}{30\cdot l}\begin{bmatrix} 0 & 0 & 0 & 0 & 0 & 0 \\ & -36 & 0 & 0 & 36 & 6l \\ & & 0 & 0 & 0 & 0 \\ & & & 0 & 0 & 0 \\ & & & & -36 & -6l \\ & & & & & -6l^2 \end{bmatrix} \qquad (152.1)$$

Globale modifizierte Zusatzmatrix $\Delta\underline{\tilde{k}}'$ für einachsige Biegung mit Längskraft bei Momentengelenk am Stabanfang ⓘ

$\Delta\underline{\tilde{k}}' = \underline{R}^T . \Delta\underline{\bar{k}}' . \underline{R}$ (Multiplikationsschema vgl. Bild 84.1)

$\underline{R}$ nach Abschnitt 7.1, Gleichung (81.5)

a) Beliebig gerichtete Knotenachsen

$$\Delta\underline{\tilde{k}}' = \frac{N}{30\cdot l}\begin{bmatrix} -36s^2_{\gamma i} & -36s_{\gamma i}c_{\gamma i} & 0 & 36s_{\gamma i}s_{\gamma j} & 36s_{\gamma i}c_{\gamma j} & 6ls_{\gamma i} \\ & -36c^2_{\gamma i} & 0 & 36c_{\gamma i}s_{\gamma j} & 36c_{\gamma i}c_{\gamma j} & 6lc_{\gamma i} \\ & & 0 & 0 & 0 & 0 \\ & & & -36s^2_{\gamma j} & -36s_{\gamma j}c_{\gamma j} & -6ls_{\gamma j} \\ & & & & -36c^2_{\gamma j} & -6lc_{\gamma j} \\ & & & & & -6l^2 \end{bmatrix} \qquad (152.2)$$

Druckkräfte sind dem Betrag nach (ohne Vorzeichen einzusetzen).

($s_{\gamma i}$, $c_{\gamma i}$, $s_{\gamma j}$, $c_{\gamma j}$, s, c vgl. Seite 85 und 86)

b) Knotenachsen in horizontal-vertikaler Richtung

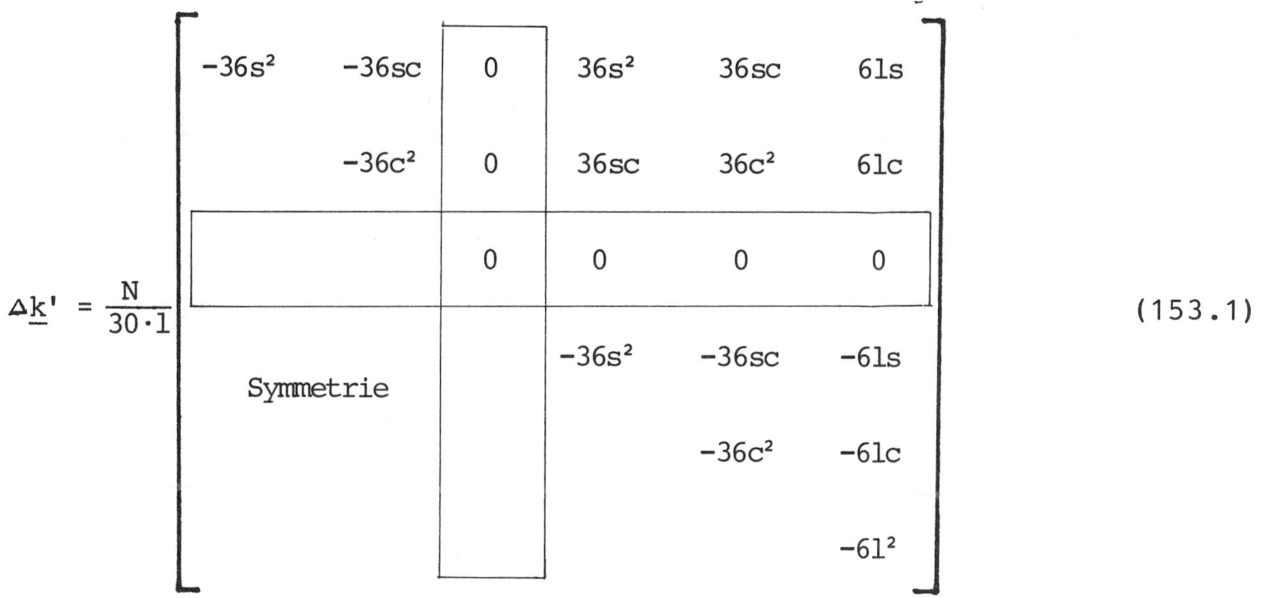

(153.1)

11.3.4 Die modifizierte Elementsteifigkeitsmatrix $\underline{k}'_{(\varepsilon)}$ bei einachsiger Biegung mit Längskraft und einem Momentengelenk als Stabanschluß

Kurzfassung des Rechenganges:

a) Elementsteifigkeitsmatrizen $\underline{k}_{(M)}$ und $\underline{k}_{(N)}$ nach (85.2) und (85.3) mit anschließender Addition

$$\underline{k} = \underline{k}_{(M)} + \underline{k}_{(N)}$$

b) Modifizierung der Matrix $\underline{k}$ für ein Momentengelenk nach der Modifizierungsvorschrift in Abschnitt 8.1, Seite 89 mit Erhalt der modifizierten Matrix $\underline{k}'$.

Anmerkung: Ausschließlich bei Momentengelenken kann aus jedem globalen System der Knotenachsen heraus modifiziert werden.

c) Formelmäßige Bestimmung der Zusatzmatrix $\Delta\underline{k}'$ nach (151.2) oder (152.3) in Abhängigkeit von der Lage des Momentengelenks

d) Bereitstellung der für die Beziehung $\underline{K}.\underline{V} = \underline{F}$ am Gesamttragwerk gültigen modifizierten Elementsteifigkeitsmatrix gemäß

$$\underline{k}'_{(\varepsilon)} = \underline{k}' + \Delta\underline{k}' \qquad (153.2)$$

11.4 Zahlenbeispiel: Ebenes Rahmentragwerk nach Theorie II. Ordnung

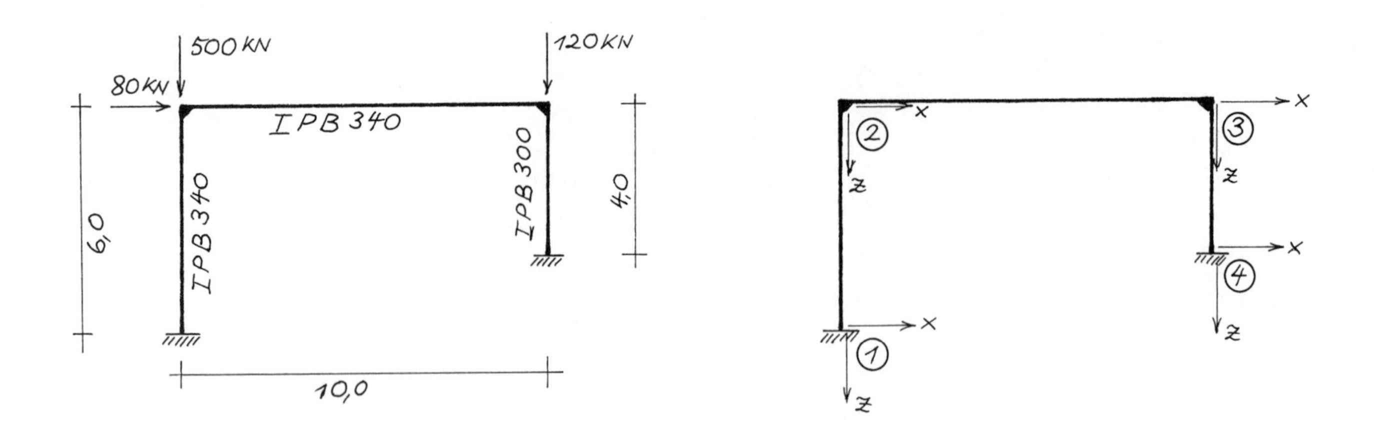

Die Druckkräfte N in den Elementstäben müssen laut Voraussetzung bekannt sein. Hierzu ist eine Vorberechnung notwendig.

Im vorliegenden Falle wurde das Rahmentragwerk mittels FEM nach Theorie I. Ordnung untersucht, ohne die zugehörige Rechnung wiederzugeben. Der nachfolgenden Skizze mit den eingetragenen Stützreaktionen können für jeden Stab die in die weitere Rechnung eingehenden Druckkräfte entnommen werden.

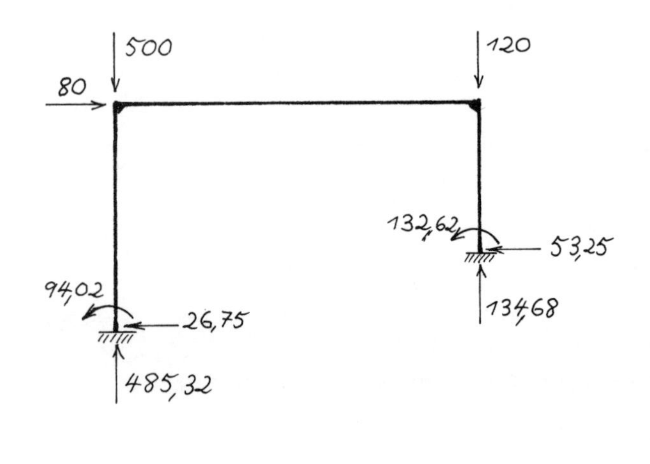

Stützreaktionen nach Theorie I. Ordnung

Für die Weiterrechnung betragsmäßig eingehende Stab-Druckkräfte:

$N_{1-2} = 485{,}32$

$N_{2-3} = 53{,}25$

$N_{3-4} = 134{,}68$

Zum Vergleich sei die Kontrolle des Momentengleichgewichts nach Theorie I. Ordnung durchgeführt:

$$-94{,}02 + (485{,}32 - 500{,}0)\,10{,}0 + 26{,}75 \cdot 2{,}0 + 80{,}0 \cdot 4{,}0 - 132{,}62 \simeq 0$$

Es folgt die Berechnung der Elementsteifigkeitsmatrizen $\underline{k}_{(M)}$ nach (86.2) und $\underline{k}_{(N)}$ nach (86.3) sowie der Zusatzmatrix $\Delta\underline{k}$ nach (147.4).

Daraus ergibt sich die Elementsteifigkeitsmatrix $\underline{k}_{(\varepsilon)}$ nach Theorie II. Ordnung.

<u>Stab 1-2:</u> $\alpha = 90°$ $s = 1{,}0$ $c = 0$

$$\frac{N}{30 \cdot 1} = \frac{485{,}32}{30.6{,}0} = 10^4 .0{,}00026962$$

Oberer Zahlenwert: $\underline{k}_{(M)} + \underline{k}_{(N)} = (86.2)+(86.3)$

Unterer Zahlenwert: $\triangle \underline{k} = (147.4)$

$$\underline{k}_{(\varepsilon)} = 10^4 \cdot \begin{bmatrix} 0{,}4277 & 0 & -1{,}2831 & -0{,}4277 & 0 & -1{,}2831 \\ \underline{-0{,}0097} & \underline{0} & \underline{0{,}0049} & \underline{0{,}0097} & \underline{0} & \underline{0{,}0049} \\ & 59{,}8500 & 0 & 0 & -59{,}8500 & 0 \\ & \underline{0} & \underline{0} & \underline{0} & \underline{0} & \underline{0} \\ & & 5{,}1324 & 1{,}2831 & 0 & 2{,}5662 \\ & & \underline{-0{,}0388} & \underline{-0{,}0049} & \underline{0} & \underline{0{,}0097} \\ & & & 0{,}4277 & 0 & 1{,}2831 \\ & \text{Symmetrie} & & \underline{-0{,}0097} & \underline{0} & \underline{-0{,}0049} \\ & & & & 59{,}8500 & 0 \\ & & & & \underline{0} & \underline{0} \\ & & & & & 5{,}1324 \\ & & & & & \underline{-0{,}0388} \end{bmatrix}$$

<u>Stab 2-3:</u> $\alpha = 0$ $s = 0$ $c = 1{,}0$

$$\frac{N}{30 \cdot 1} = \frac{53{,}25}{30.10{,}0} = 10^4 .0{,}00001775$$

Oberer Zahlenwert: $\underline{k}_{(M)} + \underline{k}_{(N)} = (86.2)+(86.3)$

Unterer Zahlenwert: $\triangle \underline{k} = (147.4)$

$$\underline{k}_{(\varepsilon)} = 10^4 \cdot \begin{bmatrix} 35{,}9100 & 0 & 0 & -35{,}9100 & 0 & 0 \\ \underline{0} & \underline{0} & \underline{0} & \underline{0} & \underline{0} & \underline{0} \\ & 0{,}0924 & -0{,}4619 & 0 & -0{,}0924 & -0{,}4619 \\ & \underline{-0{,}0006} & \underline{0{,}0005} & \underline{0} & \underline{0{,}0006} & \underline{0{,}0005} \\ & & 3{,}0794 & 0 & 0{,}4619 & 1{,}5397 \\ & & \underline{-0{,}0071} & \underline{0} & \underline{-0{,}0005} & \underline{0{,}0018} \\ & & & 35{,}9100 & 0 & 0 \\ & \text{Symmetrie} & & \underline{0} & \underline{0} & \underline{0} \\ & & & & 0{,}0924 & 0{,}4619 \\ & & & & \underline{-0{,}0006} & \underline{-0{,}0005} \\ & & & & & 3{,}0794 \\ & & & & & \underline{-0{,}0071} \end{bmatrix}$$

Stab 3-4: $\alpha = 270°$ $\quad s = -1{,}0 \quad c = 0$

$$\frac{N}{30 \cdot 1} = \frac{134{,}68}{30.4{,}0} = 10^4.0{,}00011223$$

Oberer Zahlenwert: $\underline{k}_{(M)} + \underline{k}_{(N)} = (86.2)+(86.3)$

Unterer Zahlenwert: $\triangle\underline{k} = (147.4)$

$$\underline{k}_{(\varepsilon)} = 10^4 \begin{bmatrix} \substack{0{,}9911 \\ \underline{-0{,}0040}} & \substack{0 \\ \underline{0}} & \substack{1{,}9821 \\ \underline{-0{,}0013}} & \substack{-0{,}9911 \\ \underline{0{,}0040}} & \substack{0 \\ \underline{0}} & \substack{1{,}9821 \\ \underline{-0{,}0013}} \\ & \substack{78{,}2250 \\ \underline{0}} & \substack{0 \\ \underline{0}} & \substack{0 \\ \underline{0}} & \substack{-78{,}2250 \\ \underline{0}} & \substack{0 \\ \underline{0}} \\ & & \substack{5{,}2857 \\ \underline{-0{,}0072}} & \substack{-1{,}9821 \\ \underline{0{,}0013}} & \substack{0 \\ \underline{0}} & \substack{2{,}6429 \\ \underline{0{,}0018}} \\ & \text{Symmetrie} & & \substack{0{,}9911 \\ \underline{-0{,}0040}} & \substack{0 \\ \underline{0}} & \substack{-1{,}9821 \\ \underline{0{,}0013}} \\ & & & & \substack{78{,}2250 \\ \underline{0}} & \substack{0 \\ \underline{0}} \\ & & & & & \substack{5{,}2857 \\ \underline{-0{,}0072}} \end{bmatrix}$$

Mit den vorliegenden Elementsteifigkeitsmatrizen $\underline{k}_{(\varepsilon)}$ läßt sich die Gesamtsteifigkeitsmatrix $\underline{K}_{(\varepsilon)}$ durch Addition gleich indizierter Untermatrizen in der beschriebenen Weise formulieren.

Die Spaltenmatrix der Gesamt-Knotenlasten kann bei der vorliegenden Belastung unmittelbar angegeben werden.

Für den Fall einer örtlichen Biegebelastung (Streckenlasten, Einzellasten) stehen zur Berechnung der Element-Knotenlasten folgende Verfahren zur Auswahl:

a) Formelmäßige Bestimmung der Festeinspannmomente und Knotenlasten in Abhängigkeit vom Lösungsparameter ε nach (141.1). Die Fachliteratur stellt hier geeignete Tabellen zur Verfügung. Die nichtlinearen Lösungsansätze erlauben keine lineare Überlagerung der einzelnen Lastanteile.

b) Berechnung der Festeinspannmomente und Knotenlasten mit Hilfe des Übertragungsverfahrens nach Theorie II. Ordnung (vgl. hierzu Abschnitt 10.4, Seite 132)

<u>Unabhängig von der Wahl des Verfahrens muß die Druckkraft N für jeden Stab im voraus geschätzt werden.</u>

$$10^{-4}\begin{bmatrix} 0 & 0 & 0 & 96{,}2647 & 8{,}1053 & -10{,}9110 & 94{,}7691 & 1{,}7245 & -20{,}1125 & 0 & 0 & 0 \end{bmatrix}$$

$$10^{4}\cdot\underbrace{\begin{bmatrix}
0{,}4180 & 0 & -1{,}2782 & -0{,}4180 & 0 & -1{,}2782 & & & & & & \\
0 & 59{,}8500 & 0 & 0 & -59{,}8500 & 0 & & & & & & \\
-1{,}2782 & 0 & 5{,}0936 & 1{,}2782 & 0 & 2{,}5759 & & & & & & \\
-0{,}4180 & 0 & 1{,}2782 & 36{,}3280 & 0 & 1{,}2782 & -35{,}9100 & 0 & 0 & & & \\
0 & -59{,}8500 & 0 & 0 & 59{,}9418 & -0{,}4614 & 0 & -0{,}0918 & -0{,}4614 & & & \\
-1{,}2782 & 0 & 2{,}5759 & 1{,}2782 & -0{,}4614 & 8{,}1659 & 0 & 0{,}4614 & 1{,}5415 & & & \\
 & & & -35{,}9100 & 0 & 0 & 36{,}8971 & 0 & 1{,}9808 & -0{,}9871 & 0 & 1{,}9808 \\
 & & & 0 & -0{,}0918 & 0{,}4614 & 0 & 78{,}3168 & 0{,}4614 & 0 & -78{,}2250 & 0 \\
 & & & 0 & -0{,}4614 & 1{,}5415 & 1{,}9808 & 0{,}4614 & 8{,}3508 & -1{,}9808 & 0 & 2{,}6447 \\
 & & & & & & -0{,}9871 & 0 & -1{,}9808 & 0{,}9871 & 0 & -1{,}9808 \\
 & & & & & & 0 & -78{,}2250 & 0 & 0 & 78{,}2250 & 0 \\
 & & & & & & 1{,}9808 & 0 & 2{,}6447 & -1{,}9808 & 0 & 5{,}2785
\end{bmatrix}}_{\underline{K}_{(\varepsilon)}}
\cdot
\begin{bmatrix} 0 \\ 0 \\ 0 \\ v_{x2} \\ v_{z2} \\ \phi_{y2} \\ v_{x3} \\ v_{z3} \\ \phi_{y3} \\ 0 \\ 0 \\ 0 \end{bmatrix}
=
\begin{bmatrix} 0 \\ 0 \\ 0 \\ 80{,}0 \\ 500{,}0 \\ 0 \\ 0 \\ 120{,}0 \\ 0 \\ 0 \\ 0 \\ 0 \end{bmatrix}
+
\begin{bmatrix} A_{x1} \\ A_{z1} \\ M_{y1} \\ 0 \\ 0 \\ 0 \\ 0 \\ 0 \\ 0 \\ A_{x4} \\ A_{z4} \\ M_{y4} \end{bmatrix}$$

Innerhalb von $\underline{K}_{(\varepsilon)}$ wurde die Koeffizientenmatrix zur Berechnung der sechs Verformungsunbekannten eingerahmt. Die daraus ermittelten Knotenverformungen sind in einer Kopfleiste von $\underline{K}_{(\varepsilon)}$ angegeben, um die Stützreaktionen am Gesamttragwerk übersichtlicher berechnen zu können.

In der nachfolgenden Skizze wurden die Stützreaktionen nach Theorie II. Ordnung am Gesamttragwerk angegeben.

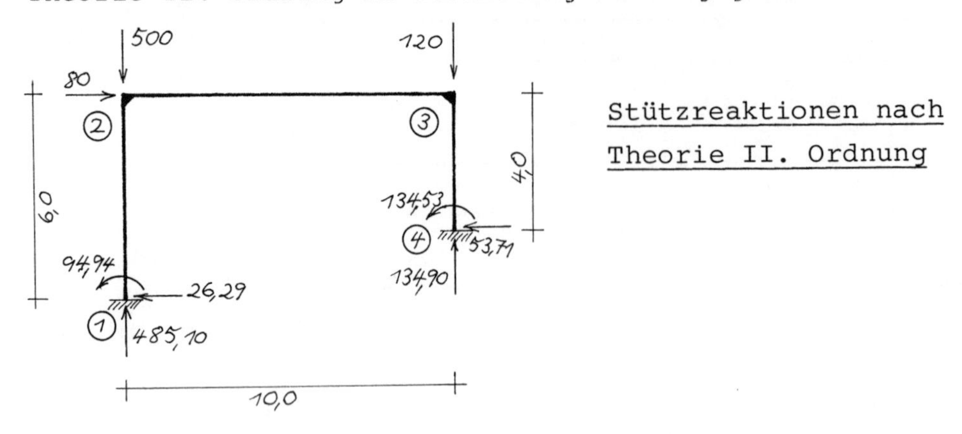

Stützreaktionen nach Theorie II. Ordnung

Wir stellen fest:

Die Stab-Druckkräfte nach Theorie II. Ordnung stimmen mit den Eingangswerten auf Seite 154 praktisch überein, und eine diesbezügliche Korrektur kann somit entfallen.

Nachstehend wird das Momentengleichgewicht nach Theorie II. Ordnung kontrolliert. Dabei sind die Verformungen der Knoten ② und ③ mit einzubeziehen (vgl. Kopfleiste von $\underline{K}_{(\varepsilon)}$ auf Seite 157).

$$-94{,}94 + 485{,}10 \cdot 10{,}0 - 500{,}0(10{,}0 - 0{,}00963) + 26{,}29 \cdot 2{,}0$$
$$+80{,}0(4{,}0 - 0{,}000811) + 120{,}0 \cdot 0{,}00948 - 134{,}53 \simeq 0$$

Abschließend sollen die Stabendschnittgrößen nach Theorie II. Ordnung am Beispiel des Stabes 2-3 bestimmt werden. Wir benutzen dazu die Gleichung (54.3)

$$\underline{S}_E = \underline{a}_s(\underline{\bar{k}} \cdot \underline{\bar{v}} - \underline{\bar{f}}^0)$$

Infolge fehlender örtlicher Biegebelastung entfällt in unserem Beispiel die Spaltenmatrix der Element-Knotenlasten, und unsere Matrizengleichung lautet:

$$\underline{S}_E^{II} = \underline{a}_s \cdot \underline{\bar{k}}_{(\varepsilon)} \underline{\bar{v}}_{(\varepsilon)}$$

Mit Rücksicht auf die Lage der Stabachse 2-3 sowie die Globalachsen der Knoten ② und ③ ist weiterhin

$$\underline{\bar{k}}_{(\varepsilon)} = \underline{k}_{(\varepsilon)}$$

$$\underline{\bar{v}}_{(\varepsilon)} = \underline{v}_{(\varepsilon)}$$

Für die Weiterrechnung können wir damit unmittelbar die Elementsteifigkeitsmatrix von Seite 155 und ebenso die Knotenverformungen der Kopfleiste innerhalb $\underline{K}_{(\varepsilon)}$ auf Seite 157 verwenden.

$$\underbrace{\begin{bmatrix} 35{,}9100 & 0 & 0 & -35{,}9100 & 0 & 0 \\ 0 & 0{,}0918 & -0{,}4614 & 0 & -0{,}0918 & -0{,}4614 \\ 0 & -0{,}4614 & 3{,}0723 & 0 & 0{,}4614 & 1{,}5415 \\ -35{,}9100 & 0 & 0 & 35{,}9100 & 0 & 0 \\ 0 & -0{,}09188 & 0{,}4614 & 0 & 0{,}0918 & 0{,}4614 \\ 0 & -0{,}4614 & 1{,}5415 & 0 & 0{,}4614 & 3{,}0723 \end{bmatrix}}_{\underline{\bar{k}}_{(\varepsilon)}} \cdot \underbrace{\begin{bmatrix} 96{,}2647 \\ 8{,}1053 \\ -10{,}9110 \\ 94{,}7691 \\ 1{,}7245 \\ -20{,}1125 \end{bmatrix}}_{\underline{\bar{v}}_{(\varepsilon)}} = \begin{bmatrix} 53{,}71 \\ 14{,}90 \\ -67{,}47 \\ -53{,}71 \\ -14{,}90 \\ -81{,}56 \end{bmatrix}$$

$$\begin{bmatrix} N_{23} \\ Q_{23} \\ M_{23} \\ N_{32} \\ Q_{32} \\ M_{32} \end{bmatrix} = \underbrace{\begin{bmatrix} -1 & 0 & 0 & 0 & 0 & 0 \\ 0 & -1 & 0 & 0 & 0 & 0 \\ 0 & 0 & -1 & 0 & 0 & 0 \\ 0 & 0 & 0 & 1 & 0 & 0 \\ 0 & 0 & 0 & 0 & 1 & 0 \\ 0 & 0 & 0 & 0 & 0 & 1 \end{bmatrix}}_{\underline{a}_s} \cdot \begin{bmatrix} 53{,}71 \\ 14{,}90 \\ -67{,}47 \\ -53{,}71 \\ -14{,}90 \\ -81{,}56 \end{bmatrix} = \begin{bmatrix} -53{,}71 \\ -14{,}90 \\ -67{,}47 \\ -53{,}71 \\ -14{,}90 \\ -81{,}56 \end{bmatrix}$$

<u>Die Momente M_{23} und M_{32} lassen sich leicht nach herkömmlicher Rechnung unter Einbezug der Knotenverformungen kontrollieren.</u>

Das Zahlenbeispiel des Abschnitts 11.4 ist damit beendet.

Literatur

{1} Schneider, K.J.: Bautabellen, WIT 40, Werner-Verlag, Düsseldorf

{2} Meißner, U.: Einführung in die Methode der Finiten Elemente, 12 Studienbriefe WBBau, Universität Hannover 1983

{3} Szilard, R.: Finite Berechnungsmethoden der Strukturmechanik, Band 1 Stabwerke, Verlag W. Ernst u. Sohn, Berlin 1982

{4} Zienkiwicz, O. C.: Methode der finiten Elemente, Carl Hanser Verlag, München/Wien 1975

{5} Gallagher, R. H.: Finite-Element-Analysis, Springer-Verlag, Berlin 1976

{6} Schwarz, R. H.: Methode der finiten Elemente, Teubner Studienbücher Mathematik, Teubner Verlag, Stuttgart 1980

{7} Hahn, H. G.: Methode der Finiten Elemente in der Festigkeitslehre Akademische Verlagsgesellschaft, Frankfurt am Main 1975

{8} Link, M.: Finite Elemente in der Statik und Dynamik, Teubner Verlag, Stuttgart 1984

{9} Gawehn, W.: Finite-Elemente-Methode, Verlag Vieweg u. Sohn, Braunschweig/Wiesbaden 1985

{10} Lawo, M., Thierauf, G.: Stabtragwerke, Matrizenmethoden der Statik und Dynamik, Verlag Vieweg u. Sohn, Braunschweig/Wiesbaden 1980

{11} Kersten, R.: Das Reduktionsverfahren der Baustatik, Springer-Verlag, Berlin/Göttingen/Heidelberg

{12} Zurmühl, R.: Matrizen, Springer-Verlag, Berlin/Göttingen/Heidelberg

Stichwortverzeichnis

Achsenkreuz
- globales 7, 12, 24, 26
- lokales 12

Anfangsunbekannte 127

Diagonalmatrix 51, 54

Drehfessel 7, 12, 50

Drehwinkel
- Stabachsen 79, 80
- Knotenachsen 79, 80

Einheitsverformungszustand 7, 10, 12, 28, 97

Element-Knotenlasten
- Zustand d. Nullverformung 16, 41, 51, 54
- Zustand d. tatsächlichen Verformung 52, 53

Elementsteifigkeitsmatrizen
- lokale 23, 24, 28, 29, 30, 34, 35, 38, 39, 40
- globale 84, 85, 86, 87

Element-Verformungsvektor
- lokaler 23, 28, 29, 33, 38, 39
- globaler 23, 79

Fachwerk 98

Falk-Schema 19, 20, 21

Federmatrix 50, 63

Feldmatrix
- Theorie I. Ordnung 125, 130
- Theorie II. Ordnung 136, 138

Gesamt-Knotenlasten
- Mehrfeldträger 62, 73, 74
- Fachwerk 103
- Rahmentragwerk 17, 115

Gesamtsteifigkeitsmatrix 14, 15, 46, 60, 101, 116

Gesamt-Verformungsvektor 16, 62

Hauptdiagonale 31

Knotengleichgewicht 22

Knotenverdrehungen 4

Knotenverschiebungen 4

Korkenzieherregel 4

Kraftgrößenverfahren 2

Längskraftgelenk 91

Laufrichtung 52

Lastgröße 124

Lastspalte 125, 136

Lastvektor 49, 51

Matrix 15
- Falk-Schema 19, 20, 21
- Matrizen-Addition 35
- Matrizenprodukt 19, 20
- Mehrfachprodukt 84, 126, 130, 138
- Splitting-Schreibweise 126, 127
- Transponieren 32, 84
- Untermatrizen 31, 101, 115

Mehrfeldträger 58

Modifizierung 88
- Modifizierungsmatrix 90
- Mehrfach-Modifizierung 93
- Querkraftgelenk 91
- Längskraftgelenk 91
- Momentengelenk 88, 148, 149, 150, 151, 152, 153
- Zusatzmatrix 148, 151

Momentengelenk 88, 148, 149, 150, 151, 152, 153

Momentengleichgewicht
- I. Ordnung 154
- II. Ordnung 158

Nullverformung 42, 43

Platzhalter 124

Querdehnzahl 36

Querkraftgelenk 91

Rahmentragwerk 1, 107

Rechenabschnitt 122

Reihenentwicklung 142

Schubmodul 36

Spaltenmatrix
- Elementverformungen 28, 29, 33, 37, 38, 39
- Knotenverformungen 4
- Gesamtverformungen 27, 62
- Stützreaktionen 5, 47, 49
- Element-Knotenlasten 16, 51, 52
- Gesamt-Knotenlasten 17, 62, 103, 115

Singulärlasten 124

Splitting-Schreibweise 126, 127

Stabendschnittgrößen 50, 51

Stahlbeton-Zweifeldträger 71

Steifigkeitsbeziehung
- Elementstab 23, 43, 80
- Gesamttragwerk 18, 47

Stützreaktionen 5, 47, 49

Theorie II. Ordnung
- Differentialgleichung 133
- Lösungsparameter 133
- Integrationskonstanten 134

Torsion 36

Transformation
- Elementverformungen 81
- Element-Knotenlasten

Transponieren 32, 84

Übergangsbedingungen 44

Übertragungsmatrizen
- Theorie I. Ordnung 122, 123, 124, 125, 130, 131
- Theorie II. Ordnung 132, 133, 134, 135, 136, 138

Untermatrix 31, 101, 115

Virtuelle Arbeit 84

Virtuelle Verrückung 83

Wegfessel 4

Weggrößenverfahren 2

Zuordnungsmatrix 54

Zusatzmatrix
- für beidseitig eingespannte Stabenden 146, 148
- mit Momentengelenk 150, 151, 152, 153

Zustandsvektor 123, 126, 127

50.-